涼宮ハルヒの溜息

谷川 流

角川文庫
21399

目次

プロローグ 5
第一章 14
第二章 47
第三章 96
第四章 148
第五章 202
エピローグ 259
ハルヒが私に教えてくれた 松村沙友理 265

プロローグ

悩《なや》みも何もないように見えるハルヒの唯一《ゆいいつ》の悩みとは、一言で言うと「世界は普通《ふつう》すぎる」ってことである。

では、こいつの考える「普通でないこと」てのは何なのかというと、これまた一言で言うとスーパーナチュラルであって、要するに「あたしの目の前に幽霊《ゆうれい》の一つも現れないとは何事か」などと考えていやがるのだった。

ちなみに「幽霊」の部分は「宇宙人」とか「未来人」とか「超能力者《ちょうのうりょくしゃ》」とかでも置換《ちかん》可能だが、言うまでもなくそんなもんが目の前をフラフラしているような世界はフィクションの世界であって現実にはなく、よってハルヒの悩みはこの世界で暮らす限り永遠に続くことになっている――はずだったのだが、実はそうとも言い切れないので俺も困り果てているところだ。

なぜなら俺には宇宙人と未来人と超能力者の知り合いがいるからである。

「重要な話があるんだが、聞いてくれ」

「なによ？」

「お前は宇宙人か未来人か超能力を使うような奴《やつ》がいて欲しいんだよな？」

「そうだけど、それがどうしたのよ」

「つまりだ、このSOS団とやらの目的は、そういう連中を捜《さが》すことにあるんだよな？」

「探し当てるだけじゃダメよ。一緒《いっしょ》に遊ばないといけないの。見つけただけじゃ画竜《がりょう》点睛《てんせい》を欠くというものだわ。あたしがなりたいのは傍観者《ぼうかん》じゃなくて当事者だから」

「俺は永遠に傍観しておきたいがな……。いや、まあ、それはいいんだが、実は宇宙人も未来人も超能力者も、思いも寄らぬ身近にいるんだよ」

「へぇ。どこの誰《だれ》？　まさかとは思うけど、有希《ゆき》やみくるちゃんや古泉《こいずみ》くんのことじゃないでしょうね。それじゃちっとも『思いも寄らぬ』じゃないもの」

「えー……あー……。実はそう言おうと思ってたんだけどな」

「バカじゃないの？　そんな都合のいい話があるわけないじゃないの」

「ま、普通に考えたらそうだよな」

「それで、誰が宇宙人だって？」

「聞いて喜べ、あの長門《ながと》有希は宇宙人だ。正確に言うと、なんつったけな。統合ナントカ思念体……情報ナントカ思念体だったかな？　まあそんな感じの宇宙人みたいな意識がどうかしたとかいうような存在の手先だ。そう、ヒューマノイドインターフェースだった。それだよ」

「ふーん。で？　みくるちゃんは？」

「朝比奈《あさひな》さんはだな、割と簡単だ。あの人は未来人だ。未来から来てるんだから未来人で合ってるだろ」

「何年後から来たのよ」

「それは知らん。教えてくれなかったんでな」

「ははぁん、解《わか》ったわ」

「解ってくれたか」

「ということは古泉くんは超能力者なのね？　そう言うつもりなんでしょ」

「まさしく、そう言うつもりだった」

「なるほどね」

そう言ってハルヒは眉毛《まゆげ》をぴくぴくさせながら、ゆっくりと息を吸い込んだ。それから、次のように叫《さけ》んだ。

「ふざけんなっ！」

　このように、ハルヒはせっかくの俺の真相激白を物の見事に信じなかった。無理もない。実際に三人が宇宙人モドキで未来人で超能力野郎《やろう》であるという証拠《しょうこ》を目の前に突《つ》きつけられた俺だって信じられないくらいだから、アレやコレやを目撃《もくげき》していないハルヒに信じろと言うのは無茶だったかもしれない。

　しかしだ。他《ほか》にどう言えばいいんだ？　俺の言ってるのは掛《か》け値なしの嘘偽《うそいつわ》りなしだぜ。これでも俺には嘘をついたところでどうにもならないときは正直にものを言う習性がある。

　確かに俺だってどこかの親切な奴が「お前がよくご存じの誰それさんは実は……」なんて言い出したら、「ふざけんな」と言うところである。もしそいつが真面目《まじめ》に言っているのだとしたら、そいつの脳にタチの悪い虫が湧《わ》いているのか、あるいは毒性の電波を受信しているのかと逆にいたわってやりさえするかもしれん。どちらにせよ、あまり接点を持たないようにはするだろうが。

　うむ？　つまりその「そいつ」というのは、今の俺のことなのか？

「キョン、よーく聞きなさい」

　ハルヒは眼球の表面積一杯《いっぱい》に赤く燃える炎《ほのお》を浮《う》かべながら俺を睨《にら》みつけた。

「宇宙人や未来人や超能力《ちょうのうりょく》者なんてのはね、すぐそこらへんに転がってなんかはいないのよ！　探して見つけて捕《つか》まえて首つかんでぶらさげて逃《に》げ出さないようにグルグル巻きにしないといけないくらいの希少価値があるものなのよ！　適当に選んできた団員が全員そんなのだなんて、あるわけないじゃないの！」

高説、まことにもっともである。ただし一人は除いてくれ。他の三人は確実に超自然現象のたまものだが、俺だけは地上でまともな進化を遂《と》げてきた普遍《ふへん》的中庸《ちゅうよう》な人類の同類だ。それから、やっぱり団員を適当に選んでたのか、こいつは。

しかし、このアホ女はどうして変な部分で常識的なんだ？　すんなり信じておけば、今より物事が簡単になっているだろうに。少なくとも、ＳＯＳ団とかいう変態組織は解散できるに違《ちが》いない。これはハルヒが宇宙人やら（以下略）などの不思議的存在を探すための謎《なぞ》団体なんだからな。見つかっちまえば用無しだ。あとはハルヒ一人でそいつらと遊んでいればいい。俺はたまに混ぜてもらうくらいでちょうどいいな。クイズ番組で司会者の横で無意味に笑って立っているだけのアシスタント役で俺は満足するね。合いの手打ってるだけでギャラもらえるようなポジションに俺も早く立ちたいものだ。現在の俺は、どうやら動物バラエティに出てきて芸を強要される雑種犬みたいなもんだからな。

もっとも、ハルヒがすべての現象を自覚してしまえば、この世界全体がどうなるか知れたものではないのだが。

ちなみに冒頭《ぼうとう》の会話は参加人数二人でおこなった第二回「SOS団、市内ぶらぶら歩きの巻（仮称《かしよう》）」の日、駅前の喫茶店《きつさてん》における俺とハルヒの会話である。俺は心おきなくハルヒの払《はら》いであることを確信し、ストロングコーヒーを啜《すす》りながら余裕《よゆう》たっぷりに解説してやり、ハルヒはまるで信用せず、そりゃそうだ、やっぱりどう考えても信じるほうがどうかしていると言える。

俺は俺で詳細《しようさい》を説明するわけにもいかず、だいたいこういうもんは、細かいディテールを説明すればするほど頭を疑われると相場が決まっているからな。最初に長門のマンションに連れ込まれて長々と意味不明な銀河規模の電波話を聞かされた俺が言うんだから間違いない。

「あんたの面白《おもしろ》くないアホジョークはもういいわ」

ハルヒは緑黄色野菜ジュースをストローで吸い上げきった後にそう言い、

「じゃあ、行くわよ。今日は二手に分かれるわけにもいかないから二人で隅々《すみずみ》まで回るのよ。それからあたし財布《さいふ》忘れてきたから、はい伝票」

俺が計八百三十円を表示している紙切れを見つめて抗議《こうぎ》の声の内容を考えている隙《すき》

に、ハルヒはテーブル上に置いてあった俺のコーヒーを一息で飲み干し、どんな文句も受け付けないといった感じの一睨みを俺にくれると、大股《おおまた》で喫茶店を出て行って自動ドアの前で腕組《うでぐ》みをした。

それがもう半年前の出来事である。思えば、変なことばかりあったような気のする半年間だった。相変わらずSOS団の正式名称は「世界を大いに盛り上げるための涼《すず》宮《みや》ハルヒの団」という寒気を催《もよお》す団名のままで、この団の活動でいったい世界のどこがどう盛り上がったのかさっぱり不明。だいたい盛り上がってるのはハルヒただ一人じゃないのかと思うし、その存在意義と活動方針も例によって謎であって、宇宙人と遊んだり未来人を拉致《らち》したり超能力者と共闘《きょうとう》したりというようなことを目的としているらしいのだが、今のところハルヒ的にはそれは成功していない。

なんせハルヒは宇宙人も未来人も超能力者ともまだ出会っていないと思い込んでるんだからしようがない。親切にもSOS団に所属する俺以外の団員たちの正体を教えてやったと言うのに事実を信じないのであるから、だからこれはもう俺の責任ではなかろう。

よってSOS団は目的を果たして存在意義を失い、円満に解散したりすることもなく、今日もまた学校サイド非承認《ひしょうにん》組織として部室棟《とう》の一角に存在し続けるのであった。

当然、俺含《ふく》む団員計五人は文芸部の部室にパラサイトしたままだ。生徒会執行部《しっこうぶ》はあらゆる意味でSOS団を無視することにしたらしく、俺の提出した創部申請書《しんせい》をはね除《の》けたかわりに部室の不法占拠《せんきょ》にも何も言わなかった。本来唯一《ゆいいつ》の文芸部員だった長門有希が何も言わないからかもしれないが、ハルヒに何か言うくらいなら見て見ぬふりをしたほうが全体的にマシであると判断したからだと俺は推理している。

誰《だれ》しも「これは踏《ふ》むと爆発《ばくはつ》します」と万国《ばんこく》共通文字でネオンを光らせている爆発物を踏みたくはあるまい。俺だってごめんだ。そうと知っていたら俺は入学したばかりの教室で、後ろの席で仏頂面《ぶっちょうづら》している女に話しかけたりはしなかったってなもんだ。うっかり時限爆弾《ばくだん》の起動スイッチをいれてしまったばかりに、爆弾抱《かか》えて右往左往するマヌケ役を押しつけられた一般人《いっぱんじん》的高校生。それが今の俺の置かれた立場である。しかも「涼宮ハルヒ」と書いてあるこの爆弾には爆発予定時刻までのカウントダウンが表示されないのである。いつ何時炸裂《さくれつ》するのか、どのくらいの被《ひ》害《がい》をもたらすのか、中に何が詰《つ》まっているのか、それ以前にこれは本当に爆弾なのか、誰かが爆弾と言ってるだけのガラクタなのか、それすら解《わか》らないのだ。

そこらを探しても危険物専用のダストシュートを発見できるわけもなく、それはつまり、この人的危険物はセメントでも塗《ぬ》りつけてあったかのように俺の手を離《はな》れないということでもあった。
ほんと、どこに捨てたらいいんだろうな、これ。

第一章

一般論として、学校にはイベントが付き物だ。そう言えば俺の高校でも先月は体育祭が実施《じっし》された。競技の合間のクラブ対抗《たいこう》リレーなるエキシビションマッチにSOS団も参加するなどとハルヒが言い出したときにはまさかと思ったが、そのまさか、本当に我がSOS団のメンバーでバトンリレーして陸上部をぶっちぎりラグビー部を蹴《け》散《ち》らしアンカーハルヒが二着に約十三馬身差でゴールテープを切ってしまうとは思いもしなかった。おかげで以前から囁《ささや》かれていた我々（俺以外）の変態性が、まるで誰かが授業中にイタズラで押した非常ベル並みに学内に鳴り響《ひび》くことになっちまったのには頭が痛む。言い出しっぺのハルヒに最大の責任が課せられるのは言うまでもないが、第二走者の長門にも問題があるよな。よもや瞬間《しゅんかん》移動としか思えない走りを見せるとは、さすがの俺も予測しなかった。前もって言ってくれよ、長門。

いったいどんな魔法《まほう》を使ったのかと訊《き》いた俺に、この笑わない宇宙人製の有機アンドロイドは、「エネルギー準位」とか「量子飛躍《ひやく》」とかいう単語を使って説明しようとしてくれたが、すでに理系の道をあきらめて文系へと進路を決めていた俺にはまったく関係なく、理解もできず、したくもなかった。

そんな狂乱《きょうらん》の体育祭が終わって、やっと月が変わったと思ったら今度は文化祭なるものが待ち受けていた。現在、このチンケな県立高校はその準備に追われている。追われているのは教師陣《じん》と実行委員会とこんな時くらいしか腕《うで》の振《ふ》るいようもない文化部くらいかもしれないけどな。

もちろん部活動以前に、部活として認定《にんてい》されていないSOS団が何らかの創造的な作業に追われるいわれはない。なんなら近所の野良猫《のらねこ》を捕《つか》まえて檻《おり》にでも入れて「宇宙星獣《せいじゅう》」とかいう看板を付けた上に見世物小屋を営業しても俺は構わないが、シャレの解らない客は構うだろうし、解る奴《やつ》でもせせら笑う。それによく考えるまでもなく出し物を考える必要性などどこにもない。やる気もない。現実的な高校の文化祭なんてものは実に現実的だ。嘘《うそ》だと思うなら、学祭やってるとこならどこでもいい、ちょろりと覗《のぞ》くがいい。それが数多《あまた》ある学校行事の一つでしかないことが如実《にょじつ》に理解できるだろう。

ところで俺とハルヒの所属クラス、一年五組が何をするかというと、アンケート発表とかいう適当企画《きかく》でお茶を濁《にご》すことになっている。春先に朝倉涼子《あさくらりょうこ》がどっかに行っちまって以来、このクラスでリーダーシップをとろうなどという頭のおかしい高校生は存在しない。この企画モノだって、気詰まりな沈黙《ちんもく》が延々続いていたLHRの時間に担任岡部《おかべ》教師がムリヤリひねり出して来たアイデアで、反対賛成両方の意見も皆無《かいむ》なまま、時間切れで決まった。何をアンケートして発表するのか、そんなことをして誰が楽しいのか、たぶん誰も楽しんだりはしないだろうが、まあそんなもんだろう。がんばってやってくれ。

というわけで、俺はアパシー・シンドローム並みの無気力さで、今日もまた部室へのこのこと向かうのだ。なぜ向かうのか。その答えは俺の横で威勢《いせい》よく歩いている女がこんなことを喋《しゃべ》っているからにほかならない。

「アンケート発表なんてバカみたい」

そいつは間違《まちが》って納豆《なっとう》にソースをかけてしまったような顔でそう言った。

「そんなことをして何が楽しいのかしら。あたしには全然理解できないわ！」

だったら何か意見を言えばよかったじゃないか。お通夜《つや》みたいな教室で困り切った岡部教諭《きょうゆ》の顔を、お前も見てただろうに。

「いいのよ。どうせクラスでやることなんかに参加するつもりはないから。あんな連中と何かやったって、ちっとも楽しくないに決まってるのよ」

その割には、体育祭ではクラスの総合優勝に貢献《こうけん》していたような気がするけどな。短・中・長距離《きより》走とスウェーデンリレーの最終走者で登場し、そのすべてで優勝していたのはお前だと思ったが、ありゃ別人か。

「それとこれとは話が別よ」

だからどこが違うんだよ。

「文化祭よ文化祭。違う言葉で言えば学園祭。公立の学校はあんまり学園と言わないような気がするけど、それはいいわ。文化祭と言えば、一年間で最も重要なスーパーイベントじゃないの！」

そうなのか？

「そうよ！」と、そいつは力強くうなずいた。そして宣告した。俺に。次のようなことを。

「あたしたちSOS団は、もっと面白《おもしろ》いことをするわよ！」

そう言った涼宮ハルヒの顔は、第二次ポエニ戦争でアルプス越《ご》えを決意したばかりのハンニバルのような、迷いのない晴れやかな輝《かがや》きを放っていた。

放っていただけだったが。

ハルヒの言う「面白いこと」というものが俺にとって愉快《ゆかい》な結果を生んだことは、この半年で一度もない。それは大概《たいがい》において疲労《ひろう》するだけで終わる。少なくとも俺と朝比奈さんは疲労するのだが、それだけまともな人種であるということだ。俺の見る限り、ハルヒが全然まともでないのは世界の常識だとして、古泉も普通《ふつう》の人間的な精神をしているとは思えず、長門に至っては人間ですらない。

そんな奴らに混じってしまって、いったい俺はいかにしてこの異常の極致《きょくち》のような高校生活を切り抜《ぬ》けていけばいいんだろう。半年前に俺がしなければならなかったようなことだけは、もうゴメンだ。あんなアホみたいな軽挙妄動《けいきょもうどう》は二度としたくないね。思い出しただけで——誰《だれ》か銃《じゅう》を貸してくれ——自分のこめかみを撃《う》ち抜きたくなる。あの時の記憶《きおく》が納まっている脳細胞《のうさいぼう》を抽出《ちゅうしゅつ》して燃やしたいくらいだ。ハルヒはどう考えているか知らんけど。

そうやって過去の記憶をふっとばす方法を考えていたせいか、横のうるさい女が何か言っているのを聞き逃《のが》した。

「ちょっとキョン、聞いてるの？」

「いや聞いてなかったが、それがどうした」

「文化祭よ、文化祭。あんたももうちょっとテンションを高くしなさいよ。高校一年の文化祭は年に一度しかないのよ」

「そりゃそうだが、べつだん大騒《おおさわ》ぎするもんでもないだろ」

「騒ぐべきものよ。せっかくのお祭りじゃないの、騒がないと話にならないわ。あたしの知ってる学園祭ってのはたいていそうよ」

「お前の中学はそんなに大層なことをしていたのか」

「全然。ちっとも面白くなかった。だから高校の文化祭はもっと面白くないと困るのよ」

「どういう感じだったらお前は面白いと思うんだ」

「お化け屋敷《やしき》に本物のお化けがいるとか、いつの間にか階段の数が増えてるとか、学校の七不思議が十三不思議になるとか、校長の頭が三倍アフロになるとか、校舎が変形して海から上がってきた怪獣《かいじゅう》と戦うとか、秋なのに季語が梅だとか、そんなんよ」

さて、俺は途中《とちゅう》から聞くのをやめていたので階段以降の演説が何だったのか知らないが、よかったら教えてくれ。

「……まあ、いいわ。部室に着いてからじっくり話してあげるから」

機嫌《きげん》を損ねてむっつりと黙《だま》り込んだハルヒは、すっかたすっかたと歩を刻み、あっというまに部室の扉《とびら》を前にした。その扉には貼《は》りつけられた「文芸部」のプレートの下に「ｗｉｔｈ　ＳＯＳ団」とぶっきらぼうな字体で書かれた紙切れが画鋲《がびょう》で留めてある。「もう半年もここにいるんだもの。この部屋はあたしたちの物と言《い》っても誰も文句はないわよね」という身勝手な占有権《せんゆうけん》を主張してプレート自体を貼り替《か》えようとしたのはハルヒで、止めたのは俺だ。人間、程度ある慎《つつし》み深さが肝心《かんじん》なのさ。

ハルヒはノックもせずに扉を開き、俺は部屋の中に妖精《ようせい》さんが立っているのを見た。

彼女は俺と目が合うなり、百合《ゆり》の花の化身《けしん》と見まがうばかりの微笑《ほほえ》みを浮《う》かべ、

「あ……。こんにちは」

メイド衣装《いしょう》に身を包み、箒《ほうき》を持って掃《は》き掃除《そうじ》していたのはSOS団の誇《ほこ》るお茶くみ係、朝比奈みくるさんだった。彼女はいつも通り、部室に住む妖精のような微笑みで俺を迎《むか》えてくれた。本当に妖精か何かかもしれない。未来人と言うよりはそっちのほうが似つかわしいもんな。

団創設時、「マスコットキャラが必要だと思って」という意味不明な理由を口走るハルヒによって連れてこられた朝比奈さんは、これまたハルヒによって無理矢理《むりやり》メイド服に着せ替えられ、以来そのままSOS団付きのメイドさんとして毎日放課後ここで完璧《かんぺき》なメイドさんになりきっていた。頭のネジがオカシイ人だからではなく、こちらが涙《なみだ》ぐみそうになるくらい素直《すなお》な人なのだ。

バニーやらナースやらチアガールにもなってくれた朝比奈さんだが、やっぱりメイドさん衣装が一番よいね。はっきり言えば、こんな恰好《かっこう》には何一つ意味もなければ伏線《ふくせん》にもなってないと思うのでここはそういうもんだと思っておいて欲しい。ついでに断っておくが、ハルヒのやることに意味があったほうが少ない。

しかし何かの原因になっていることはけっこうある。それで俺たちはよく困ってるんだからな。どうせなら委細全部いっさい無意味であったほうがどれだけかマシなん

だけども。

そんなハルヒがおこなった数少ないマシなことが——というかこれしかないのだが
——、朝比奈さんメイドバージョンだった。あまりにも似合っていて眩暈を覚えるほ
どだ。こればっかりはハルヒの思いつきを評価せざるを得ないね。どこでいくらで買
ってきたのかは知らないが、ハルヒの衣装センスはなかなかのものだ。もっとも、朝
比奈さんなら何を着ても極上のモデルになるだろう。中でもメイドは俺のお気に入り
で、つまるところ俺の目を喜ばせるという意味で有意義なのさ。

「すぐにお茶淹れますね」

可愛らしく囁きかけた朝比奈さんは、箒を掃除用具入れにしまうと、ちょこまかと
戸棚に駆け寄って各自専用の湯飲みを取り出し始めた。

ハルヒは「団長」と書かれた三角錐の載った机の上から「団長」と書かれた腕章を
取り上げて装着し、パイプ椅子にふんぞり返ってから、ぐるりと部室内を睥睨した。

もう一人の団員が、テーブルの隅っこで分厚い書籍を読んでいる。

脇腹を硬い物が突いていた、と思ったら、ハルヒが肘打ちを喰らわせていた。

「目が糸みたいになってるわよ」

朝比奈さんの愛らしい仕草に感激するあまり、自然と目を細めていたらしい。誰だ
ってそうなるさ。可憐に優雅に恥じらう朝比奈さんを前にしたらな。

「…………」

ただひたすら黙々《もくもく》と顔も上げずにじっとページを見つめているのは、ハルヒにしてみれば「部室をぶんどったらオマケでついてきた」みたいな文芸部の一年生、長門有希だった。

大気中の窒素《ちっそ》のように存在感が希薄《きはく》なくせに、メンツの中では最も奇妙《きみょう》キテレツなプロフィールを持つ同級生である。設定のキテレツさ加減ではハルヒ以上とも言える。ハルヒは最初から最後までワケ解《わか》らんが、長門は中途半端《はんぱ》に解るだけ余計な混乱を誘《さそ》うのだ。長門の言うことを信じるならば、この無口・無表情・無感情・無感動のない四拍子《よんびょうし》がそろい踏《ぶ》みしたショートカットの小柄《こがら》な女子生徒は、人間ではなく宇宙人によって製造された対人間用コミュニケートマシンなのである。なんじゃそりゃ、と言われても困る。本人がそう主張しているのだからツッコミようもないし、どうやら本当にそうらしい。ただしハルヒには秘密だ。今んとこ、ハルヒは長門のことを「ちょっと変わっている読書好き」としか思っていないからな。

客観的に考えても「ちょっと」ではないだろうと思うのだが。

「古泉くんは？」

ハルヒは朝比奈さんに鋭《するど》い視線を注いだ。朝比奈さんは一瞬《いっしゅん》びくうっとなってから、

「さ、さあ。まだです。遅《おそ》いですね……」

茶筒《ちゃづつ》から慎重《しんちょう》な手つきで急須《きゅうす》にお茶っ葉を入れている。俺は部室の隅のハンガーラックを見るともなしに見物した。様々な衣装が演劇部の楽屋みたいな感じで掛《か》かっている。左から順に、ナース服、バニー、夏用メイド服、チアリーダー、浴衣《ゆかた》、白衣、豹《ひょう》の毛皮、カエルの着ぐるみ、何だかよく解らないヒラヒラでスケスケの服、エトセトラ、ｅｔｃ。

どれもこれも、この半年間で朝比奈さんの肌《はだ》の温《ぬく》もりを知った衣類の数々である。はっきりさせておこう。それを朝比奈さんに着せることに何の意味もない。ただハルヒが自分の満足度を深めただけだ。子供の頃《ころ》のトラウマかなんかのせいかもな。着せ替《か》え人形を買ってもらえなかったとかそんな感じの。それでこの歳《とし》になって朝比奈さんで遊んでいるってわけだ。おかげで朝比奈さんのトラウマは現在進行形で進み、そして俺は眼福を得て幸福になるという仕組みである。まあ、トータルで言えば幸せになった人間のほうが多いような気がするので、俺も何も言わないことにしている。

「みくるちゃん、お茶」

「は、はいっ。ただいまっ」

朝比奈さんは慌《あわ》てた動作で「ハルヒ」とマジックで署名してある湯飲みに緑茶を注《つ》ぐと、お盆《ぼん》に載せてしずしずと運んだ。

受け取ったハルヒはズズと熱い茶を啜《すす》ってから、弟子《でし》の不手際《ふてぎわ》を責める華道《かどう》の師《し》匠《しょう》のような声を出した。

「みくるちゃん、前にも言ったと思うけど、覚えてないの？」

「え？」

朝比奈さんは思いっきり不安そうに盆を抱《だ》きしめて、

「なんでしたっけ？」

昨日食べた麻《あさ》の実の味を思い出そうとしている桜文鳥のように首を傾《かし》げる。

ハルヒは湯飲みを机に置くと、

「お茶持ってくるときは三回に一回くらいの割合でコケてひっくり返しなさい！　ちっともドジッ娘《こ》メイドじゃないじゃないの！」

「え、あ……。すみません」

細い肩《かた》をすくませる朝比奈さん。そんな取り決めをしていたとは俺には初耳だ。こいつは何か、メイドとはドジでしかるべきだと考えているのか？

「ちょうどいいわ、みくるちゃん。キョンで練習してみなさい。湯飲みが頭の上で逆さになるようにね」

「ええっ⁉」

そう言って朝比奈さんは俺を見る。俺はハルヒの頭に穴を空《あ》けて中身を入れ替えてやろうと電動ドリルを探したが、残念ながら見つからず、代わりにため息をついた。

「朝比奈さん、ハルヒの冗談《じょうだん》は頭のおかしい奴《やつ》しか笑えないんですよ」

そろそろ学習してください、と後に続けたかったのだがやめておく。

ハルヒは目を吊《つ》り上げて、

「そこのバカ、あたしは冗談なんか言ってないわよ！　いつも本気なんだからね」

だとしたら余計に問題だな。一度CTスキャンでも撮《と》ってもらえばいい。それにお前にバカと言われると非常にムカつくのは俺がジョークのセンスに欠けているからかな。

「いいわ。あたしが見本を見せてあげるから、次はみくるちゃんね」

パイプ椅子《いす》から飛び上がったハルヒは、あうあう言ってる朝比奈さんの手から盆をひったくって急須をかかげ、俺の名前入り湯飲みにどばどばとお茶を注ぎ始めた。

呆《あき》れて見ているうちに、ハルヒは盛大《せいだい》にお茶をこぼしながら湯飲みを盆に置いて、俺の立ち位置を捕捉《ほそく》、うなずいて歩き出そうとしたところで俺は横から湯飲みを奪《うば》い取った。

「ちょっと！　邪魔《じゃま》しないでよ！」

邪魔も何も、熱湯を頭からぶっかけられようとしているのに黙《だま》って突《つ》っ立っている奴がいたらそいつはよほどのお人好《ひとよ》しか保険金詐欺《さぎ》師《し》だ。

俺は立ったままハルヒの淹《い》れた緑茶を飲んで、どうして同じ茶葉なのに朝比奈さんの注いでくれたものとこうも味が違《ちが》うのかと考えた。考えるまでもない。愛情という名のスパイスの差だな。朝比奈さんが野に咲《さ》く白バラなんだとしたら、こいつは花を咲かせずトゲしかない特殊《とくしゅ》なバラだ。当然、実を付けることもないだろう。

ハルヒは、黙って湯飲みを傾《かたむ》ける俺を咎《とが》めるような目で見ていたが、

「ふん」

髪《かみ》をふいっとなびかせて、団長机に戻《もど》った。ズズズ。沸騰《ふっとう》させた苦い飲み薬を飲んでいるような表情だ。

朝比奈さんはホッとしたように給仕を再開し、長門のマイ湯飲みにお茶を淹れて読書少女の前に置いてやっている。

長門はピクリともせずに、ただ黙々《もくもく》とハードカバーに挑《いど》んでいた。少しは有り難《がた》がれよ。谷口《たにぐち》なら飲み干すのに三日くらいはかけるぜ。

「…………」

パラリとページを繰《く》るだけで、長門は顔も上げやしない。それもまたいつもの調子だから、朝比奈さんも気を損《そこ》なうことなくメイド活動、自分用の湯飲みをスタンバイ。

そこに、第五の団員が来なくても誰《だれ》も気にしないのに来やがった。

「すいません。遅《おく》れました。ホームルームが長引きましてね」

いかにも人畜《じんちく》無害そうなスマイル光線を放ちながらドアを開けたのは、ハルヒいわく謎《なぞ》の転校生、古泉一樹《いっき》だった。俺に恋人《こいびと》がいたとしても友人として紹介《しょうかい》する気分に

なれないツラに微笑《びしょう》を浮《う》かべ、

「僕が最後みたいですね。遅れたせいで会議が始まらなかったのだとしたら謝ります。それとも何か奢《おご》ったほうがいいですか？」

会議？　なんだそれは。俺はそんなもんをするとは聞いてないぞ。

「言うの忘れてたわ」

机に頬杖《ほおづえ》をついたハルヒが言う。

「昼のうちにみんなには知らせといたんだけどね。あんたにはいつでも言えると思って」

どうして他《ほか》の教室に出向くヒマがあるのに、同じ教室の前の席にいる俺に伝える手間を省くんだ。

「別にいいじゃないの。どうせ同じ事だし。問題はいつ何を聞いたかじゃなくて、いま何をするかなのよ」

言葉だけは立派なような気がしたが、ハルヒが何をしようとも俺の気分がすぐれなくなるのは周知の事実と言えよう。

「と言うより、これから何をするのか考えないといけないのよ！」

現在形なのか未来形なのかはっきりしてくれ。それから主語が一人称単数《いちにんしょう》なのか、複数形なのかもついでにな。

「もちろん、あたしたち全員よ。これはＳＯＳ団の行事だから」

行事とは？

「さっきも言ったじゃないの。この時期で行事と言えば文化祭以外に何もないわ！」

それなら、団でなくて学校全体の行事だ。そんなに文化祭をフィーチャーしたいのなら実行委員に立候補すればよかったのによ。くだらん雑用が目白押しに詰《つ》まっているだろうさ。

「それじゃ意味ないのよ。やっぱりあたしたちはSOS団らしい活動をしないとね。せっかくここまで育て上げた団なのよ！　校内に知らない者はいないまでの超《ちょう》注目団体なのよ？　解《わか》ってんの？」

SOS団らしい活動って何だ？　俺はこの半年間におこなったSOS団的活動を思い起こして軽くブルーになった。

お前は単なる思いつきを口走るだけだから楽だろうが、俺や朝比奈さんの苦労はどうなるんだよ。古泉はやけに如才《じょさい》なく笑っているだけだし、長門はブレストの役にはまったく立たないし、少しは一般人《いっぱんじん》たる俺のことも考えて欲しいもんだ。ああ、朝比奈さんもあまり一般的ではないかもしれないが可愛《かわい》いからオールオッケーだ。そこにいてくれるだけで目の肥やしとなり、俺の荒《すさ》んだ精神を癒《いや》してくれるからな。

「期待に応《こた》えるくらいのことはしないといけないわね」

ハルヒは難しげな顔つきで呟《つぶや》いているが、いったいどこの誰がSOS団のやることいなら。
に期待を持っているのか、それこそアンケートでも採るべきだろう。育て上げたという割にはSOS団は未《いま》だに同好会以下の存在から昇格《しょうかく》していないし部員も増えていない。増えたところでややこしいことになるだけだから、いなくていいのだが、これではいつまで経《た》っても脱輪《だつりん》したハルヒ特急は線路の脇《わき》をどこまでも横滑《よこすべ》りしていくに違《ちが》いない。そして乗客は俺たち五人しかいないってわけだ。せめて俺の代わりを務めてくれるスケープゴートが欲しいところだね。何なら時給を払《はら》ってもいいぞ。百円くらいなら。

一杯《ぱい》目を三十秒でカラにしたハルヒは、朝比奈さんに二杯目を要求しつつ、

「みくるちゃんとこは？　何すんの？」

「えー……と。クラスでですか？　焼きそば喫茶《きっさ》を……」

「みくるちゃんはウェイトレスね、きっと」

朝比奈さんは目を丸くして、

「どうしてわかるんですか？　あたしはお料理係のほうがしたかったんですけど、なんかみんなにそう言われちゃって……」

ハルヒはまた考える目つきをした。例によってロクでもないことを考えているときの目の色をしている。その目がハンガーラックのほうを向いた。そういえば朝比奈さんにまだウェイトレスの衣装《いしょう》を着せていないことを思い出したような目つきだった。

ハルヒは思慮《しりょ》深そうな顔をして、

「古泉くんのクラスは？」

古泉はひょいと肩《かた》をすくめた。

「舞台《ぶたい》劇をするまでは決まったのですが、オリジナルを演《や》るか古典にするかでクラスの意見が二分されてましてね。もう文化祭まで時間がないというのにいまだに揉《も》めています。激論を戦わせていたのですけど、決定にはまだかかりそうです」

それはまた、活気のあるクラスでいいことだな。面倒《めんどう》そうだが。

「ふーん」

浮遊《ふゆう》するハルヒの視線が、まだ一言も発していない残りの団員へと向けられる。

「有希は？」

読書好きの宇宙人モドキは、雨の気配を感じ取ったプレーリードッグのように顔を上げ、

「占《うらな》い」

相も変わらずの平坦《へいたん》な声で答えた。

「占い？」

思わず訊《き》き返したのは俺だ。

「そう」

長門は皮膚《ひふ》呼吸すらしていないような無表情でうなずく。

「お前が占うのか？」

「そう」

長門が占いだって？　予言の間違いじゃないのか。俺は黒いトンガリ帽子《ぼうし》とマントをまとった長門が水晶《すいしょう》球に手をかざしている様子を想像し、カップル客二人を前にして「あなたたちは五十八日三時間五分後に別れることになる」と真正直に語っている風景を幻視《げんし》した。

少しは優《やさ》しい嘘《うそ》も混ぜといてくれよ。ま、長門に未来予知が出来るかどうかはもう一つ確かではないが。

朝比奈さんが模擬《もぎ》店で、古泉が演劇で、長門んとこが占い大会か。どこも俺たちのクラスの無気力アンケートよりは何段階かは楽しそうだな。そうだ、こういうのはどうだろう。全部あわせて観劇占いアンケート喫茶をやるというのは。

「アホなこと言ってないで、さくっと会議を始めるわよ」

ハルヒは俺の貴重な意見を一蹴《いっしゅう》すると、ホワイトボードに歩み寄る。ラジオのアンテナみたいな指し棒を伸《の》ばし、バンバンとボードを叩《たた》いた。

何も書いていないのだが、どこを見ればいいんだ。

「これから書くのよ。みくるちゃん、あんた書記なんだからちゃんと言うとおりに書きなさい」

いつから朝比奈さんが書記になったのか俺は知らなかった。誰《だれ》も知らないだろう。たった今、ハルヒが決めたらしいから。

お茶くみ兼《けん》書記となった朝比奈さんが、水性フェルトペンを持ってホワイトボードの脇に控《ひか》えてハルヒの横顔を上目遣《うわめづか》い。

そしてハルヒは、いきなり勝ち誇《ほこ》った声で言った。

「あたしたちSOS団は、映画の上映会をおこないます！」


いったいハルヒの頭の内部でどのような変換《へんかん》がおこなわれたのか解《わか》らない。それはいいとしよう。いつものことだ。だが、これでは会議ではなくてお前一人の所信表明演説じゃねえか。

「いつものことでしょう」

古泉が俺に囁《ささや》きかける。その表情は落書きしたくなるほどのグッドテイストスマイルだ。端整《たんせい》な唇《くちびる》を優しげに歪《ゆが》めたまま古泉は、

「涼宮さんは最初から何をするか決めておいたようですね。話し合いの余地はなさそうです。はて、あなたが何か余計なことでも言ったのではないのですか？」

映画にまつわるあらゆるトークと今日は無縁《むえん》だったはずだがな。昨日の深夜にローバジェットのC級映画でも観《み》てあまりのくだらなさにやるせない気分になったんじゃねえの。

しかしハルヒは、自分の演説が聴衆《ちょうしゅう》を残らず感動させたと信じて疑わない上機嫌《じょうきげん》さで、

「つねづね疑問に思っていることがあるのよね」

俺はお前の頭の中身が疑問だ。

「テレビドラマとかで最終回に人が死ぬのってよくあるけど、あれってすんごく不自然じゃない？　なんでそうタイミング良く死ぬわけ？　おかしいわ。だからあたしは最後のほうで誰かが死んで終わりになるヤツが大嫌《だいきら》いなのよ。あたしならそんな映画は撮《と》らないわ！」

映画かドラマかどっちなんだ。

「映画作るって言ったでしょ。古墳《こふん》時代の埴輪《はにわ》でももっとちゃんとした耳穴持ってるわよ。あたしの言葉は一言一句間違《まちが》えずに記憶《きおく》しておきなさい」

お前のイカレポンチセリフ集を暗記するくらいなら、近所を走ってる私鉄沿線の駅名を端《はし》から覚えたほうが遥《はる》かに有意義だよ。

朝比奈さんが元書道部とは思えない丸まっちい字で「映画上映」と書くのを見て、満足げにうなずいていたハルヒは、

「というわけよ。解った？」

梅雨《つゆ》明けを確信した天気予報士のような晴れやかさで言いやがった。

「何が、というわけ、なんだ？」

俺は訊く。当然の疑問だろう。映画を上映することしか解らんぞ。配給元はどこにする気なんだ？　ブエナビスタインターナショナルに知り合いでもいるのか？

しかしハルヒは無闇《むやみ》に黒い瞳《ひとみ》を爛々《らんらん》と輝《かがや》かせ、

「キョン、あんたも頭の足りない奴《やつ》ね。あたしたちで映画を撮るのよ。そんで、それを文化祭で上映するの。プレゼンテッド・バイ・SOS団のクレジット入りでね！」

「いつからここは映画研究部になったんだ？」

「何言ってんのよ。ここは永遠にSOS団よ。映研になんかなった覚えはないわ」

映研の奴が聞いたら気を悪くするような言葉を吐《は》いて、

「これはもう決まったことなの。一事不再理なのよ！　司法取引には応じないから！」

SOS団の陪審員《ばいしん》団長殿《どの》がそう言うのなら二度と意見は覆《くつがえ》らないのだろうな。いったいどこのどいつだ、ハルヒを長のつく役職に押し上げたのは……と考えかけ、そういやこいつは勝手になっちまったんだだった。どこの世界でも声のデカイ奴とシキリ野《や》郎《ろう》がいつの間にか偉《えら》くなってしまっているのは本当のことだからな。おかげで俺や朝比奈さんのような流されやすい善人が迷惑《めいわく》を被《こうむ》るってのが、冷酷《れいこく》非情な人類社会の矛《む》盾《じゅん》点であり真理でもある。

俺が理想的な社会制度とは何かという深遠な命題について考えていると、

「なるほど」

古泉が何もかも解ったような声で言った。俺とハルヒに等分に微笑《ほほえ》みかけ、

「よく解りました」

おい古泉、ハルヒの言いっぱなしボムをまともに受け止めるなよ。お前には自分の意見というものがないのか？

古泉は前髪《まえがみ》をちょいと指で弾《はじ》いて、

「つまり我々で自主制作映画を撮影《さつえい》し、客を集めて上映しようと、そういうことですね」

「そういうことよ！」

ハルヒがボードにアンテナ棒を叩《たた》きつけ、朝比奈さんがびくんとすくむ。それでも朝比奈さんは勇気を振《ふ》り絞《しぼ》るように、

「でも……、どうして映画にしたんですか？」

「昨日の夜中ね、ちょっとあたしは寝《ね》付《つ》きが悪かったのよ」

ハルヒはアンテナを顔の前でワイパーのように動かしながら、

「それでテレビ点《つ》けたら変な映画やってたの。観る気もなかったけど、することもな

いから観てたのね」

やっぱりか。

「それがもう、すんごいクダラナイ映画だったわ。監督《かんとく》ん家《ち》に国際電話でイタ電しようかと思ったくらいよ。それでこう思ったの」

指し棒の先が朝比奈さんの小作りな顔に突《つ》きつけられた。

「こんなんだったら、あたしのほうがもっとマシなモノを撮れるわ！」

自信満々に胸を反らすハルヒである。

「だからやってやろうじゃないと思ったわけ。何か文句あんの？」

朝比奈さんは脅《おび》えたようにふるふると首を振る。たとえ文句があったとしても朝比奈さんは口にしないだろうし、古泉はイエスマンだし、長門はただでさえ何も言わないので、こういう時に何かを話さなければならないのは必然的にいつも俺になる。

「お前が一人で映画監督を目指そうがプロデューサーを志そうが、そんなことはどうでもいい。お前の進路だ、好きにすればいいだろうさ。で、俺たちの希望や意思も好きにしていいんだろうな？」

「何のこと？」

と、ハルヒはアヒル口。俺は辛抱強《しんぼうづよ》く言い聞かせる。

「お前は映画を作りたいと言う。俺たちはまだ何も言っていない。もし俺たちがそんなのイヤだと言ったらどうするんだ？　監督だけじゃ映画にならないぜ」

「安心して。脚本《きゃくほん》ならほとんど考えてあるから」

「いや、俺の言いたいのはそうではなくてだな……」

「何も気にすることないわ。あんたはいつも通り、あたしについてくればいいの。心配の必要はまったくなしよ」

　心配だ。

「段取りは任しといて。全部あたしがやるから」

　なおのこと心配だ。

「ごちゃごちゃうるさい奴ね。やるって言ったらやるのよ。狙《ねら》うのは文化祭イベントベスト投票一位よ！　そうすれば物わかりの悪い生徒会もSOS団をクラブとして認めるかもしれない——いいえ！　絶対認めさせるのよ。それにはまず世論を味方につけないといけないわ！」

　世論と投票結果が正比例するとは限らないぜ。

　俺は抵抗《ていこう》を試みる。

「制作費はどうするんだ？」

「予算ならあるわよ」

　どこに？　生徒会がこのアングラ組織のくせに大っぴらに公称《こうしょう》している団などに予

算を配分してくれるとは思えないが。

「文芸部にくれたぶんがあるのよね」

「だったらそれは文芸部の予算だろうが。お前が使っていいもんじゃねえ」

「だって有希はいいって言ったもの」

やれやれだ。俺は長門の顔を見る。長門はじわじわという動きで俺を見上げると、何も言わないまま、じわじわと読書に戻《もど》った。

本当に文芸部への入部希望者は他《ほか》にいないんだろうな。訊《き》くつもりはないが、あらかじめ長門が手を回して廃部《はいぶ》寸前に追い込んでたとしても不思議はない。こいつはハルヒがやってくるのを最初から知っていたらしいし。もし文芸部に入ろうと心を決めていた新入生がいたなら気の毒なことだ。ぜひハルヒの手から本来の文芸部を奪《うば》い返すようがんばってもらいたい。

そんな俺の心も知らず、ハルヒはアンテナを振り回しながら、

「みんな解《わか》ったわね！　クラスの出し物よりこっち優先よ！　反対意見があるなら、文化祭が終わった後に聞くわ。いい？　監督の命令は絶対なのよ！」

そう叫《さけ》んでいるハルヒは、真夏に氷塊《ひょうかい》をプレゼントされた動物園のシロクマのように他の物など目に入らないようだった。

団長の次は監督か。最後には何になるつもりなんだ。……神様とか言わないでくれ

「じゃあ、今日はこれで終わり！　あたしはキャスティングとかスポンサー関係を色々考えないといけないからね。プロデューサーには仕事がいっぱいあるのよ」

プロデューサーってのが何をする役職なのかはよく知らないが、それはともかくこいつは何をするつもりなんだろう。スポンサー？

ぱたん。

乾《かわ》いた音がして振《ふ》り返ると、長門が本を閉じたところだった。今やその音はＳＯＳ団本日の営業終了《しゅうりょう》の合図ともなっている。

詳《くわ》しい話は明日ね、と言い残して、ハルヒは缶詰《かんづめ》を開ける音を耳にした猫《ねこ》のように走り去った。あまり詳しく聞きたい話にはなりそうもないが。

「よかったじゃないですか」

こういうことを言い出すのは決まって古泉である。

「宇宙怪獣《かいじゅう》を捕《つか》まえて見世物小屋をするとか、ＵＦＯを撃墜《げきつい》して内部構造を展覧するとか、その手の物でなくて僕は安心しています」

どっかで聞いたようなセリフだな。

この微笑《ほほえ》み超能力《ちょうのうりょく》者は、ふふっと口を開けずに笑い、

「それに僕は涼宮さんがどんな映画を作るつもりなのか興味があります。なんとなく、

想像はつくような気もするのですけどね」

湯飲みを片づける朝比奈さんを横目で見ながら古泉は、

「楽しい文化祭になりそうです。興味深いことですね」

つられて俺も朝比奈さんに視線を向ける。ぴょこぴょこと揺《ゆ》れるカチューシャを眺《なが》めていると、

「あ、な、なんですかぁ?」

野郎《やろう》二人の目が自分に集中しているのに気づいた朝比奈さんは、手を止めて頬《ほお》を赤くした。

俺は胸中で呟《つぶや》く。

いえ、何でもありません。次にハルヒがどんな衣装《いしょう》を持ってくるのか、それを考えていただけですよ。

帰り支度《じたく》を終えた——と言っても本を鞄《かばん》にしまうだけだったが——長門が音もなく立ち上がり、開きっぱなしの扉《とびら》から音もなく出て行った。ひょっとしたらさっきまで長門が読んでいたのは占《うらな》い関係の本だったのではなかったろうか。洋書だったので俺には知るよしもないが。

「しかしまあ」と俺は呟く。

映画……。映画ね。

正直言うと、俺も多少の興味はあった。古泉ほど深くはない。せいぜい大陸棚《たいりくだな》くらいの水深だが。

せめて俺くらいは期待を持ってやったほうがいいかもしれん。

どうせ誰《だれ》も期待してなどいないだろうからな。

早くも前言撤回《てっかい》、期待なんぞしてやるんじゃなかった。

翌日の放課後、俺は苦虫を噛《か》んで味わうことになる。

・制作著作……SOS団

・総指揮／総監督《かんとく》／演出／脚本《きゃくほん》……涼宮ハルヒ

・主演女優……朝比奈みくる

・主演男優……古泉一樹

・脇役《わきやく》……長門有希

・助監督／撮影《さつえい》／編集／荷物運び／小間使い／パシリ／ご用聞き／その他雑用……キョン

こんなことが書いてあるノートの切れ端《はし》を見て、俺が思うことは一つだ。

「で、俺は何役こなせばいいんだ？」

「そこに書いてある通りよ」

ハルヒは指し棒を指揮者のように振って、

「あんたは裏方スタッフ。キャストは見ての通り。ぴったりなキャスティングでしょ？」

「あたしが主演なんですかぁ？」

か細い声で問いかける朝比奈さんは、今日はメイド服でなく普通《ふつう》に制服を着ている。ハルヒが着替《きが》えなくていいと言ったのだ。これから朝比奈さんを連れてどこかに出かける肚《はら》らしい。

「あの、あたし出来ればあまり目立たないような役が……」

朝比奈さんは困惑《こんわく》の面持《おもも》ちでハルヒに訴《うった》えかける。

「だめ」

ハルヒは答え、

「みくるちゃんにはじゃんじゃん目立ってもらうからね。あなたはこの団のトレードマークみたいなもんだから。今のうちにサインの練習をしといたらいいわ。完成披露《ひろう》試写のときに観客総出で求められると思うし」

完成披露試写？　そんなもんどこでするつもりだ。

朝比奈さんはとても不安そうに、

「……あたし、演技なんか出来ないんですけど」

「だいじょうぶよ。あたしがバッチリ指導してあげる」

朝比奈さんはおどおどと俺を見上げ、悲しそうに睫毛《まつげ》を伏《ふ》せた。

今ここにいるのは俺たち三人だけである。長門と古泉は、それぞれクラスでやる出し物の打ち合わせとやらで遅《おく》れていた。放課後居残ってまで考えることでもないように思うね。適当にやってりゃいいのに、真面目《まじめ》なクラスが案外多いんだな。

「それにしても、有希も古泉くんも不真面目ね」

ハルヒは憤懣《ふんまん》やるかたないといった口調で俺に矛先《ほこさき》を向けた。

「こっち優先って言っておいたのに自分のクラスの都合で遅れるなんて、厳重注意が必要だわ」

長門と古泉は俺とハルヒよりも教室に帰属意識が働いているんだろ。この時期にこんな場所にいる俺たち三人のほうがどっちかと言えばおかしいのさ。

俺はふと思いついて、

「朝比奈さんは、クラスの会議に参加しなくていいんですか？」

「うん、あたしは給仕係なだけなので、あとは衣装合わせくらいです。どんな衣装になるのかな。ちょっと楽しみ」

照れつつ微笑《ほほえ》む朝比奈さんは、どうもすっかりコスプレ慣れしているようだ。ＳＯＳ団絡《がら》みで無意味な衣装を無意味に着せられるより、ちゃんとふさわしい場でそれなりの恰好《かっこう》をするのがいいのだろう。焼きそば喫茶店《きっさてん》にウェイトレスがいても何の不思議もない。文芸部室にメイドがいるよりは格段に合理的だ。

だがハルヒはどのような拡大解釈《かいしゃく》をおこなったのか、

「なぁに、みくるちゃん。そんなにウェイトレスになりたかったの？　早く言えばいいのに。そんくらい簡単よ、あたしがコスチュームを揃《そろ》えてあげるわよ」

あっけらかんと言い放つのはいいが、文芸部室にいる部員が制服以外のいかなる恰好をしてもそれは場にそぐわないだろう。この前のナースはどうかと思ったし、それならばやっぱりメイドが一番いい……ってのは単なる俺の趣味《しゅみ》か。

「まあ、それはいいわ」

ハルヒは俺へと向き直り、

「キョン、あんた映画作りに一番必要なものは何か解《わか》ってる？」

さて。俺はこれまでの人生で感銘《かんめい》を受けた映画の数々を思い描《えが》いて参考資料とした。しばしの思考を終え、やや自信を持ちながら、

「斬新《ざんしん》な発想と制作にかけるひたむきな情熱じゃないかな」

「そんな抽象《ちゅうしょう》的なものじゃないわ」

ハルヒはダメ出しをして、

「カメラに決まってるじゃないの。機材もないのにどうやって撮《と》るのよ」

そうかもしれないが、そんな即物《そくぶつ》的なことを俺は言いたいのではなく……。まあいいか。反論しなければならないほど、俺には斬新な発想もひたむきな情熱も映画理論の持ち合わせもない。

「そういうわけだから」

ハルヒは指し棒を引っ込めて団長机に放《ほう》り投げると、

「これからビデオカメラの調達に行きましょう」

がたん、と椅子《いす》のずれる音がしたので横を見ると朝比奈さんが青ざめていた。青ざめもするだろうね。現在この部屋に鎮座《ちんざ》しているパソコン一式は、ハルヒのデタラメな強奪《ごうだつ》作戦によってコンピュータ研からパクってきたものだ。その際、犠牲《ぎせい》となったのが朝比奈さんだった。

栗毛《くりげ》を小刻みに震《ふる》わせる朝比奈さんは、桜貝みたいな唇《くちびる》をわななかせながら、

「あああの、すす涼宮さん、そう言えばあたし用事があって今すぐ教室にもどら」

「黙《だま》りなさい」

ハルヒ恐《こわ》い顔。腰《こし》を浮《う》かせていた朝比奈さんは、「ひ」と小声を漏《も》らしてかくんと

椅子に舞《ま》い戻《もど》った。ハルヒは突如《とつじょ》としてニカッと笑うと、

「心配しないで」

お前が心配するなと言って、本当に心配するようなことがなかったためしがない。

「今度はみくるちゃんの身体《からだ》を代金代わりにすることはないから。ちょっと協力してもらうだけよ」

朝比奈さんはトラックに乗せられる寸前の仔牛《こうし》のような目で俺を見た。俺はドナドナを唄《うた》う代わりにハルヒに言った。

「その協力の内容を教えろ。でなけりゃ俺と朝比奈さんはここを一歩も動かんぞ」

ハルヒは、こいつらはいったい何を気にしてるのかしらと言いたげな表情で、

「スポンサー回りをするの。主演女優を連れて行ったほうが心証がいいでしょ？　あんたも来なさいよ。荷物運びのためにね」

第二章

今はもう秋のはずなのに、なぜだかちっとも涼《すず》しくない。地球はいよいよバカになったようで、秋という季節を日本に到来《とうらい》させることを忘れてしまっているようだった。夏の暑さは無限の延長戦に入ったみたいにせっせと続き、誰《だれ》かがサヨナラ打を打たない限り収まりそうもなかった。収まる頃《ころ》には秋をすっ飛ばして冬になっているような気もするけど。

遅《おそ》くなるかもしれないわね、とハルヒが言うので俺たちは鞄《かばん》を持って学校を後にした。長い坂道をずんずん降りていくハルヒの向かう所はどこだろう。高校の文化祭用自主映画に制作費を拠出《きょしゅつ》してくれるようなスポンサーなんかいるとも思えない。映研ならまだしも、俺たちは何のために集まっているのか半年経《た》ってもまだ誰にも解らない零細謎《れいさいなぞ》団体なのだ。門前払《もんぜんばら》いが相応だ。

山を下った俺たちは私鉄のローカル線に乗り、三駅ほど移動することになった。いつぞや、俺と朝比奈さんが二人きりの散策を堪能《たんのう》した桜並木に近いあたり。でかいスーパーマーケットや商店街がある、割に人出のある地域である。

ハルヒは俺と朝比奈さんを背後に従え、まっすぐ商店街の中に入っていった。

「ここ」

ようやく立ち止まったハルヒの指差す先には、一軒《いっけん》の電器店があった。

「なるほどね」と俺は言った。

この店から映画撮影《さつえい》に使用するための機材をせしめるつもりらしい。

どうやってだ。

「ちょっと待ってて。あたしが話をつけてくるから」

鞄を俺に預けると、躊躇《ちゅうちょ》なくハルヒはガラス張りの店内へ。

朝比奈さんは俺の後ろに隠《かく》れるようにして、照明器具のディスプレイ群で眩《まばゆ》い店内を恐《おそ》る恐るうかがっている。引っ込み思案な小学生の女の子が友達の家を初めて訪ねたみたいな雰囲気《ふんいき》だ。俺は今度こそ朝比奈さんを守る気満々となり、店長らしきオッサンに身振《みぶ》り手振りで話しかけているハルヒの背中を観察した。少しでもハルヒが胡《う》乱《ろん》なことをやろうとしたら、このまま朝比奈さんを小脇《こわき》に抱《かか》えて遁走《とんそう》しよう。

ガラスの向こうでは、ハルヒが何か喋《しゃべ》りながら展示品を指したり自分を指したりオッサンを指したりしている。オッサンも、なんかふんふんうなずいているが、そんな奴《やつ》の言うことに安易に首を縦に振《ふ》らないほうがいいと忠告してやるべきだろうか。

やがてハルヒはパッと振り返り、ガラスドアの外でいつでも逃《に》げ出せる態勢をとっている俺たちを人差し指で示し、ワライタケを喰《く》ったみたいな笑顔《えがお》をつくり、また手をバタバタさせつつ演説を続けた。

「何をしてるんでしょう……？」

朝比奈さんが俺の斜《なな》め後ろで顔を出したり引っ込めたりしながら疑問の声を出す。

未来から来た朝比奈さんに解《わか》らないものが俺に解るわけもない。

「さあ。どうせこの店で一番高性能なデジタルハンディビデオカメラを無償貸与《むしょうたいよ》せよ、とか言ってるんじゃないでしょうか」

それくらいのことを平然という女だ、アレは。ヘタすりゃ世界の中心に立って地球を回しているのは自分だと信じているような奴だからな。

「困ったもんだ」

ちょっと前のことだが、似たような疑問を長門に訊《き》いてみたことがある。

ハルヒは己《おのれ》の価値基準や判断を絶対的なものだと信じ込んでいる。他人の意思や意識が自分のものとは違《ちが》う場合もある、むしろ違ってばかりであるということが解っていないに違いない。超《ちょう》光速航法を実現したいなら、ハルヒを宇宙船に乗せてやればいい。やすやすと相対性理論を無視してくれるだろう。

そんなようなことを長門に言ったところ、あの無口な宇宙人モドキは、

「あなたの意見は、おそらく正しい」

と、長門にしては意味のある文章を喋った。冗談《じょうだん》がシャレにならない存在、それが涼宮ハルヒであった。

「あ、話終わったみたい」

朝比奈さんの密《ひそ》やかな声で俺は回想シーンから戻《もど》ってきた。

果たして、ハルヒはご満悦《まんえつ》の表情で電器店から出てきた。両手で小振《こぶ》りの箱を抱えている。有名電機メーカーのロゴがでっかく躍《おど》る横にプリントされている商品写真、それは俺の見間違えでない限り、ビデオカメラの形状をしていた。


いったいどういう脅《おど》し文句を使ったんだ？

よこさないと放火するとか、不買運動するとか、一晩中イタズラFAXを流し続けるとか、今すぐここで暴れ出すとか、予告なしで自爆《じばく》するとか——。

「バカじゃない？　そんな脅迫《きょうはく》まがいのことをするわけないじゃないの」

ハルヒは機嫌《きげん》良く、商店街の天蓋《てんがい》の下を歩いている。

「これで初めの一歩は成功ね。順調だわ」

俺はビデオカメラの入った箱を持たされて後をついて行っている。ハルヒの背中で

揺《ゆ》れるストレートヘアを見ながら、

「だから、どうやったらタダでこんな高そうなもんをくれるんだよ。あの親父《おやじ》はお前に何か弱みでも握《にぎ》られていたのか？」

そう、店を出てきたハルヒは開口一番、「もらった」と宣言しやがったのだ。くれるんだったら俺だって欲しい。決めゼリフを教えてくれ。

振り返ったハルヒは、ニマアっと笑いつつ、

「べっつにー。映画撮《と》りたいからちょうだいって言ったら、いいよってくれたのよ。何の問題もないわ」

今はなくとも後々問題になりそうな気がしているのだが、これは俺が心配性《しょう》だからか。

「いちいち気にしないの。あんたは大らかにあたしの下僕として働いていればいいんだから」

あいにく俺は、今年の春から船体横にタイタニックと書いてある船にうっかり乗り込んでしまったような気分を今もって味わっている最中だ。どこかにSOSを打電したくもあったが残念ながらモールスを知らない。それ以前に、下僕とか言われて大らかになれるほど俺は根性《こんじょう》がすわってないぞ。

「さあ、次の店に行くわよ！」

買い物客の波の中で、ハルヒは元気よく手足を動かして歩き出す。俺は朝比奈さん

と顔を見合わせ、競歩みたいなスピードで遠ざかるハルヒの後ろ姿を追った。

次にハルヒの訪問を受けたのは模型ショップだった。

またしても俺と朝比奈さんを外に置き去りにして、ハルヒは一人で交渉人《こうしょう》をやっている。だんだん解ってきた。ガラス越《ご》しに俺たちを指差すとき、ハルヒの人差し指は朝比奈さんを正確に示しているのだ。値段ぶんの働きをどういう形でか朝比奈さんがすることになりそうな具合だ。それに気付かず、朝比奈さんは店頭に展示してあるジオラマのケースを物珍《ものめずら》しそうに覗《のぞ》き込んでいた。教えたほうがいいのかな？

待つこと数分、出てきたハルヒは、またまた身体《からだ》の前にかさばりそうな箱を抱《かか》えていた。今度は何だ。

「武器よ」

ハルヒは答えて俺に荷物を押しつける。よく見ればプラモデルか何かの箱だった。それもピストルだかの銃器《じゅうき》の類《たぐい》である。何すんだ、こんなもん。

「アクションシーンに使うのよ。ガンアクションよ。派手《はで》な撃《う》ち合いはエンターテインメントの基本なの。できればビルを丸ごと爆破したいくらいなんだけど、ダイナマイトってどこで売ってるか知ってる？　雑貨店にあるかしら」

知るか。少なくともコンビニやネット通販《つうはん》では売ってないだろうな。どっかの採石場に行けば置いてあるんじゃないか——と言いかけて、俺は踏《ふ》みとどまった。こいつのことだ、夜中に信管とTNT火薬を盗《ぬす》みに行きかねない。

ビデオカメラとモデルガンの箱を地面に置いて、俺はハルヒに向けて首を振《ふ》った。

「それで、この大荷物をどうするんだ？」

「いっぺん家に持って帰って、明日また部室まで持ってきて。これから学校に戻《もど》るのは面倒《めんどう》だから」

「俺が？」

「あんたが」

ハルヒは腕組《うでぐ》みをして実にいい顔をした。教室では滅多《めった》に見られない、SOS団専用スマイルだ。そして、こんなふうにハルヒが笑うと、回り回って俺に災難を回収する役割が巡《めぐ》ってくることになっている。逆藁《わら》しべ長者か。

「あのう」

朝比奈さんが控《ひか》えめに片手を挙げる。

「あたしは何をしたら……」

「みくるちゃんはいいのよ。もう帰っちゃっていいわ。今日は用済みだから」

ぱちくりと瞳《ひとみ》を瞬《まばた》かせ、朝比奈さんは狐《きつね》に化かされた仔狸《こだぬき》みたいな表情になった。

朝比奈さんが今日したことと言ったら、俺と共にハルヒの後ろをビクビクしながら歩いていただけだったからな。何のためにハルヒが自分に同行を強制したのか理解不能だろう。俺にはなんとなく読めていたが。

ハルヒは今にもラジオ体操第二を踊《おど》りそうな勢いで、最寄《もよ》りの駅へと俺たちを誘《さそ》った。本日のハルヒ的活動はこれで打ち止めらしい。敏腕《びんわん》ネゴシエーターでも左側に寄りそうな手腕で入手したのはビデカメ一台と小銃《しょうじゅう》数丁。かかった費用は無料、つまりタダだ。

昔の人はよく言ったものだ。タダより恐《こわ》い物はない。問題は、ハルヒがそれを全然怖《こわ》がっていないことだった。と言うか、こいつの怖がりそうなものがあったら是非《ぜひ》俺までご連絡《れんらく》いただきたい。

翌日、俺が鞄《かばん》以外の余計な荷物を抱えてえっちらおっちら坂を上っていると、

「よ、キョン。何背負ってんだ？　どっかの良い子たちへのプレゼントか？」

俺の横に追いついてきたのは谷口だった。俺とハルヒのクラスメイトで単純単細胞《たんさいぼう》バカの、間違《まちが》いなくそこらに転がっている普通《ふつう》の同級生の一人である。普通。いい言葉だ。今の俺の立場からすれば貴重ですらある。そこには現実的な言霊《ことだま》が宿っている

からな。

俺はしばらく迷ってから、二つのスーパーの袋《ふくろ》のうち軽い方を谷口に押しつけた。

「なんだこりゃ、モデルガン？　お前、こんな暗い趣味《しゅみ》があったのか」

「俺じゃない。ハルヒの趣味だ」

それから一応フォローしておくが、暗い趣味と言い切るのは間違いだと思うぞ。

「涼宮が一人でグロックの分解掃除《そうじ》してる姿なんざ想像できねえな」

俺もできないから、これを分解したり組み立てたりするのはハルヒ以外の誰《だれ》かになるのだろう。ちなみに俺はガキのころ某《ぼう》モビルスーツを組み立てようとしてどうしても右肩《みぎかた》のジョイントが嵌《はま》らず投げ出した過去を持つ男だ。

「お前も大変だな」

谷口はちっとも大変だとは思っていないような声で、

「涼宮のお守《も》り役が務まるのは古今東西探し回ってもお前くらいのもんだぜ。俺が保証してやる。だからさっさとくっついちまえ」

何て事を言いやがる。俺はいかなる意味でもハルヒと接着するつもりはない。俺がくっつきたいのは、むしろ朝比奈さんのほうだ。誰がどう考えてもそうだろ？

谷口は、ケケケと妖怪《ようかい》じみた笑い声を上げた。

「ああ、そりゃダメだ。あの人は北高《きたこう》の天使様、男子学生の心の拠《よ》り所だからな。全校生徒の半分からフクロにされたくなかったら妙《みょう》な真似《まね》はしないこった。お前だって逆上した俺に後ろから刺《さ》されたくはないだろ？」

じゃあ次点の長門にしておくよ。

「それもまた無理だな。あれはあれで隠《かく》れファンが多いんだ。なんで眼鏡《めがね》やめたんだろうな。コンタクトにしたのか？」

「さあな。本人に訊《き》いてくれ」

「聞いた話じゃ、いまだに何を話しかけても無視されるそうだぜ。なんでも長門のクラスでは、あいつが一言でも喋《しゃべ》るとその日はいいことか悪いことかのどちらかが起こると信じられているらしい」

長門を竹の花みたいに言うな。いつの時代の吉兆占《きっちょううらな》いだ。あいつは確かに普通ではないかもしれないが、それなりに普通であるところも——まあ、あんまりないな。

「つまりお前には涼宮が似合ってんのさ。あのアホとまともに話が出来るのはお前だけで、被害《ひがい》者は少ないほうがいい。なんとかしてやってくれ。そういやそろそろ文化祭だが、今度は何をやってくれんだ？」

「だから俺に訊くな」

俺はSOS団渉外《しょうがい》担当要員ではない。しかし谷口は平然と、

「涼宮に訊いてもわけの解《わか》らんことを言うだけだろ。突《つ》っつき具合を間違えると暴れ

出す恐《おそ》れがあるしな。長門有希はどうせ何訊いても何も言わねえ。朝比奈さんは近寄りがたい。もう一人の男は話していると何かムカつく。だからお前に訊いてんのさ」

妙な理屈《りくつ》をこねる野郎《やろう》だ。それではまるで俺が単なるお人好《ひとよ》しのようじゃないか。

「違うのか？　そっちに歩いていけば崖《がけ》に落ちると解ってんのに一緒《いっしょ》になって歩いている付き合いのよすぎる男に見えるけどな、俺には」

校門が見えてくる。俺は憮然《ぶぜん》たる面持《おもも》ちで谷口からスーパー袋を奪《うば》い返した。

ハルヒ的獣道《けものみち》の行き着く先に何があるのかは知らないが、ロクでもないものが待ち受けているだろうなとは、そりゃ俺だって思っている。だが、一緒に歩いているのはハルヒと俺だけじゃなく、解っているだけで他《ほか》に最低三人はいるのだ。そのうち二人は放《ほう》っておいても大丈夫《だいじょうぶ》だろうが、朝比奈さんは危なっかしい。未来人とは思えないほど、自分の身に起こる何かを全然予測できていないのだ。ま、それがいいんだけど。

「だからな」と俺は言ってやる。「誰かが守ってやらんといかんのだ」

おお、我ながら主人公みたいなセリフだな。守ると言ってもハルヒの行き過ぎたセクハラの魔手《ましゅ》からだけどさ。

俺はいい調子で、

「せっかくだから俺が守る。全学年の男連中が何を言おうと俺は知らん。勝手に紳士《しんし》同盟でも作っていやがればいい」

谷口は、またコナキジジイのようにケケケと笑い、

「ほどほどにしとけよ。新月の夜が月に一回は必ずあるんだからな」

通り魔予告みたいなことを言って、門をくぐった。


俺が荷物とともに教室の前の廊下《ろうか》を歩いていると、ハルヒが自前の荷物を自分のロッカーに押し込んでいるところに出くわした。

俺も電気機器とプラモの箱を俺の出席番号の書かれたスチールロッカーにしまい込む。

「キョン、今日からいそがしくなるわよ」

おはようも言わずにハルヒはロッカーのフタを音高く閉めると、俺に小春日和《こはるびより》のような笑顔《えがお》を向けた。

「みくるちゃんも有希も古泉くんもね。ガタガタ言わせたりしないわ。映画のシナリオはあたしの頭の中でバッチリ煮詰《につ》まっているのよね。ぐつぐつ言ってるくらいよ。後は形にするだけよ」

「あっそう」

俺は適当に答えて教室に入った。俺の机は数えて後ろから二番目にある。一学期から何度も席替《せきが》えをしたが、未《いま》だに一番後ろの席を引き当てたことがない。なぜなら、

俺の後ろには毎回ハルヒが座っていたからだ。そろそろ偶然《ぐうぜん》と考えるのは不自然だと思えるようになってきたが、それでも俺は偶然を信じている。俺が信じてやらないと偶然のほうが自信喪失《そうしつ》するような気がするんでね。これでも俺は気配りの人なのだ。ハルヒなんかと付き合っていたら誰《だれ》でもそうなるぜ。ルーズボールをチェックに行く守備的MFみたいなもんさ。なんせハルヒはオフサイドラインの遥《はる》か向こうでひたすらボールを待っているだけのような超攻撃的《ちょうこうげき》FWだからな。敵キーパーより後ろにいるかもしれない。そこにパスしても線審《せんしん》の旗が上がるのは確実なのだが、それはハルヒにすればひたすら誤審《ごしん》に過ぎないのである。そんなルールがあるほうがおかしいとハルヒは大《おお》まじめで言うだろう。そのうちボールを手に持ってゴールポストに飛び込んでもそれは一点なのだと主張しかねない奴《やつ》なのだ。だったらラグビーをやれという提案は通用しない。

走る傍若無人《ぼうじゃくぶじん》の対処法は、何もかも聞かなかったことにしてさり気なくその場を離《はな》れるか、すべてをあきらめてこいつの言うとおりにするほかない。俺以外の同級生はとっくにそうやっている。

だからその日の六限が終わるなりハルヒが教室から姿を消し、終わりのホームルーム時に俺の真後ろが空席になっていても、担任岡部教師も他の誰も何も言わなかった。気付いていないか、気付かなかったフリをしているのか、気付くだけ無駄《むだ》だと思っているのか、まあ放っておくのが一番なのでどれだって同じなのさ。

俺は予感めいたものを感じながら部室棟《とう》に向かい、何個もの箱が入った袋《ふくろ》を両手にぶらさげたまま文芸部室の前で立ち止まった。

なんか聞こえてくる。きゃあとか言ってるのは朝比奈さんのいたいけな声で、ぎゃあとか喚《わめ》いているのはハルヒのイタイ声だ。またやってる。

ここでドアを開けると実に絵的によろしいシーンを見ることができそうだが、常識人たる俺はストイックにも妄想《もうそう》を堪《こら》えつつ、じっと待ちの態勢である。

五分ほどして、内部でのささやかな闘争《とうそう》は収まった。どうせハルヒが勝ち誇《ほこ》った顔で両手を腰《こし》に当てているに違《ちが》いない。ウサギが巨大《きょだい》アナコンダに勝てないのと同じ理屈で、朝比奈さんが勝つとは思えないからな。

俺のノックに、

「どーぞっ！」

ハルヒの勇ましい返答。俺は朝に見かけた紙袋の中身は何だったのかと思いつつ、扉《とびら》を開けて部室に入った。まず目に入ったのはやはりハルヒの勝ち誇った顔だった。が、そんな顔なら俺はもう見飽《みあ》きている。俺はハルヒの前のパイプ椅子《いす》に座っている人物へと視線を向けて、激烈《げきれつ》かつ熱烈に注目した。

ウェイトレスがそこにいて、俺に涙目《なみだめ》を向けてくれた。

「…………」

やや髪《かみ》を乱しているウェイトレスさんは長門の真似《まね》みたいに黙《だま》り込み、つつっとうつむいた。その背後では、ハルヒが彼女の豊かな栗色《くりいろ》の髪をツインテールに結《ゆ》っている。珍《めずら》しくも長門の姿はない。

「どう？」

ハルヒはふふんと笑いながら俺に訊《き》いた。どうしてお前が自分の手柄《てがら》みたいな顔をするんだ？　朝比奈さんの可愛《かわい》さは朝比奈さんのものだぞ。……とは言え。

まあね？　俺はいいと思うんだけどね？　朝比奈さんはどうなのだろうね？　いやいや俺には異議はないよ？　しかしこのスカート丈《たけ》はちょっと短すぎるんじゃないかなあ？

完全無欠百%フルーツ果汁《かじゆう》なまでにウェイトレスの扮装《ふんそう》をした朝比奈さんは、ぴったり揃《そろ》えた膝小僧《ひざこぞう》に両手の握《にぎ》り拳《こぶし》を置いて固まっていた。

それがもうあなた、異様に似合っていた。カエアン製の衣装《いしよう》かと思ったほどだ。おかげで三十秒くらい無言で朝比奈さんを見つめ続けていた俺は、後ろから肩《かた》を叩《たた》かれて飛び上がりかけることになった。

「やあどうも。昨日はすいませんでした。今日は今日で脚本《きやくほん》でモメそうだったのですが、僕は早々に切り上げさせてもらったんですよ。堂々巡《どうどうめぐ》りには付き合い切れません」

古泉がニヤケハンサムな顔で俺の肩越《ご》しに部室を覗《のぞ》き込み、

「おや」

愉快《ゆかい》そうに微笑《ほほえ》んで、

「これはこれは」

古泉は俺の横を通り過ぎるとテーブルに鞄《かばん》を置き、パイプ椅子に腰を落ち着け、

「よくお似合いですよ」

そのまんまな感想を述べた。そんなもん見りゃ解《わか》る。解らないのは、なんで喫茶店《きっさてん》でもファミレスでもないのにウェイトレスがこの薄汚《うすぎたな》い小部屋にいるのかってことだ。

「それはね、キョン」とハルヒ。「みくるちゃんにはこのコスチュームで映画に出てもらうからよ」

メイドじゃ不都合なのか？

「メイドってのは大金持ちの屋敷《やしき》とかにいて個人的奉仕《ほうし》活動するのが仕事よ。ウェイトレスは違うわ。街角のどっかの店で時給七三〇円くらいで不特定多数にサービスを提供するのが目的なの」

それが高いのか安いのかは知らんけど、どっちにしろ朝比奈さんは屋敷勤《づと》めやバイトをするために毎回こんな恰好《かっこう》をしちゃいないだろう。ハルヒの金で雇《やと》っているのなら別だが。

「細かいことは気にしないでいいの！　こういうのは気分の問題なのね。あたしは気分いいわ」

お前はよくても朝比奈さんはどうなんだ。

「すす、涼宮さん……。これちょっとあたしには小さいような……」

朝比奈さんはよほど気になるのか、しきりにミニスカートの裾《すそ》を押さえっぱなしだ。その微妙《びみょう》な動きがもどかしく、ついつい俺もそっちを見てしまうじゃないか。

「こんぐらいがちょうどいいのよ。ジャストフィットって感じだわ」

俺はムリヤリ視線を引きはがし、ハルヒの密林に咲《さ》く派手《はで》な花みたいな笑顔《えがお》に固定した。ハルヒは真《ま》っ直《す》ぐ前しか見ていない瞳《ひとみ》を俺に照準、

「今回の映画のコンセプトが」

朝比奈さんの丸まった背中を指差す。

「これなのよ」

これ、と言われても。茶店《さてん》でバイトする少女の日常ドキュメンタリーフィルムでも撮《と》るつもりか。

「違うわよ。みくるちゃんの日常を隠《かく》し撮りしたってちっとも面白《おもしろ》くもなんともないわ。普通《ふつう》の日常を記録するだけで楽しい物語になるなんてのはね、よっぽどエキセントリックな人生を送っている人だけよ。ただの高校生の一日を撮影《さつえい》したって、そんな

の自己満足にすぎないの」

別に朝比奈さんは満足しないと思うし、第三者的にはそれはそれで需要《じゅよう》があるような気もするし、だいたい朝比奈さんの日常はけっこうエキセントリックなものである感じもするのだが、ここは黙っておこう。

「あたしはSOS団代表監督《かんとく》として娯楽《ごらく》に徹《てっ》することに決めたの。見てなさい、観客を残らずスタンディングオベーションさせてみせるからね！」

よく見るとハルヒの腕章《わんしょう》の文字は、いつの間にか「団長」から「監督」に変わっていた。用意周到《しゅうとう》な奴《やつ》である。

一人で盛り上がっている女監督と、盛り下がっている主演女優、曖昧《あいまい》な笑みで見物人みたいに一歩退《ひ》いている主演男優を見回したのち、俺がどうしたものかと考えていると、部室の扉《とびら》が音もなく開いた。

「…………」

何が登場したのかと思った。俺の長くもない人生に早くもお迎《むか》えが来たのかと一瞬《いっしゅん》ビビリが入る。モーツァルトにレクイエムを発注しに来たサリエリが出演する映画の楽屋を間違《まちが》えたんじゃないかと疑ったくらいだ。

「…………」と、得意の三点リーダを連続させながら足音もなく入ってきたのは、長門有希のいつもより白い顔だった。顔しか露出《ろしゅつ》していない。後は真っ黒だ。

絶句しているのは俺だけでなく、ハルヒと朝比奈さんも同様で、古泉さえも微笑みに驚《おどろ》きの色を消費税分くらい混ぜ込んでいる。さもありなん、長門は朝比奈さんもびっくりの奇抜《きばつ》な衣装をまとっていた。

暗幕みたいな黒いマントで全身をすっぽり覆《おお》い、頭に同色の鍔広《つばひろ》なトンガリ帽子《ぼうし》をかぶっていて、ほとんど寸足らずのバンパイアハンターである。

俺たちが見守る中、死神みたいな恰好をした長門は、黙々《もくもく》と自分の定位置である隅《すみ》っこの席に着き、マントの裾から鞄とハードカバー本を取り出してテーブルに置いた。

そして俺たち四人の驚愕《きょうがく》をあっさりと無視し去ると、淡々《たんたん》と読書を開始した。

文化祭でクラスがする占《うらな》い大会の衣装《いしょう》なんだそうだ。

絶句から最速で立ち直ったハルヒの矢《や》継《つ》ぎ早な質問に答える長門の単語を繋《つな》げていくと、そういう答えになる。長門にこんな愉快な恰好をさせるとは、こいつのクラスにはなかなか才能豊かなスタイリストがいそうじゃないか。

それにしても、この悪いてるてる坊主《ぼうず》みたいな衣装で教室からここまで歩いてくるとは、長門は長門なりに朝比奈さんに対抗《たいこう》意識を燃やしでもしているのか？　ハルヒ以上に考えのつかめない女だな、こいつは。

そんな何とも言えない気まずい空気が漂《ただよ》う中、ハルヒだけが大喜びしていた。

「有希、あなたも解《わか》ってきたじゃない！　そう、それよ！」

長門はゆっくりと目をハルヒに向け、またページに戻《もど》した。

「あたしの考えていた配役にぴったりの衣装だわ！　あなたにそれ着せた人を後で教えてちょうだい。この感謝の気持ちを電報にして打ったげたいわね」

やめてやってくれ。お前から祝電でも来た日には、何か裏があるんじゃないかと疑心暗鬼《あんき》にかられるのが関の山だ。もう少し周囲の自分への評価を客観視してくれよ。

すっかりご機嫌《きげん》さんになったハルヒは、鼻歌でトルコ行進曲を奏《かな》でながら自分の鞄《かばん》を開けて数枚のコピー用紙を取り出す。それを手早く俺たちに配布して、ツキノワグマを土俵際《ぎわ》に転がした金太郎《きんたろう》みたいな表情をした。

しょうがないので俺はその紙切れに目を落としてみる。

次のような文章が乱暴に書いてあった。


『戦うウェイトレス　朝比奈ミクルの冒険《ぼうけん》（仮）』
☆登場人物
・朝比奈ミクル……未来から来た戦うウェイトレス。
・古泉イツキ……超能力《ちょうのうりょく》少年。

・長門ユキ……悪い宇宙人。
・エキストラの人たち……通りすがり。

……まあ、なんだ。あれだ。

呆《あき》れ果てるのを超越《ちょうえつ》して、こいつはいったい勘《かん》がいいのかどうなのか、それとも当てずっぽうがなぜか的中するのか、もしやワザと知らんぷりしてんじゃないかと思わされるくらいである。何なんだ、この変なところで発揮される奇怪《きかい》な鋭《するど》さは。

唖然《あぜん》としていた俺は、脇《わき》から聞こえるクスクス笑いに我に返った。こんなふうに笑うのも、やはり決まって古泉である。

「いや、これは……」

楽しそうで羨《うらや》ましいぜ。

「何と言いますか、さすがと言うべきでしょうね。本当に、涼宮さんらしい配役です。素晴《すば》らしいですね」

俺に微笑《ほほえ》みかけるな。気持ち悪い。

A4コピー紙を両手で握《にぎ》って読んでいた朝比奈さんはぴくぴくと華奢《きゃしゃ》な手首を震《ふる》わせている。

「わ……」

小声を漏《も》らして、俺に救いを求めるような顔を向ける。と思ったら、とても悲しそうな、非難するような眼差《まなざ》しだった。まるで歳《とし》の離《はな》れた親戚《しんせき》の優《やさ》しいお姉さんがイタズラのすぎた幼児を諭《さと》しているような……と、俺はやっと思い出した。そう言えば、半年前の事件後、俺がハルヒに三人の正体を教えてやったことを。

うげ。マズい。これは俺のせいか。

慌《あわ》てふためいて長門を見ると、黒マントに黒帽子をコーディネイトした対人間用ヒューマノイド・インターフェースとやらは、

「…………」

黙《だま》って本を読んでいた。

「とりたてて問題はないでしょう」

古泉が楽観的に主張している。俺はもう一つ笑えない。

「笑うこともないでしょうが、悲観することでもありません」

「どうして解るんだ」

「なぜなら、たかが映画の配役だからです。涼宮さんは本気で僕が超能力少年だと思っているわけではありません。あくまで映画というフィクション内で、僕が演じる古

泉イッキなる少年が超能力者だと設定しているだけですからね」

古泉は記憶《きおく》力の足りない生徒に向かう家庭教師のように、

「現実にこうして存在する僕、古泉一樹と、このイッキくんは別人も同然ですよ。誰《だれ》だって映画の中の登場人物と演じている俳優を混同したりはしないでしょう？　もし混同する人がいるんだとしても、それは涼宮さんには当てはまりません」

「なんだか、あんまり安心できないな。お前の言うことが正しいという保証はない」

「もし彼女が現実とフィクションをごっちゃにしているんだとしたら、この世の中はとっくにファンタジックな世界になっているでしょうからね。前にも言いましたが、涼宮さんはあれでも現実的な思考の持ち主なのです」

それは解《わか》る。ハルヒの現実的思考なるものが中途半端《ちゅうとはんぱ》に神懸《かみが》かっているせいで、俺はけったいな事件の数々に巻き込まれているのだからな。しかも肝心《かんじん》のハルヒが全然無自覚なうちにだ。

「証拠《しょうこ》を見せつけるわけにもいきませんから」

古泉はサラリと言う。

「もしかするとそんな事態にならざるを得ないときが来るのかもしれません。でもそれは今ではない。幸いなことに、朝比奈さんや長門さんの勢力も同意見のようです。僕は永遠にこのままでもいいと思いますけどね」

俺だってそう思うさ。世界がしっちゃかめっちゃかになるのは見たくない。来週発売のゲームソフトをとことんやり込んでからでないと未練を残しそうだ。

古泉は微笑《ほほえ》みくんのまま、

「世界を心配するより、あなたは自分のことをもっと注意して見守るべきですね。僕や長門さんの代わりは他《ほか》にもいるかもしれませんが、あなたにアンダースタディはいませんので」

俺は複雑化した胸の内を気取《けど》られないように、手元の銃《じゅう》のガス入れに熱中しているフリをした。

この日のハルヒは朝比奈さんに衣装《いしょう》をあてがい、役名を発表しただけに終わっていた。本当はウェイトレスコスの朝比奈さんを引き連れて校内を練り歩いたあげく大々的に制作発表記者会見をしたかったらしいのだが、朝比奈さんが本気で泣きかけたため俺が断念させた。もともとこの高校には新聞部も報道部も宣伝部もない。そう言う俺を見てハルヒは唇《くちびる》を水鳥状態にしながらも引き下がり、

「それもそうね」

驚《おどろ》くべきことに、うなずいたりした。

「内容はギリギリまで秘密にしておいたほうがいいわね。キョン、あんたにしては気

が利《き》くじゃない。よそにパクられたら困るもんね」

ハリウッドや香港《ホンコン》映画のアイデアじゃあるまいし、誰がそんなお前の頭ん中で煮《に》えているだけのストーリーボードを欲しがると言うんだ。

「じゃあキョン、その銃、今日中に使えるようにしておいて。明日がクランクインなんだからね。それから、カメラの取り扱《あつか》い方も覚えておかなきゃダメよ。あ、そうそう。映像データはパソコンに移して編集するから必要なソフトをどっかからかっぱってきなさい。それから――」

という具合に散々宿題を押しつけ申しつけて、ハルヒは『大脱走《だいだっそう》』のテーマを口ずさみながら帰ってった。

機嫌《きげん》がよくても悪くてもどっちにしろ面倒事《めんどうごと》を生み出す奴《やつ》だな、まったく。

そして今、俺と古泉は男二人で顔つき合わせモデルガンからBB弾《だん》が出るように説明書と首っ引きで奮戦しているところだった。

着替《きが》えの終了《しゅうりょう》した朝比奈さんは肩《かた》を落としてとぼとぼと帰宅、長門はサバトに招待された魔女《まじょ》みたいな恰好《かっこう》のまま鞄《かばん》も持たずにどこかに行った。どうも長門は自分の扮《ふん》装《そう》を俺たちに見せに来ただけのようだった。あいつのことだから何か意味があるのかもしれないし、単なる顔見せかもしれない。たぶん今頃《いまごろ》は自分の教室で何かしてるんだろう。水晶占《すいしょううらな》いの予行演習か、そんなのをな。

一日ごとに校内のざわつき加減が微増《びぞう》している感覚はあった。放課後になるたび鳴り響《ひび》く吹奏楽《すいそうがく》部のヘタクソなラッパは徐々《じょじょ》に間違《まちが》い箇所《かしょ》が減っていってるし、校庭の陰《かげ》でベニヤやバルサをギコギコ切っている奴もいるし、長門のように変な恰好をした生徒も少しずつだが増え始めた。

が、しょせんは地味な県立高校のお祭り行事、まったくハメを外しそうにないごくごくおとなしい文化祭になりそうだ。見た感じ、楽しむための努力を放棄《ほうき》していないのは学校全体でもせいぜい半分と言ったところだな。ちなみに俺たち一年五組は楽しむこと自体を放棄している。文化系のクラブに所属していない奴らは当日、けっこうなヒマを持てあますに違いない。その帰宅部の代表格みたいなのが、谷口と国木田《くにきだ》だ。

「文化祭と言えば」

谷口が言い出した。

昼休み、俺とこの端役《はやく》二人は三人で弁当箱を囲んでいる。

「文化祭と言えば？」

国木田が訊《き》き返す。谷口は古泉の上品なそれとは比較《ひかく》するのも気の毒になるような無様なニヤリ笑いを浮《う》かべて、

「スーパーイベントだ」

ハルヒみたいなことを言うな。谷口は急激に表情から笑《え》みをぬぐい去り、

「だが、俺には関係のないイベントだ。つか、腹立たしい」

「何で？」と国木田。

「俺が全然楽しくもないのに、楽しそうにしている奴らがめちゃめちゃ目障《めざわ》りだ。特に男女二人組なんか、殺意を覚えるぜ。え？　何なんだ？」

逆恨《さかうら》みという奴だろう。

「このクラスも何だ？　アンケート？　はっ！　つまらん。どうせあなたの好きな色は何ですかとか、そんなだろ？　そんなもん集計して何が楽しいんだ？」

だったらお前が名案を提案すればよかったじゃねえか。そしたらハルヒも映画がどうのとか言い出さなかったかもしれないのに。

谷口は弁当のウィンナーを一口で飲み込み、

「俺はそんな面倒なことを言い出したりはせん。いや、言うのはいいが、シキリをさせられるのはイヤだからな」

国木田は、そうだねえと言いつつ、だし巻き卵を刻む手を休めて、

「こんな時に手を挙げて発言するのは、よほどのお調子者か責任感の強い生徒くらいだもんね。朝倉さんがいればなあ」

カナダに引っ越《こ》したことになっている元クラスメイトの名前を挙げた。その名を聞くたびに俺の心は若干《じゃっかん》の冷や汗《あせ》を生じさせる。朝倉を消したのは長門だが、その原因となったのは俺だったからだ。放《ほう》っておけば消えていたのは俺のほうだったので、心を痛めていてもどうしようもないが。

「ああ、惜《お》しいことをしたな」谷口が言った。「よりによってAAランクプラスがいなくなっちまうとはついてねえ。このクラスになってよかったと思った唯一《ゆいいつ》のことだったのによう。くそ、今からクラス替《が》えしてくんねえかなあ」

「どこのクラスがいい？」国木田が問いかける。「長門さんのクラスとか？　あ、そういや昨日、魔法使《まほうつか》いみたいな恰好で歩いてるの見たけど、何あれ」

さあね。俺は知らん。

「長門ねえ……」

谷口は数学の抜《ぬ》き打ち小テストを前にしたような顔を俺に向け、さも今思い出したみたいな口調で、

「いつだっけ？　お前とあいつが教室で絡《から》み合っていたのはよ。どうせあれだって、涼宮のシナリオだろ。俺をドッキリさせようって計画だったんだろ？　そうはいかねえな」

勝手に勘違《かんちが》いしてくれて俺は肩の荷が下りた気分だ。……待てよ、あんときお前は

忘れ物を取りに来たんじゃなかったか？　どうやったらあらかじめお前が戻《もど》ってくることを俺たちが知れたのか——なんてことは当然、俺は言わんわけである。谷口はアホであり、アホな奴をアホと言っても何ら俺の心は痛まないわけである。よかったよ、こいつがアホで。感謝したいくらいだ。

「それにしてもつまんねえな」

谷口が慨嘆《がいたん》し、国木田は弁当に集中し、俺は自分の背後を見た。ハルヒの机は空席。

さて、今頃《いまごろ》どこを練り歩いてるんだか。


「学校でロケができそうな所を探してたのよ」

と、ハルヒは言った。

「でも全然なかったわ。やっぱり近場ですまそうとしてたらダメね。外に行きましょう」

学内の雰囲気《ふんいき》が気に入らないのかもしれない。しかし今ひとつ盛り上がりに欠けるからといってわざわざ外部に遠征《えんせい》して盛り上がるための場所を探さなくともいいのに。どうやっても騒《さわ》ぎ倒《たお》したいらしいな。

「えー……。あ、あたしも行くんですか？」

ヒキ気味の声で訴《うった》えるのは朝比奈さんだった。

「当然でしょ。主役がいないと話にならないもの」

「ここの服で、ですかー？」

ハルヒがどこからか持ち寄った扮装《ふんそう》、昨日に引き続きウェイトレスの制服を着せられて小さくなって震《ふる》える朝比奈さんである。

「うん、そう」

ハルヒはあっさりうなずき、朝比奈さんは自分の身体《からだ》を抱きしめるようにしてイヤイヤをする。

「いちいち着替え直すのも面倒《めんどう》でしょ？　それに現場に着替えるとこないかもしれないしね。ならいっそ最初から着替えておけばいいんじゃない？　でしょ？　さ、出かけましょう！　みんなでね！」

「せめて上から羽織《はお》る物を……」

懇願《こんがん》する朝比奈さんに、

「だめ」

「だって、恥《は》ずかしいですよぅ」

「恥ずかしいと思うから変な照れが出るのよ！　そんなのじゃゴールデングローブ賞は狙《ねら》えないわよ！」

狙うのは文化祭イベント投票ベスト1ではなかったのか。

今日の部室には団員が全員雁首揃《がんくびそろ》えて集まっていた。舞台《ぶたい》劇の台本問題が解決したらしい古泉もいて、ハルヒと朝比奈さんの一方的なやりとりをにこやかに眺《なが》めている。長門もいた。そして、その長門がちょっと問題だった。

「…………」

黙《だま》りこくっているのはいつもの通りでまことにけっこうだが恰好《かっこう》が怪《あや》しい。なぜか長門は、昨日見せに来たあの魔女的ルックを今日も身につけているのだ。そんなもんは文化祭当日に着ればいいだろうに何だって今からスタンバっているんだ。

ハルヒなんかすっかり長門の黒マントとトンガリ帽子《ぼうし》が気に入ってしまったようで、

「あなたの役どころは『悪い宇宙人の魔法使い』に変更《へんこう》するわ！」

と、さっそく脚本《きゃくほん》をねじ曲げてしまった。アンテナ型指し棒の先にクリスマスツリーのてっぺんにあるような星形を付け、長門に持たせて悦《えつ》に入《い》っているハルヒと、その棒を握《にぎ》ってじっとしている長門を見ていたら、なんだか俺でさえ、この無口な読書マニアが宇宙人的魔法使いであることに異論がなくなりそうな案配《あんばい》である。情報生命体の端末《たんまつ》ってよりはそっちのほうが端的に長門の特徴《とくちょう》を明示しているかもな。魔法みたいな力を持っているのは確かだ。この目で見たから間違いない。

長門は黒帽子の縁《ふち》を不意に上げ、相変わらずの無機質な目で俺を見た。

「…………」

他クラスの用意した衣装《いしょう》を勝手に撮影《さつえい》用コスチュームにしてしまっていいのか一抹《いちまつ》の疑問は発生するが、ハルヒの眼中にはどんなクエスチョンマークも存在しないようだ。

「キョン！　カメラの用意はいいわね！　古泉くんはそっちの荷物お願いね。みくるちゃん、なんで机にしがみついてんの？　こら、さっさと立って歩きなさい！」

か弱き朝比奈さんの抵抗《ていこう》は儚《はかな》いものだった。ハルヒは非力なウェイトレス少女の首根っこをつかんで引きはがすと、ひええとか言ってる小柄《こがら》な身体をずるずる引きずってドアへ向かった。その後を長門が黒マントの裾《すそ》を引きずりながらついて行き、最後に古泉が俺にウインクをかまして廊下《ろうか》へと消えた。

さて俺も行かないといけないのかなと考えていると、

「こらーっ！　撮影係がいないと映画になんないでしょうがっ！」

ハルヒが開いた扉《とびら》の陰《かげ》から上半身を見せて顔の半分を口にして叫《さけ》び、俺はハルヒの左腕《ひだりうで》にある腕章《わんしょう》の文字が「大監督《だいかんとく》」になっているのを認めて、暗澹《あんたん》たる思いに駆《か》られた。

どうやら本気らしいぞ、この女。

まだ一つも映画を撮《と》っていない自称《じしょう》大監督を先頭に、美少女ウェイトレスが顔を地面に向けたまま続いて、その後を闇色《やみいろ》の魔法《まほう》少女が影《かげ》のように歩き、古泉が紙袋《かみぶくろ》を抱《かか》えて爽《さわ》やかに微笑《びしょう》しつつ……という奇怪《きかい》な一団と可能な限り距離《きょり》を置いて俺は最後尾《さいこうび》にいた。

校舎を移動していた時点ですでにもう注目度満点だったが、ハロウィンパーティみたいな一行は校門の外でも人目を集め、中でも視線独り占め状態に置かれた朝比奈さんは二分くらい歩いたところでうつむき始め、三分で赤くなり、五分くらいした今では精気が抜《ぬ》けたような虚《うつ》ろな足取りでロボット歩きしている。

天変地異の前兆みたいな機嫌《きげん》の良さで『天国と地獄《じごく》』のサビをハミングしているのは先導を務めるハルヒである。いつの間に用意したのか右手に黄色のメガホン、左手にディレクターズチェアを提《さ》げて意気揚々《ようよう》、まるで草原を西進するモンゴル軍騎兵《きへい》のような勢いだ。そのままどこに突撃《とつげき》するのかと思ったら辿《たど》り着いたのは駅だった。人数分の切符《きっぷ》を買って来たハルヒは、俺たちに配り終えると、当然のような顔をして改札へ進軍する。

「待て」

言葉を失っている朝比奈さんに代わって俺が異議申し立てをおこなった。俺は通行人の好奇《こうき》の眼差《まなざ》しを独占《どくせん》しているミニスカウェイトレスと、その横で付き人のように控《ひか》えているチンチクリンの黒衣娘《むすめ》を指してから、

「この恰好で電車に乗せるつもりなのか？」

「何か問題あるの？」とハルヒはしらばっくれる。「素《す》っ裸《ぱだか》なら捕《つか》まるかもしれないけど、ちゃんと服着てるじゃん。それより何？　バニーガールのほうがよかったの？　なら先に言いなさいよ。『戦うバニーちゃん（仮）』でもあたしなら全然かまわないわよ」

わざわざウェイトレス衣装を持ってきた奴《やつ》の言うセリフじゃねえ……ってより、今度のコンセプトはこれだとか言ってなかったか？　よく知らないが、コンセプトってのはそう簡単に変更してしまってもいいものなのか。

俺がクリエイターの心情を垣間見《かいまみ》るべく脳ミソを働かせていると、

「一番大切なのは臨機応変に対応することなの。地球の生き物はそうやって進化してきたんだからね。環境適合《かんきょうてきごう》ってやつよ。ぼんやりしてたら淘汰《とうた》されるだけなのよ！　ちゃんと適合しないといけないのっ！」

何に適合すればいいんだろうな。環境に意思があるなら真っ先にハルヒを大気圏《けん》の外に放《ほう》り出しそうだが。

古泉はニタニタ笑っているだけの荷物持ちと化し、長門は例の調子で無言続行、朝比奈さんは声を出す気力もないようで、つまり俺以外の全員が沈黙《ちんもく》を守っている。

どうにかして欲しい。

ハルヒはその沈黙を自分の言葉があまりの感銘《かんめい》を生んだからだと解釈《かいしゃく》したようで、

「ほら、電車来たわ。きりきり歩くのよ、みくるちゃん。本番はこれからなんだからねっ」

同情すべき動機で人を殺してしまった女犯人を連行する刑事《けいじ》のように、朝比奈さんの肩《かた》を抱《だ》いて改札へ歩き出すのだった。

で、だ。降りたところは一昨日《おととい》と同じ駅で、向かった先も同じ商店街である。もしやと思っていたら訪問する店も同じだった。ハルヒが交渉《こうしょう》の末にビデオカメラをゲットした電器屋さん。

「約束通り来ましたーっ！」

元気よく入店したハルヒが叫び、奥からオッサンがのっそり出てきて、朝比奈さんに目を留める。

「ほうほう」

オッサンはそれだけでセクハラになりそうな笑《え》みを広げて我等が主演女優を見た。

朝比奈さんは必殺技《わざ》を出し終えた格闘《かくとう》ゲームキャラみたいに硬化《こうか》中である。オッサンはさらに、

「それ、一昨日の子？　見違《みちが》えたね。ほうほう。じゃあ、よろしく頼《たの》むよ」

何を頼むつもりなんだ。俺は反射的にビクっとする朝比奈さんを背後にかばおうと

して前進しかけたところをハルヒに押し戻《もど》された。

「はいはい、打ち合わせるから、みんなちゃんと聞きなさい」

そしてハルヒは、体育祭のクラブ対抗《たいこう》リレーで優勝した直後と同じような笑顔を咲《さ》かせて宣告した。

「これからCM撮りを開始します！」


「こ、ここの店は、えーと、店長さんがとっても親切です。それにナイスガイです。現店主である栄二郎《えいじろう》さんのお爺《じい》さんの代からやってます。乾電池《かんでんち》から冷蔵庫までなんでも揃《そろ》います。えー、……あとは、えーと」

ウェイトレス朝比奈さんが引きつりまくった笑顔で必死の棒読みをしている。その横には「大森《おおもり》電器店」と書かれたプラカードを掲《かか》げた長門が直立していて、その二人の姿は俺が覗《のぞ》き込んでいるビデカメのファインダーに映っていた。

朝比奈さんは見事なギコチナイ作り笑いをして、どこにも繋《つな》がっていないマイクを持っていた。

俺の横には古泉がいて、微苦笑《びくしょう》しながらカンペを掲げ持っている。カンペはついさっきハルヒが深く考えもせず殴《なぐ》り書きしたスケッチブックだ。古泉は朝比奈さんのセリフ回しに応じてそれをめくってやっている。

電器店の店頭で、商店街のまっただ中である。

ハルヒはディレクターズチェアに腰掛《こしか》けて足を組み、難しい顔をして朝比奈さんの演技を観察していたが、

「はいカット！」

掌《てのひら》にメガホンを叩《たた》きつけた。

「どうも感じが出ないわね。イマイチ伝わってこないのなぜかしら。なんかこう、グッと来るものがないのよ」

そんなことを言いながら爪《つめ》を噛《か》んでいる。

俺はやれやれとばかりにビデオカメラを停止させた。マイクを両手で握《にぎ》りしめている朝比奈さんも停止している。長門は元から停止しっぱなしで、古泉は微笑《ほほえ》みっぱなし。

背後、商店街を行く通行人たちは何事かと、ざわめきっぱなしだった。

「みくるちゃんの表情が硬《かた》いのよね。もっと心から自然な感じで笑いなさい。なんか楽しいことを思い出すの。ってゆうか、いま楽しいでしょ？　あなたは主役に抜擢《ばってき》されてるのよ？　これ以上の喜びはあなたの人生でも二度とないくらいなのよ！」

いい加減にしろと言いたいね。

一昨日のハルヒと店長の対話を二行で表現すると、以下のようになるようだ。

「映画の途中《とちゅう》にこの店のCM入れてあげるからビデオカメラちょうだい」

「いいとも」

そんなハルヒの口車に乗った店長もどうかしているが、CM入り自主映画を作って上映しようなどと考えたハルヒはどうかしすぎである。上映の真っ最中に主演女優がCMまでこなす映画なんて聞いたこともない。せめて映画の舞台《ぶたい》としてさり気なく背景に映すならまだしも、これでは完全にコマーシャルフィルムだ。

「わかったわ！」

ハルヒが一人で大声を上げている。頼むからお前は何も解《わか》るな。

「電器屋さんにウェイトレスがいるのが引っかかるのよ」

お前が持ってきた衣装《いしょう》だろうが。

「古泉くん、その袋《ふくろ》貸して。そっちの小さいやつ」

ハルヒは古泉から紙袋を受け取ると放心している朝比奈さんの手をつかんだ。そして店内にずかずか入っていき、

「店長ー、奥で着替《きが》えできそうな部屋ある？　うん、どこでもいいわ。なんならトイレでも。そう？　じゃあ倉庫借りまーす」

そんなことを言いながら平気で上がり込み、店の奥へと朝比奈さんを連行して消え

た。可哀想《かわいそう》な朝比奈さんはもはや抵抗《ていこう》の気力も残っていないらしい。ハルヒのバカ力につんのめりながら、おとなしくついていく。この衣装が脱《ぬ》げるのなら何でもいいと考えたのかもしれないな。

残された俺と古泉、長門はすることもなくただ立っていた。黒装束の長門は身じろぎもせずにプラカードを構えたまま、ハンディカメラを見つめている。よく手が疲《つか》れないもんだ。

古泉が俺に微笑みかけた。

「このぶんでは僕の出番はなさそうですね。実はクラスの舞台劇でも僕は役者になることになってしまいましてね。多数決で。ですからセリフ覚えに四苦八苦しているのですよ。こちらでは出来るだけセリフの少ない役がいいのですが……。どうです？あなたが主演をしてみては」

キャスティング権を握っているのはどうせハルヒだ。そういう注文は奴《やっ》につけてくれ。

「そんな畏《おそ》れ多いことが僕に出来ると思いますか？　プロデューサー兼監督《けんかんとく》に一介《いっかい》の俳優が口出しするなんて、僕にはおよびもつきませんね。なにしろ涼宮さんの命令は絶対のようですし、背《そむ》いた後にどんなしっぺ返しを喰《く》らうかなんて想像したくありません」

俺だってしたくない。だからこうやってカメラマンなんかをやってるんじゃないか。

しかも撮《と》ってるのは映画じゃなくて個人営業店舗《てんぽ》のローカルCFだ。地域密着にもほどがあるぜ。

今頃《いまごろ》店の奥では、例のどたばたが繰《く》り広げられているのだろうな。嫌《いや》がる朝比奈さんを好きに剥《む》いているハルヒの絵面《えづら》。今度は何を着せているのかは知らないが、どうせならあいつが着ればいいいんだ。ルックス的に朝比奈さんといい勝負ができるだろうに、自分が主演するという発想はあいつにはないのか？

「お待たせ！」

出てきた二人組のうち、当然のごとくハルヒは制服のままだった。もう一人の姿恰《かっ》好《こう》を見るや、俺の脳裏《のうり》に走馬燈《そうまとう》がよぎった。ああ、もうあれも半年前の出来事だったんだなあ。月日の経《た》つのは早いもんだよなあ。この半年間いろんなことがあったんだよなあ。草野球とか孤島《ことう》とかあれとかこれとか、今となってはいい思い出かもなあ。

……な、わけねえだろ。

懐《なつ》かしの朝比奈みくるコスプレ第一弾《だん》、ハルヒとともに校門に出没《しゅつぼつ》し、全校の話題をさらい朝比奈さんの精神に外傷を負わせた露出《ろしゅつ》過多のコスチューム。

非の打ち所のない完全にして無欠のバニーガールが頬《ほお》を染めつつ目を潤《うる》ませつつ、よろりとしながらハルヒの横でウサ耳を揺《ゆ》らしていた。

「うん、これでバッチリ。やっぱ商品の紹介《しょうかい》にはバニーよね」

わけの解らないことを言いながらハルヒは朝比奈さんを上から下まで眺《なが》め回し、満足げな笑顔《えがお》満開、朝比奈さんは哀愁《あいしゅう》全開で半開きの口から魂《たましい》が出かかっている。

「さ、みくるちゃん。最初からやり直しね。そろそろセリフも覚えたでしょ。キョン、初っぱなから巻き戻《もど》して」

このぶんでは誰《だれ》もセリフを聞くことはないだろう。上映の最中、朝比奈さんのバニー姿に釘付《くぎづ》けになるに違《ちが》いないね。スクリーンに穴が空《あ》かなければいいのだが。

「じゃ、テイク2！」

ハルヒが高らかに叫《さけ》び、メガホンをぱっちんと叩《たた》いた。


半泣き半笑いの朝比奈さんをハルヒが思うままに操作する電器店ＣＭが何とか終了《しゅうりょう》した。まるで悪徳マネージャーに操《あやつ》られる外人レスラーのようなアングルだ。

しかし、ここで俺たちが訪《おとず》れたスポンサーとやらはもう一軒《けん》あったことを思い出さねばならない。思い出すまでもないか。ハルヒは最初からそのつもりだったんだな。

「ひぃ」とか「ぴぃ」とか可愛らしい悲鳴を漏《も》らすバニー朝比奈さんを引きずって、ハルヒは商店街のど真ん中を歩いている。その背後霊《はいごれい》になっている長門はとことん無感動に魔女《まじょ》ルックのまま、俺と古泉は並んでブラブラと。

せめてもの慰《なぐさ》めとして、朝比奈さんの肩《かた》には俺のブレザーがかかっている。かえって目立っているかもしれない。なんかもう、特殊《とくしゅ》な趣味《しゅみ》の世界である。断っておくが俺の趣味ではないぜ。

到着《とうちゃく》した二軒目の模型店でも似たようなことが繰り返された。衆人環視《しゅうじんかんし》の中、朝比奈さんは涙目《なみだめ》を俺——つまりカメラ——に向けながら、

「こ、この模型店さんは、山土啓治《やまつちけいじ》さん（28）が周囲の反対を押し切り、去年脱《だつ》サラして開店オープンしました。趣味がこうじたばっかりに……やっちゃったって感じです……。案の定、思うように売上げは伸《の》びず、今年度前期は昨年対比で伸長率《しんちょう》八十%、折れ線グラフは右肩下《みぎかた》がり……なのでえ！　皆《みな》さんどんどん買いに来てあげてくださぁい！」

朝比奈さんの語尾《ごび》は完全に裏返っている。にしても、こんなナレーションに山土店主はオーケーを出したのか？　どうもヤケになってるとしか思えないな。こんなこと高校生に思われたくもないだろうが。

バニーガールは強引《ごういん》に持たされたアサルトライフルの銃口《じゅうこう》を上に向け、

「人に向けて撃《う》ってはいけませーん。空き缶《かん》でも撃って我慢《がまん》しましょうっ」

その後ろでは、長門がどこを見ているのか解《わか》らない目で「ヤマツチモデルショップ」と書かれたプラカードを捧《ささ》げている。シュールな光景だった。朝倉涼子は普通《ふつう》に

感情のある人間に見えたから宇宙人製人造人間が全員こんなロボットみたいな奴ばかりではないらしく、長門が無感情なのはそういう仕様なのだろう。

さらに朝比奈さんはライフル銃を地面に置いた空き缶に向けて乱射しつつ、

「ひええっ。当たったらとても痛いと思いますっ。ひょええっ」

怯《おび》えながらアルミ缶を蜂《はち》の巣《す》にするという模範射撃《もはんしゃげき》までおこなって、野次馬《やじうま》たちのどよめきを誘《さそ》っていた。命中したのは一割くらいのもんだったが。

こんな映像をDVカセットに録画してると申しわけない気分になってくるね。朝比奈さんにも、このビデオカメラの開発設計者にも。こんなことをするために世に出てきたわけではあるまいに。


そんなこんなで、この日はマヌケなCM撮《ど》りだけで終わった。

俺たちはいったん学校まで舞《ま》い戻り、部室にて次の撮影《さつえい》スケジュールをハルヒから聞いているところだ。

「明日は土曜日で休みだから、朝から全員集合ね。北口駅前に九時には来ていること。いいわねっ！」

ところで、コマーシャルシーンだけですでに十五分以上費《つい》やしているわけだが、本編はどれくらいの長さになるんだ？　三時間もの大作を文化祭で流しても誰も最後まで観《み》てくれそうにないぞ。回転率も悪そうだしさ。

それに、と俺はひしゃげた朝比奈さんを見ながら考えた。行きはウェイトレス、帰りはバニーガールで電車にまで乗った朝比奈さんはやっとのことで制服に着替《きが》え終え、ぱたりと倒《たお》れるようにうずくまった。このままの調子で撮影が進んだら主演女優が途《と》中《ちゅう》で寝込《ねこ》んでしまう恐《おそ》れがある。

俺はテーブルに額を当ててくったりしている朝比奈さんの代わりに古泉が淹《い》れた玄《げん》米《まい》茶を飲み干してから、

「なあハルヒ、朝比奈さんの恰好《かっこう》だがもうちょっと何とかならないか？　もっとこう、戦うんであれば戦いそうな衣装《いしょう》があるだろうよ。戦闘《せんとう》服とか迷彩《めいさい》服とか」

ハルヒは星マーク付きアンテナ棒をちっちっと振《ふ》った。

「そんなんで戦っても意外性がないじゃない。ウェイトレスが戦うから、おおっ――と思わすことができるのよ。ツカミが肝心《かんじん》なの。コンセプトよ、コンセプト」

コンセプトの意味解って言ってるんだろうか。俺は嘆息《たんそく》するしかない。

「まあ……。それはいいけどさ。なんでわざわざ未来から来たことにするんだ？　別に未来人じゃなくてもいいじゃねえか」

ぴく、と突《つ》っ伏《ぷ》す朝比奈さんの肩が揺《ゆ》れ動いた。ハルヒは気付かずへこたれない。

「そんなもんはね、後から考えればいいのよ。ツッコマれたときに考えたらすむことだわ」

だから俺が今ツッコンでるんじゃねえか。答えろよ。

「考えても思いつかなかったら無視しときゃいいのよ！　どうだっていいじゃないの。面白《おもしろ》ければなんだっていいのよ！」

それは面白かった場合だけの話だろうが。お前の撮ろうとしている映画が面白くなる確率はどれほどのものなんだ？　面白がるのが監督《かんとく》のみなんてのを撮っても仕方がないだろ。ゴールデンラズベリー賞シロウト部門ノミネートでも狙《ねら》ってるのか？

「なにそれ。狙うのは一つよ。文化祭イベントベスト投票一位よ！　それに、できたららゴールデングローブも。そのためにもみくるちゃんにはそれなりの恰好をしてもらわないと困るの！」

誰《だれ》も困りはしないと思うのだが、どうやらハルヒが観て激怒《げきど》した映画とやらはいつの年かは知らないがゴールデングローブ賞受賞作らしいな。

もう一度ため息をついて、ふと横を見る。黒装束の長門は部室に入るなり隅《すみ》の方に引っ込んでお馴染《なじ》みの読書にふけっていた。こいつはあれか、この部屋にいるときは本を読んでないと死ぬのか？

「待てよ」

本好き宇宙人を見ているうちに思いついた。

「おい、脚本《きゃくほん》をまだもらってないぞ」

それどころかストーリーすら知らされていない。解《わか》っているのは朝比奈さんが未来ウェイトレスで古泉がエスパー少年で長門が悪い宇宙人の魔法使《まほうつか》いという設定だけだ。

「だいじょうぶ」

ハルヒは何のつもりだろう、いきなり目を閉じて、棒の星マークの先で自分のこめかみを突っついた。

「ぜーんぶ、こん中にあるから。脚本も絵コンテもバッチリドンドンよ。あんたは何も考えなくていいわ。あたしがカメラワークを考えてあげるから」

随分《ずいぶん》な言いぐさだな。お前こそ何も考えずにぼんやり窓の外でも眺《なが》めてりゃいいんだ。マシな表情さえしてれば、その様子だけで朝比奈さんとチェンジできるぜ。

「明日よ、明日！　みんな、気合い入れていくわよ。栄光を勝ち取るにはまず精神論からよ。それがお金をかけずに勝利する手っ取り早い方法なの。心のタガが外れたとき、自分でも知らなかった潜在《せんざい》能力が覚醒《かくせい》して思わぬパワーを生み出すわけよ。そうよね！」

そりゃバトルマンガの逆ギレ合戦的展開ではそうかもしれないが、いくら精神論とナショナリズムを振りかざしたところでサッカー日本代表がW杯《ワールドカップ》で優勝するにはまだ時間がかかりそうだぞ。

「じゃ、今日は解散！　明日をお楽しみにっ！　キョン、カメラとか小道具とか衣装とか、荷物忘れちゃダメよ。時間厳守！」

言い残し、ハルヒは勇ましく鞄《かばん》を振り回して出て行った。廊下《ろうか》を遠ざかる『ロッキー』のテーマを聞きながら、俺はうずたかく積まれた荷物とやらを恨《うら》めしく眺めた。この監督の横暴をどこの組合に訴《うった》え出ればいいのだろうか。


実際のところ、この日までの俺たちの学園ライフは、ハルヒが異常なまでの情熱を映画にかけて、かけたついでに段々脱線《だっせん》していくというだけの、単なる平凡《へいぼん》な日常が連続しているにすぎなかった。全国の学校をくまなく調査でもすれば、似たようなことをしている一団は俺たちの他《ほか》にもいるだろう。早い話が、『普通《ふつう》』なのだ。

俺は長門の親類に襲《おそ》われたりしてないし、朝比奈さんと時を駆《か》けてもいないし、発光性の青カビみたいな巨人野郎《きょじんやろう》も出てきていないし、バカみたいな真相が待ち受ける殺人事件も起こっていない。

めちゃ普通の学園生活だ。

迫《せま》り来る文化祭という祭り事カウントダウンに踊《おど》らされ、いささかハイになったハルヒがアドレナリンをせっせと分泌《ぶんぴつ》して頭に飼っているハムスターを鞭《むち》でシバきたて輪っかをマッハで回しているようなものだ。

要するに、いつものことなのだった。

——この日まではな。

思うに、これでもまだハルヒは自分なりにセーブしていたんだろう。よく考えたら、まだ映画なんて一コマも撮《と》っていない。デジタルビデオテープに記録してあるのは、朝比奈さんがバニースタイルで地元商店街の電器店とプラモ店を紹介《しょうかい》するというスポンサー対策にすぎない。ハルヒ総指揮総監督《かんとく》によるSOS団プロデュース映画作品の全貌《ぜんぼう》はまったく明らかになっておらず、片鱗《へんりん》すら出てこず、ストーリーラインすら不明なのであった。

不明のままのほうがよかったな。

上映するのは朝比奈さんの商店街リポート映像集でかまやしない。と言うか、そっちの方が客を呼べるんじゃないか？　地域振興《しんこう》策にもなって一石二鳥だろうさ。いやもう、いっそのこと朝比奈みくるプロモーションビデオクリップにしてしまえよ。俺はそのほうが嬉《うれ》しいぞ。撮影《さつえい》担当としての、これは俺の本音だ。

しかしながら、ハルヒがそれで満足などしないのも解りきっていた。こいつは言い出したことは必ず完遂《かんすい》する。やると言ったらやるのだ。途中《とちゅう》で投げ出したりなんかはしないのだ。なんと迷惑《めいわく》な有言実行だろうね。

てなわけで、この翌日からまたまたけったいな事態に俺たちは陥《おちい》ることになったのだが、いやまったく、何と言うべきかな。ハルヒは何と言ってたっけ？

心のタガが外れたとき、自分でも知らなかった潜在能力が覚醒して思わぬパワーを生み出して——とかだったたか。

なるほど。

でもなあ、ハルヒ。

よりにもよって、お前が覚醒することはないじゃないか。

それもお前の自覚なしにさ。

第三章

土曜。その日。

俺たちは駅前に集合した。家にあった一番でかいリュックにあらゆるものを詰《つ》め込んで駅まで歩いていった俺を、他の四人が勢揃《せいぞろ》いして待ち受けていた。

ハルヒがカジュアル、朝比奈さんがフェミニンスタイルで並んでいる姿は遠くからでも目を引く。全然似ていない姉妹《しまい》みたいな感じ。上級生のはずなのに妹みたいに見える朝比奈さんは、服装だけが少し年上の装《よそお》いだ。

変人三人に囲まれていた朝比奈さんは、俺を見つけると、幾分《いくぶん》ホッとしたように会《え》釈《しゃく》して小さく手を振《ふ》ってくれた。うむ。

「おっそいわよ！」

叫《さけ》んでいるがハルヒは今日も上機嫌《じょうきげん》だった。こいつが手ぶらなのはメガホンと監督《かんとく》用折りたたみ椅子《いす》が俺の荷物に含《ふく》まれているからである。

「まだ九時前だぜ」

俺は仏頂面《ぶっちょうづら》で言って、両脇《りょうわき》を見る。長門の陶磁器《とうじき》顔と、古泉のさわやかスマイル。それにしても学校でもないのに長門が制服なのは普段《ふだん》と同じだが、古泉までもが制服姿なのはどうしたことだ。

「これが僕の撮影衣装《いしょう》なんだそうですよ」

と、古泉は答えた。

「昨日そのように言われましてね。役の上では、僕は一介《いっかい》の高校生に身をやつした超《ちょう》能力《のうりょく》者ということになっていますから」

そのまんまじゃねえか。

俺がカメラやら小道具やらでかさばるバッグを降ろして額を拭《ぬぐ》っていると、ハルヒが遠足前の小学生みたいな笑顔《えがお》で、

「キョン、あんた一番後に来たから罰金《ばっきん》ね。でもまだいいわ。これからバスに乗るから。バス代くらいはあたしが出したげる。必要経費ってやつよ。あんたは全員に昼ご飯を奢《おご》りなさい」

勝手に決めつけ、片手を振りながら、

「さあみんな！　バス停はこっちよ！　さっさとついてきなさい！」

その腕《うで》の腕章《わんしょう》が「超監督《かんとく》」になっているのを俺は見逃《みのが》さなかった。ついにハルヒの中では大監督すらも超越《ちょうえつ》してしまったらしい。よほど凄《すご》い映画にするつもりなんだろ

う。重ねて言うが、俺は朝比奈さんのPVを撮っていたほうがよっぽど楽しいのだが。

バスに揺《ゆ》られて三十分、山の中にある停留所で降りて、それからさらに三十分。俺たちはハイキングコースをえっちらおっちら登っていた。

どこにでもありそうな森林公園だった。生まれも育ちもこの辺で暮らしている俺には昔から馴染《なじ》みの場所だ。小学生の頃《ころ》は毎年のように遠足と言えば近場の山登りだったからな。

公園とは名ばかりで、山の中腹にムリヤリ開けた空間を作り適当な噴水《ふんすい》があるような、何を好きこのんでこんな所まで登らねばならんのだと苦言の一つでも呈《てい》したくなるほどの、何にも無いところである。喜んでいるのは、まだ娯楽《ごらく》のなんたるかを知るすべもないガキどもくらい、そのガキどもを連れてきたと思《おぼ》しき家族連れの姿を何組も見かけることが出来る。

俺たちは噴水を中心とする広場の片隅《かたすみ》に陣取《じんど》って、そこを撮影《さつえい》基地とすることにした。手ぶらのハルヒは元気を有り余らせていたが、俺はすっかりへばっていた。山道の途中《とちゅう》で古泉に半分くらいの重量を押しつけなければ、マジで行き倒《だお》れていたかもしれん。俺がワンゲルの装備みたいなバッグに凭《もた》れてゼイゼイ言ってると、目の前に小さなペットボトルが差し出され、そのボトルは朝比奈さんの手に握《にぎ》られている。

「あの、飲みます？」

「あたしの飲みかけでよければ……」

神のウーロン茶だ。おそらく天上の味がするに違《ちが》いないね。良いも悪いもない。飲まないと天罰《てんばつ》が下ると言うものだ。俺が遠慮《えんりょ》なく受け取ろうとしたとき、邪悪《じゃあく》な悪魔《あくま》の手が天使の腕を払《はら》いのけた。朝比奈さんからウーロン茶をひったくったハルヒが、

「後にしなさい、後に。みくるちゃん、今はこんな雑用係に水分補給させてる場合じゃないの。急がないと、絶好の天気が翳《かげ》ってくるかもしれないんだからね。さっさと撮影を始めるわよ」

朝比奈さんは、おっとりと目を丸めた。

「え……？　ここで撮《と》るんですか？」

「当たり前じゃないの。何しに来たと思ってるのよ」

「じゃあ、あたし着替《きが》えなくていいんですね？　ここ、着替える場所ないし……」

「場所ならあるわよ。ほら、周り一面がそうよ」

ハルヒが指でぐるりと示した場所には、緑の木々に囲まれた山並みが整列していた。

「ちょっと奥に行けば誰《だれ》も来やしないわ。天然の更衣室《こういしつ》よ。さ、行きましょ」

「ひひ、ひゃあーっ。た、助け」

助けるヒマもなく、ハルヒは森の奥に朝比奈さんを引きずって消えた。

再登場した朝比奈さんは、撮影コスチュームであるところのピチピチウェイトレス服を身体《からだ》に貼《は》りつけ、何だか毛先があちこち飛び跳《は》ねたややこしい髪型《かみがた》をして潤《うる》みきった瞳《ひとみ》を道ばたに生えている秋の花に向けていた。

その片方の目の色が比喩《ひゆ》ではなく違っている。左目だけが青い。なんだこりゃ。

「カラーコンタクトよ」

ハルヒが解説する。

「左右の目の色が違うっていうのもけっこう重要なのね。ほら、たったこれだけのことでググっと神秘性が増すでしょ。これさえしてれば間違いはないの。記号よ、記号」

背後から朝比奈さんの顎《あご》をつかんで、小さな顔を傾《かたむ》けさせる。されるがままの朝比奈さんは茫洋《ぼうよう》たる目つきである。

「この青い目には秘密があるわけ」とハルヒ。

「そりゃまあ、意味もなく色が違っていても話にならんからな」

今にも倒《たお》れそうな朝比奈さんの疲《つか》れた顔だけでもググっとくるけどね。

「それで、どんな秘密があるんだ、そのカラーコンタクトに」

「まだ秘密」

ハルヒはにんまりしながら答え、

「ほら、みくるちゃん。いつまでグンニャリしてんの。しっかりしなさい。あなたは主演なのよ。プロデューサーと監督《かんとく》の次に偉《えら》いのよ。しゃんとするのしゃんと！」

「ふぇー」

悲しい声を出して、朝比奈さんはハルヒの命ずるままにポーズを取る。ハルヒは朝比奈さんに拳銃《けんじゅう》（モデルガンだよ）を握らせ、

「女暗殺者みたいな感じを出しなさい。いかにも未来からきた感じで」

などと無理な注文をつけている。朝比奈さんはおずおずとグロックを構えて、精一《せいいっ》杯《ぱい》の流し目を俺——カメラだな——にくれた。このいかにも無理してる感が堪《たま》らなくいいんだ、これが、いやマジで。

それにしても意味もなくアクティビティ溢《あふ》れる奴《やつ》だ。観《み》た映画がつまらんと思うことは俺だってよくあるが、なら自分がやったほうがマシだとばかりに映画を撮ろうなんてことは思いもしないしやり方だって解《わか》らん。仮に撮ったとして、それが本当にマ

シなものになるとも思っていない。しかしハルヒは真剣《しんけん》に自分に監督の才があると思い込んでいるらしい。少なくとも深夜にやってたマイナー映画よりは素晴《すば》らしいものを作る気でいることは確かだ。その自信は何に裏打ちされているのだろう。

ハルヒは黄色いメガホンを振《ふ》り回しながら叫《さけ》んでいる。

「みくるちゃん！　もっと照れをなくしなさい！　自分を捨てるのよ！　役にハマってなりきればいいのよっ！　今のあなたは朝比奈みくるじゃなくて朝比奈ミクルなのっ！」

……もちろん、ハルヒの自信が何の裏付けもないのは知れたことだ。根拠《こんきょ》もなく自信満々で周囲の秩序《ちつじょ》をカオス化するのが、こいつ、涼宮ハルヒの持って生まれた機能なのだ。でなければ大それた腕章《わんしょう》なんかつけて偉そばるわけがない。

監督ハルヒの指示の下《もと》、記念すべきシーン1の撮影《さつえい》が始まった。

つっても、広場をひたすら走っている朝比奈さんを横から撮っているだけだ。これがオープニングなのだという。せめて脚本《きゃくほん》でも書いてくるのかと思ったが、ハルヒはそんなもんはないと断言しやがった。

「ヘタに文書にして内容が漏《も》れるとマズいじゃない」

というのがその理由である。どうやらこの映画は香港形式で進められるようだった。

なんかもう、すげーぐったりして来た俺だったがカメラレンズの向こうで二丁拳銃を握《にぎ》りしめ、女走りで息を切らしている朝比奈さんよりはまだマシかもな。

俺たちが見守る中、朝比奈さんは右に左にふらふらしながら走り続け、テイク5でようやく監督のオッケーが出た途端《とたん》にへたり込んだ。

「ひい……ひい……」

両手を地面について背中を上下させるウェイトレスを顧《かえり》みず、ハルヒは脇《わき》に控《ひか》える長門に指示を送った。

「じゃ、次は有希とみくるちゃんの戦闘《せんとう》シーンね」

長門はお気に入りの黒装で、つつつとカメラの前まで移動する。制服の上から暗幕みたいなマントを被《かぶ》りトンガリ黒帽子《ぼうし》を頭に載《の》せるだけだから、朝比奈さんのように茂《しげ》みに連れ込まれることがなかったのは幸いなことだった。もっとも長門ならどこでも平気な顔で着替《きが》えの一つぐらいしそうではある。配役を交換《こうかん》してみてはどうかな。長門がウェイトレスで、朝比奈さんが魔法使《まほうつか》い。どっちも不思議と似合いそうだぞ。

ハルヒは朝比奈さんと長門を三メートルくらい離《はな》れて向かい合わせに立たせ、

「みくるちゃん、有希を思うさま撃《う》ちなさい」

「えっ」と朝比奈さん。走ったおかげで乱れた後《おく》れ毛を揺《ゆ》らしながら、「でも、これ人を撃っちゃダメなんじゃ……」

「だいじょうぶよ。みくるちゃんの腕《うで》じゃどうせ当たるわけないし、仮に当たりそうでも有希なら避《よ》けるわ」

長門は黙《だま》ったまま、星付きアンテナを持ってじっと立っていた。

それはまあ、俺だってそう思う。長門なら銃口《じゅうこう》を額に押し当てられた状態で引き金を引いても素《す》で避けそうだ。

「あの……」

恐《こわ》い料理長に割った皿の報告をする新米メイドのような顔で、朝比奈さんは長門をこわごわと見上げる。

「いい」と長門は応《こた》えた。そしてアンテナをくるりと回し、「撃って」

「ほら、いいって。じゃんじゃか撃ちなさい。言っとくけど同時に撃つんじゃなくて交互《こうご》に撃つのよ。それが二丁拳銃《けんじゅう》の基本だから」

古泉がレフ板を頭上に構えている。ハルヒがどこからかは知らないが持ってきたのだ。今頃《いまごろ》写真部あたりが盗難《とうなん》届を出しているかもしれない。しかし古泉、お前主役じゃなかったのか？

「環境《かんきょう》には臨機応変に適合しませんとね。僕は撮影される側にいるより、こっちのほうが性分《しょうぶん》に合っているんですよ。このまま裏方になれないものかと、昨日から考えているんですが……」

「えいっ」

朝比奈さんは重そうにモデルガンを構え、目をつむって連射した。その様子を俺が横から撮影する。BB弾《だん》の軌跡《きせき》はよく見えなかったが、長門が表情一つ変えずに突《つ》っ立っているところを見ると、本当にまったく命中していないようだった。魔法で避けているからか……と思い始めた頃に、長門はゆっくりと指し棒をあげ、顔の前でちょろりと振った。こつんと音がして地面に弾《たま》が転がり落ちる。眼鏡《めがね》なしになったのに凄《すご》い視力も相変わらずだな。

長門は瞬《まばた》きしないで銃口を見ている。いつもだってあんまりしないが、それだって「たまには瞬かないと不自然だから」と言いたげな瞬きで、そっちのほうがよほど不自然である。瞳孔《どうこう》開きっぱなしで歩こうが天井をぶち破ろうが瞬間《しゅんかん》移動しようが、もう俺はちっとも驚《おどろ》きやしないだろう。だから今も驚いていない。

長門は壊《こわ》れたワイパーみたいな動きで、たまに指し棒を振り、その度《たび》にBB弾がパラ……パラ……と落っこちた。

それにしても単調な戦闘シーンだ。長門は棒しか動かさないし、朝比奈さんは二丁のグロックだかベレッタだかをぷしゅぷしゅ撃っているだけだし、しかも当たってないし、だいたいハルヒは「思うさま撃て」と言っただけでセリフを教えていない。聞こえてくるセリフは朝比奈さんの「ひっ、ほわっ、こわっ」という小さな嬌声《きようせい》だけである。

なんだか、闘《たたか》いの前にお互《たが》い致命傷《ちめいしよう》は避《さ》けようぜと打ち合わせておいたハブとマングースのようなやる気のないバトルシーンだった。

「うん、まあこんなもんかしら」

朝比奈さんの拳銃が弾切れになったところで、ハルヒがメガホンで肩《かた》たたき。俺はハンディビデオを降ろして、ディレクターズチェアの上に胡座《あぐら》をかいているハルヒに近寄った。

「おいハルヒ。これのどこが映画だ。何の話なんだかさっぱり解《わか》らねえぞ」

涼宮超監督《ちようかんとく》はチラリと俺を見上げ、

「いいの。どうせ編集段階で切ったり繋《つな》げたりするつもりだし」

誰《だれ》がするんだ、その切ったり繋げたりをさ。俺の役職の所に「編集」とか書いてあったような気もするが。

「せめてセリフだけでも入れろよ」

「いざとなれば音声は消してアフレコするわ。効果音とかBGMも入れないといけないしね。今は深く考えなくていいのっ！」

考えようにも、ストーリーがお前の頭の中にしかないんだから俺たちが考えることなど何もない。せめて俺は朝比奈さんに対するハルヒのセクハラを最小限にするべく注意するくらいだった。俺以外の男のボディタッチ厳禁。それが俺の基準である。文句はないよな？

「それじゃ次のシーンね！　今度は有希の反撃《はんげき》よ。有希、魔法を使ってみくるちゃんをいてこましちゃいなさい！」

長門は黒帽子のひさしの影《かげ》の中から、衣装《いしょう》より黒い瞳《ひとみ》を俺に向けた。俺にしか解らないような角度で首を傾《かたむ》ける。なんとなく伝わった。長門は「いいの？」と訊《き》いているようだ。

もちろん答えは「ノー！」だ。魔法はともかく、朝比奈さんを痛めつけるようなことは許可できないね。ほら、朝比奈さんが青くなってぶるぶる震《ふる》えているじゃないか。

当然ハルヒは長門が不可解なタネ無しマジックを使えるとは知らない。こいつが言ってるのは、あたかも魔法を使っているような演技をしろということだろう。

長門もちゃんとわきまえてくれたようで、「…………」と無言をセリフとしながら、アンテナ棒を持ち上げてユラーリユラリと、まるでコンサートで観客がサイリウムを振るみたいな動作をおこなう。

「まあ、いいわ」とハルヒ。「このシーンにはＶＦＸを使うから。キョン、あとで有希の棒から光線が出てる感じでお願いね」

どうやったらそんなビジュアルエフェクトがかませるのか、俺にそんな技術はないぞ。ＩＬＭから社員と機材を借りてくる予定があるなら別だが。

「みくるちゃんはそこで悲鳴！　そして苦しそうにぶっ倒《たお》れなさい」

しばらくオロオロしていた朝比奈さんは、「……きゃ」と呟《つぶや》くように言ってパタリコと前向きに倒れた。両手を投げ出して倒れ伏《ふ》す朝比奈さんの傍《かたわ》らで、その魂《たましい》を入手したばかりの死神のような長門が立っている光景。それを撮影《さつえい》する俺に、俺の横でいつまでもレフ板上げっぱなしの古泉。

そろそろ周りの家族連れの視線が痛くなってきた。


慈悲《じひ》深くも、しばしの休憩《きゅうけい》時間をハルヒが与《あた》えてくれたため、俺たちは車座で地面に座り込んでいた。

ハルヒは俺が撮《と》った映像を繰《く》り返し再生しては、もっともらしい顔でうーんとか唸《うな》っている。

朝比奈さんと長門の間には、ちょこちょこと寄ってきた子供が数名いて、「これ何のテレビ？」とか訊いていた。朝比奈さんは弱々しく微笑《ほほえ》むだけで首を振り、長門は完全に無視して大地と一体化していた。

いったい自分の撮っている映像が何のシーンなのかハルヒが明かさないものだから全然解らんのだが、次に超監督は近くの神社に行こうと言い出した。もう休憩終わりか。

「鳩《はと》がいるの」

なのだそうだ。

「鳩がバサバサ飛び立つのを背景に歩いているみくるちゃんを撮るのよ！　できれば全部白い鳩にしたいんだけど、この際どんな色でも目をつむるわ」

土鳩《どばと》しかいないと思うけどな。すでにヨレヨレになっている朝比奈さんの腕《うで》に自分の腕を絡《から》め（逃《に》げないようにだろう）、ハルヒは森林公園内を横断して県道に向かうようだ。俺は古泉と機材を分け合い、ジャングルの取材に訪《おとず》れた撮影スタッフの現地人シェルパみたいな面持《おもも》ちで後をつけて、着いたところが山の中のでっかい神社だった。

久しぶりに来たなあ。それこそ小学生時の遠足以来だ。

境内《けいだい》の「エサやり禁止」という看板の前で、ハルヒは枯《か》れ木に花を咲《さ》かそうとするがごとく堂々とパン屑《くず》をまいていた。日本語が読めないとしか思えない。

たちまち地面を埋《う》め尽《つ》くす勢いで鳩の群れが押し寄せ、後を絶つことなく空から舞《ま》い降りてくる。鳩色になった神社の境内は、よく見るまでもなくかなり不気味だ。その鳩のカーペットの中に朝比奈さんが一人で立たされている。足元をつつき回されて唇《くちびる》を震わせるウェイトレス。その姿を俺が正面から撮っていた。何やってんだ、俺。

画面の外ではハルヒが朝比奈さんから取り上げたイーグルだかトカレフだかの拳銃《けんじゅう》を携《たずさ》え、すちゃっとセイフティを解除した。何をするのかと思っていたら、いきなり朝比奈さんの足元に向かって射撃《しゃげき》、

「ひえええっ！」

鳩に豆鉄砲《まめでっぽう》を喰《く》らわす絵面《えづら》がリアルで拝めるとは思わなかった。動物愛護協会がすっ飛んできそうな蛮行《ばんこう》に、平和の象徴《しょうちょう》たちは一斉《いっせい》にクルッポとか鳴きながら舞い上がる。

「これよ！　この絵が欲しかったのよね。キョン、ちゃんと撮ってなさいよ！」

一応カメラは回っているから撮れているだろ。右往左往して飛び回る鳩の渦《うず》の中央で、朝比奈さんは頭を抱《かか》えてしゃがみ込んでいる。

「みくるちゃんコラーっ！　何座ってんの!?　あなたは飛んでる鳩をバックにゆっくりとこっちに歩いてくるのよ！　立ちなさあい！」

そんなシーンを悠長《ゆうちょう》に撮っている場合ではなさそうだ。俺が覗《のぞ》いているファインダーの最奥《さいおう》から、動物愛護協会の代わりに神社の神主《かんぬし》らしきジーサンがすっ飛んできたからである。袴《はかま》姿だから神主の関係者で合ってると思う。俺が説教の一つでも覚悟《かくご》していると、ハルヒは躊躇《ためら》うことなく最終手段に出た。

手にしていたCZだかSIGだかいうモデルガンを、そのジーサンに向けて撃《う》ち始めたのである。灼《や》けた鉄板に立たされたような踊《おど》りを見せる神主（多分）。シルバー

サービス振興会《しんこう》から抗議《こうぎ》が来そうな振《ふ》る舞いだった。

「撤収《てっしゅう》ーっ！」

やおら叫《さけ》んだハルヒは、身を翻《ひるがえ》して走り出した。いつ移動したのか、長門はとっくに遠く離《はな》れた鳥居の下で俺たちを待っている。放《ほう》っておけば逃げ遅《おく》れそうな朝比奈さんを、俺と古泉が両脇《りょうわき》から抱えて荷物と一緒《いっしょ》に持ち上げた。

監督《かんとく》が逃げ出したんだ。主演女優をスケープゴートにするわけにはいかんだろ。


十分後、俺たちは道沿いにあったドライブインみたいな食事処《どころ》の一角にいた。俺がなぜか奢《おご》ることになっている昼飯である。

「惜《お》しいことをしたかもしんないわね。あの老神主を敵役にしてボコったほうがアドリブとしてはよかったんじゃないかしら」

ハルヒが犯罪ギリギリなことをほざいている。

朝比奈さんはざる蕎麦《そば》を三本ほど啜《すす》った後、テーブルに突《つ》っ伏《ぷ》していた。

「みくるちゃん。あなた小食ねえ。そんなんじゃ大きくなれないわよ。胸ばっかり育ってもコアなマニアに喜ばれるだけよ。ちゃんと背も伸《の》ばさないと」

言いつつ、ハルヒは朝比奈さんの蕎麦を横取りしてずるずると喰っていた。

俺は知っている。あと何年後かは知らないが、朝比奈さんは顔もボディもミス太陽系代表に選出されるくらいの成長を遂《と》げるのだ。本人も知らないみたいだけどね。

古泉はずっと苦笑《くしょう》していた。長門は黙々《もくもく》とミックスサンドを口に運んで頰《ほお》を膨《ふく》らませている。俺は喰い終えたミートソースの皿を脇《わき》に押しやって、二人前の昼食を平らげているハルヒに言った。

「あの神主が学校に苦情でも入れたらどうするつもりだ。古泉の制服で、俺たちの正体はバレバレだぞ」

「だいじょうぶじゃないかしら」

ハルヒはどこまでも楽観的である。

「距離《きょり》あったし、よくあるブレザーだし、何か言われてもトボケときゃいいのよ。他人の空似よ。BB弾《だん》だけじゃ証拠《しょうこ》になんないわ」

俺は証拠の詰《つ》まっているビデオカメラを見た。この映像を上映なんかしたら一発でネタバレすると思うのだが。神社まで来て鳩に囲まれているウェイトレスがこの近隣《きんりん》に二人以上もいるとは思えない。

「それで、次はどこに行くんだ?」

「もう一度公園の広場に戻《もど》りましょ。よく考えたらあれだけじゃ戦闘《せんとう》になってないわ。観客のハートを鷲《わし》づかみにするには、もっと激しいアクションが必要ね。うん、イメージが湧《わ》いてきたわ。森の中を必死に逃《に》げるみくるちゃんと、それを追う有希。そしてみくるちゃんは崖《がけ》から落ちてしまうの。そこにたまたま通りがかった古泉くんが助けるっていう展開はどうかしら」

行き当たりばったりの展開だな。こんな山の中をたまたま通りかかる制服姿の男子高校生ってのは何者だ。それだけで怪《あや》しすぎるぞ。それにハルヒのことだから本当に朝比奈さんを崖から突き落とすかもしれない。つーかハルヒ、お前が落ちろ。朝比奈さんのスタントとしてこの衣装《いしょう》を着込め。まあ、少し胸が足りないかもしれないが……。

そんなことを考えている俺を、ハルヒは眉《まゆ》を吊《つ》り上げて流し目での一睨《ひとにら》み。

「あんたなんか想像してる？　まさかあたしのウェイトレス姿を妄想《もうそう》してるんじゃないでしょうね」

実に的確に言い当てて、

「あたしは監督なんだからね。そんな嬉《うれ》しがって表に出たりはしないのよ。二匹《ひき》のウサギを追いかけていたら切り株につまずいてコケるだけなの」

おまえはプロデューサーも兼《か》ねてるんじゃなかったっけ。

「裏方スタッフは何役兼ねてもいいのよ。でもまあ、カメオ出演みたいに一瞬《いっしゅん》だけチラッと映るのはいいかもね。お遊びも入れといたほうがマニア心をくすぐるから」

どこのマニアが対象になっているんだろう。朝比奈さんマニアか？　今までのところ朝比奈みくるコスチュームプレイ集にしかなってねえぞ。……考えてみれば、それで充分《じゅうぶん》だが。

古泉はホットオーレを優雅《ゆうが》な仕草でテーブルに戻し、

「登場人物は僕たち三人だけなのですか？」

ばか、余計なことを訊《き》くな。

「そうねえ……」

ハルヒは口をアヒルにして考え込むふうである。それくらいあらかじめ考えておけ。

「やっぱり三人だけじゃ少ないかしら。うん、少ないわね。脇が光ってこそ主役も生きるというものだわ。古泉くん、いいことを気付かせてくれたわ。お礼に出番を増やしてあげる」

「それは……どうも」

古泉は笑《え》みを浮《う》かべたまま、しまった、と言いたげな顔になった。ざまを見るがいい。俺なんか藪《やぶ》をつつけばマムシが出てくると知ってるから何も言わないのだ。

しかしどこから新たな登場人物を連れて来るつもりだろう。こいつがアトランダムに連れて来る人間は、七十五％の確率で変態的な裏設定を持っていることになっている。順番から言えば今度は異世界人が来そうだ。そして俺はそんな奴《やつ》にこの世に来て欲しくないと考えてもいる。

「ボスを倒《たお》す前にはザコをたくさんとっちめないといけないのよね。ザコ、ザコ……」

唇《くちびる》の下に指を当てるハルヒは俺をチラリ見する。

「あいつらでいいだろ」

俺もハルヒの考えを読み取った。谷口と国木田。連れて来てもまったくどうでもいい奴と言えば、あの二人くらいだ。完全な脇役《わきやく》以下、ザコ中のザコキャラである。単独で出現したホイミスライムより無害であるのは間違《まちが》いない。

「それでいいわ」

もう一人くらい欲しそうな監督《かんとく》の顔から目を逸《そ》らし、俺はテーブルにほっぺたをつけて目を閉じる朝比奈さんを盗《ぬす》み見た。やっぱり寝顔《ねがお》も可愛《かわい》いね。寝たフリもな。

俺はソーダ水をちゅうちゅう吸っている長門の死神衣装に目を遣《や》って、その無感動ぶりを心ゆくまで鑑賞《かんしょう》してから、

「で、次は？　何を撮《と》るんだ？」

ハルヒは蕎麦湯《そばゆ》をどぼどぼ注《つ》ぎ、それをすっかり飲み干すまでの時間を稼《かせ》いだ。それから、

「とにかくみくるちゃんにはヒドイ目にあってもらうとするわ。可哀想《かわいそう》な少女がとことん酷《ひど》いコトされて、最後に逆転ハッピーになるってのが、この映画のテーマだから。みくるちゃんが不幸になればなるほどラストのカタルシスもバーンと弾《はじ》けるってもの

よ。安心して、みくるちゃん。これはハッピーエンドだからね」

ハッピーなのは最後だけだろうな。その間、朝比奈さんはひたすらハルヒ監督の暴《ぼう》虐《ぎゃく》にさらされるというわけだ。さて、どんなシナリオをハルヒは用意してるんだろう。ブレーキ役は俺だけみたいだし、ここは一つ注意して見守らないとな。ところでカタルシスって何だ？

朝比奈さんは、閉じていた目蓋《まぶた》を半分だけ開けて、俺のほうを救いを求めるような目で見つめてくれた。左目だけが碧眼《へきがん》のヘテロクロミア。が、すぐに薄《うす》い吐息《といき》をして、ゆるゆると閉じる。なんですか、俺が頼《たよ》りになりそうにないっていう意思表示ですか。古泉と長門が何の防波堤《ぼうはてい》にもなりそうにない現在、俺だけですよ、あなたの味方は。

もっとも、俺が何かしようとしてもハルヒを押し留《とど》めることのできた例《ためし》もまた、この半年間皆無《かいむ》だったけどさ。俺の騎士道《きしどう》精神的意気込みだけでもくみ取って欲しいね。風車に槍《やり》を投げてるような虚《むな》しさを感じないでもないけど。

正直言うと、別に止めることはないと思っていた。半年前、俺はハルヒを羽交い締《はがじ》めにしてでもＳＯＳ団創設を断念させるべきだったと考えたのだが、そんなもんは結果論で、俺がボヤボヤしているうちにハルヒは部室と団員を用意してしまい、なし崩《くず》し的に俺も団員その一にされていた……ってのが現実的な結果だ。

しかし、もし俺がこの女の後頭部を背後から棍棒《こんぼう》で殴《なぐ》るなり闇討《やみう》ちするなり不意打ちするなりして制止できていたら、朝比奈さんや長門や古泉たちと出会わずにすんだかもしれない。あるいは、もっと別の形で出会えたかもしれない。つまり宇宙人だとか未来人だとかいうような信じがたい設定を知らされることなく、普通《ふつう》の同級生とか上級生とか赤の他人とかで廊下《ろうか》をすれ違うだけだったかもしれない。

どっちがよかった？　などと訊くなよ。俺はすでに団員三人の自己PRを聞いちまったし、長門の変な力やもう一人の朝比奈さんや赤玉になる古泉を目撃《もくげき》しているんだからな。たぶんどっかのパラレルワールドに行けば、ハルヒや以下の三人と会話一つしたことのない俺がいるだろうから、そいつに訊けばいいことさ。俺は知らねえ。

知らねえと言っていられないのは、この俺の今の状態だ。映画作り。うむ。適度に文化祭っぽい展開だ。何もおかしくはないだろう。おかしいのはハルヒの頭の中くらいだが、それはとっくに解《わか》りきったことなので今更誰《いまさらだれ》も驚《おどろ》かない。いきなり映画を作ると言い出したところで、こいつがアホなことを言い出すのも今更なので俺にしてみれば定期的なルーチンワークだ。適当にやってりゃ何とかなるだろ――。

と、そう考えた。だから映画撮影《さつえい》を止めることもしなかった。監督でも何でも好きなことをやれ。好きなだけ周囲を振《ふ》り回してくれ。それでお前の気が晴れるなら、俺も内心のため息を押し殺して付き合ってやるさ。お前と二人っきりで得体の知れん空間に閉じこめられるのは金輪際《こんりんざい》願い下げだからな。

張り切るハルヒとヨレた朝比奈さんと微笑《ほほえ》み古泉と仮面みたいな長門の無表情を眺《なが》めながら、俺はそう思っていたのだ。

止めときゃよかったと後悔《こうかい》する時が来るとも知らずに。

俺たちはまた森林公園広場に舞《ま》い戻《もど》った。なんとかならないのか、この段取りの悪さは。神社に行く前にまとめて撮っておけよ。脚本《きゃくほん》がハルヒの頭にしかないのがそもその問題だ。やっぱり文書化は大切だよな。文字情報偉大《いだい》なり。

「やっぱ銃《じゅう》はやめにするわ。もっと凄《すご》い弾《たま》が出ると思ってたのに、ハデな炎《ほのお》も音もないし臨場感がないもの。あんまり効いてる気がしないのよ。レプリカだとダメね」

ヤマツチモデルショップの赤字経営を後押しするようなことを言いつつ、ハルヒは運動靴《うんどうぐつ》の爪先《つまさき》で地面に二つのペケマークを書いていた。朝比奈さんと長門の立ち位置をバミっているらしい。

「みくるちゃんはこっち、有希はここ」

「ふみゅう」

朝からハルヒに引っ張り回されている朝比奈さんは、すでに一日分のカロリーを全消費したようなおぼつかない脚《あし》の動きで抵抗《ていこう》の余地もなく、エロいウェイトレス姿でウロツキまわる精神的疲労《ひろう》度がよほどキているらしい。羞恥《しゅうち》の思いを超《こ》えて幼児退行化しているのかと思うくらいのお人形さんぶりだった。

長門は元からの人形ぶりで、黙々《もくもく》とバミリ位置に移動して黙々と立ちつくす。黒マントが吹《ふ》き下ろしの山風にそよそよとなびいている。

ハルヒは朝比奈さんからもぎ取ったモデルガンを指先でくるくる回しながら、

「この位置を動かないでね。向かい合って睨《にら》み合っているシーンを撮《と》りたいから。古泉くん、レフ板用意して」

それからディレクターズチェアに戻ってきたハルヒは、銃を天に向けてぷしゅんとぶっぱなして、

「アクション！」

と叫《さけ》んだ。

俺は慌《あわ》ててカメラを構えたが、もっと慌てたのは朝比奈さんだろう。アクションて。ハルヒは立ってろとしか言っていないぞ。どんなアクションをせよと言うのか。

「………」

長門と朝比奈さんは無言で相手の顔色をうかがい合っている。

「あの……」

先に朝比奈さんが視線を逸《そ》らす。

「…………」

長門はじっと朝比奈さんを見つめ続けている。

「…………」

朝比奈さんも沈黙《ちんもく》する。

そのまま、そよそよと風が吹いているだけのお見合い場面が延々と続けられた。

「もう！」

ハルヒがなぜかキレた。

「そんなんじゃバトルにならないでしょ！」

立ってるだけだからな。

拳銃《けんじゅう》からメガホンに持ちかえたハルヒは、つかつかと朝比奈さんに近寄ると、自分が結《ゆ》った柔《やわ》らかそうな栗色《くりいろ》の髪《かみ》をぽこんと叩《たた》いた。

「みくるちゃん、いい？　あのね、いくら可愛《かわい》いからってそんだけで安心してちゃダメよ。可愛いだけの女の子なんて他《ほか》にも腐《くさ》るほどいるのよ？　安穏《あんのん》としてたらすぐに下から若いのがどんどん出てきて追い越《こ》されちゃうの」

何が言いたいんだ？

頭を押さえる朝比奈さんに、ハルヒは言い聞かせるように言った。

「だからね、みくるちゃん。目からビームくらい出しなさい！」

「ふえっ⁉」

朝比奈さんは驚きに目を見開いて、

「無理ですっ！」

「その色違《いろちが》いの左目はこのためのものなのよ。無意味に青くしてるんじゃないのよ。凄い力を秘《ひ》めているっていう設定なの。つまりそれがビームなの。ミクルビームよ。それを出すの」

「で、出ませんっ！」

「気合いで出せ！」

及《およ》び腰《ごし》になる朝比奈さんにヘッドロックをかまし、ハルヒは黄色メガホンで旋毛《つむじ》をぽこぽこ叩いている。

いたいいたいと泣き声を上げる朝比奈さんがあんまりにもあんまりだ。俺は、レフ板を置いて面白《おもしろ》そうにその光景を眺《なが》めている古泉にカメラを渡《わた》し、ハルヒの首根っこをつかんだ。

「やめろ、バカ」

小柄《こがら》なウェイトレスから暴虐超監督《ぼうぎゃくちょうかんとく》を引きはがす。

「まともな人間が目からビームなんか出すかい。アホか」

両手で頭を押さえている朝比奈さんを見ろ、可哀想《かわいそう》に涙《なみだ》ぐんでいるじゃないか。その通り、つぶらな瞳《ひとみ》から出るものと言えば真珠《しんじゅ》の涙くらいなのだ。

「ふん」

襟首《えりくび》をつかまれたまま、ハルヒは横を向いて鼻を鳴らす。

「解《わか》ってるわよ、それくらい」

俺は手を離《はな》す。ハルヒはメガホンで首筋を叩きながら、

「ビーム出すくらいの気合いを入れろって言いたかっただけよ。主演とは思えない覇《は》気《き》のなさだったから。あんたも冗談《じょうだん》の解らない奴《やつ》ね」

お前の冗談は冗談にならないから困るんだ。朝比奈さんに本当にビーム発射機能があったらどうするんだ。

……ありませんよね？

不安になって朝比奈さんに流し目を向ける。朝比奈さんはオッドアイみたいな涙目で、きょとんと俺を見上げた。パチパチ瞬《まばた》きして小首を傾《かし》げる。どうも俺のアイコンタクトは朝比奈さんには通用しないみたいだな。と思っていると、古泉がしゃしゃり出てきてハルヒに諫言《かんげん》した。

「そのへんは撮った後でCG処理するなりして何とかできるでしょう」

ティッシュの箱を手にした古泉は親切めかした詐欺師《さぎし》的笑《え》みを浮《う》かべ、それを朝比奈さんに手渡《てわた》して、

「涼宮さんも最初からそのつもりだったのではないですか？」

「そのつもりだったわ」とハルヒ。

怪《あや》しいもんだ、と思う俺。

朝比奈さんはティッシュペーパーで涙を拭《ぬぐ》い、ちんと鼻をかんでから、挙動不審《ふしん》な仕草でハルヒを見たり俺を見たり。

長門は目立ちすぎの黒子《くろこ》みたいな恰好《かっこう》で黙《だま》ったまま風にそよがれている。早く陽《ひ》が暮れないもんかな。光量不足につき撮影《さつえい》続行不可になる時間が待ち遠しいね。

「今のはNG、もっぺん撮《と》り直し」

ハルヒが言って、朝比奈さんと決めポーズの打ち合わせを始めた。

「ミクルビームっ！　って叫《さけ》びながら手をこうするの」

「ここ、こうですか……？」

「違う、こうよ！　それから右目は閉じといて」

左手で作ったVサインを左目の横に置いてウインクすると目からビームが出る仕組みらしい。

「みくるちゃん、言ってみて」

「……ミミミ、ミクルビームっ」

「もっと大きな声で！」

「ミクルビームっ！」

「照れずに大声でっ！」

「ひ……ミクルビー……ムっ！」

「腹から声を出せっ！」

何のコントだ。

真っ赤になって絶叫《ぜっきょう》する朝比奈さんに腹式発声を強《し》いるハルヒ。広場をちょろついていたヒマなガキどもや家族連れたちの目が痛い。見せ物ではないと言いたいところだが、俺たちの撮《と》っているのは映画らしいのでまさしく見せ物だ。このメイキングシーンを撮っておくだけでいいんじゃないかね。ハルヒ式ハッピーストーリーがどれほどのものかは知らんが、朝比奈みくるプロモとしてはもう充分《じゅうぶん》すぎるほどだぞ。

やがて朝比奈さんと長門はさっきのバッテンマークの上に立ち、古泉は脇《わき》でレフ板を持ってバンザイ続行、その横でハルヒがふんぞり返り、俺は長門の背後に回って黒い背中から二メートルくらい離れ、その肩越《かたご》しに朝比奈さんを撮ることになった。これもハルヒ指示によるカメラアングルだ。

突然《とつぜん》の変化はこの直後に起こった。

「はい、そこでビーム！」

ハルヒのかけ声に、朝比奈さんは自信なさそうにポーズを取った。

「みっ……ミクルビーム！」

ムリヤリなカメラ目線でヤケ気味のファルセット、可愛《かわい》く叫んでへたっぴなウインク。

その瞬間《しゅんかん》、俺の覗《のぞ》いているカメラのファインダーが突然真っ暗になった。

「あ？」

何が起こったのか理解が追いつかなかった。カメラの故障かと思ったほどだ。俺はハンディビデオを目から外して、目の前に立つ不吉《ふきつ》な衣装《いしょう》のトンガリ帽子《ぼうし》を見た。

「…………」

長門が俺の目前で握《にぎ》り拳《こぶし》を作っている。レンズを覆《おお》って暗くしたのは長門の右手だ。

「え？」とハルヒも口を開け放している。

ハルヒの描《か》いた×マークは俺の二メートルほど前方にある。ついさっきまで確かに長門はそこに立っていた。ハルヒのアクションコールで朝比奈さんが声を上げた時、ビデオカメラには長門の黒い後ろ姿もちゃんと写っていた。それから一秒もしないうちになぜか長門は、俺の顔の前で何かを握るように片腕《かたうで》を上げて静止している。ワープしたとしか説明できない。

「あれっ」とハルヒも言った。「有希、いつの間にそんな所にいるの？」

長門は答えず、ビー玉みたいな瞳《ひとみ》を朝比奈さんに向けていた。その朝比奈さんも目を見開いて驚愕《きょうがく》の表情、そしてゆっくりと瞬きを――。

再び長門の手が光速くらいのスピードで動いた。まるで飛んでいる蚊《か》を捕《つか》まえるように空中をつかむ。持っていたはずの星付きアンテナ棒はどこだ？

ん？　今なんか微《かす》かに変な音がしたぞ。火の点《つ》いたマッチをどぶ川に落としたような、そんな音だ。

「えっ……？」

戸惑《とまど》っているような声を出したのは朝比奈さんだ。状況《じょうきょう》が解《わか》らないのだろう。俺だって解らない。長門はいったい何をしているんだ？

朝比奈さんは救いを求めるように、視線を横に向け――不自然な音が古泉のほうから響《ひび》いた。聞き違《ちが》いを疑いようのない、パンクしたタイヤから空気の抜《ぬ》けるような……。

古泉が頭の上で持っていたレフ板――発砲《はっぽう》スチロールの板に白い厚紙を張っただけのチープなシロモノだ――が、斜《なな》めに切断されていた。珍《めずら》しく絶句する古泉が、ぽろりと落下するレフ板の上辺を眺《なが》めて茫然《ぼうぜん》としている。だが、そんな貴重な光景をゆっくり眺めている余裕《よゆう》は、俺にもなかった。

長門が動いていた。長門だけが。

黒い影《かげ》が地を蹴《け》って、ふわりと舞《ま》い降りた先は朝比奈さんのすぐ前だ。長門はマントの下から伸《の》ばした右手で、朝比奈さんの顔面を鷲《わし》づかみにした。細っこい指が朝比奈さんの目を覆うように、こめかみに指をめり込ませている。

「あぎゃっ……ななな長門さ……！」

構わず長門は大外がりをかけて主演ウェイトレスを地面に押し倒《たお》した。豊かな胸の上に馬乗りになる死神装束。朝比奈さんは悲鳴を上げて、アイアンクローをかけている長門の細腕を握りかえした。

「ひえええっ！」

やっと俺は我に返った。なんだなんだ？　長門が瞬間移動して撮影《さつえい》を妨害《ぼうがい》したかと思うと、古泉のレフ板が二つに割れ、宇宙人が未来人に襲《おそ》いかかっている。ハルヒはいつの間にこんな演出を二人に伝えた——わけでもなさそうだ。監督《かんとく》も俺と古泉と一緒《いっしょ》になって唖然《あぜん》としていたからだ。それは二人の演技があまりに真に迫《せま》っていたからではないだろう。

「……カットカット！」

ハルヒは腰《こし》を浮《う》かしてメガホンを椅子《いす》に叩《たた》きつけた。

「ちょっと、有希、何してんの？　そんなの予定にないわよ」

白い太ももの大半を露《あら》わにしてバタついている朝比奈さんの上で、長門は黙々《もくもく》とし

それは。何の真似《まね》だ、

て乗っかって顔をつかんだままだ。

小声で呟《つぶや》くような声を聞いて俺がそっちを向くと、古泉がレフ板の切り口を見つめて唇《くちびる》を歪《ゆが》めていた。その目が俺に気付いて、奇妙《きみよう》な目配せをしやがった。何の真似《まね》だ、それは。

いや、古泉の意味ありげな目線などどうでもいい。今はなぜか総合格闘技《かくとうぎ》を始めた長門をなんとかしないと。俺はカメラを携《たずさ》えて組んず解《ほぐ》れつしているウェイトレスと黒ずくめの魔法使《まほうつか》いに駆《か》け寄った。

「何をやってるんだ、おい長門」

鍔広《つばびろ》帽子がゆっくりとこちらを向いた。長門のブラックホールみたいに黒い瞳が俺を見上げ、小さな唇が開きかけ、

「…………」

何か言うのかという俺の期待は封《ふう》じられた。長門は話す内容にふさわしい言語がないとでも言うような顔で無言のままに唇を閉《と》ざし、ゆるゆるとマウントポジションを解いて立ち上がった。黒マントの右肩《みぎかた》が動き、衣装《いしよう》の下に手が引っ込む。

「ひぃ……ひぇ……」

ひたすら脅《おび》えているのは仰向《あおむ》けに転がっている朝比奈さんだ。そりゃ恐《こわ》いと思うね。なんせ長門が例の無表情で迫ってきて、地面に引き倒されたら俺だってビビる。なんせ長門

の今の恰好《かっこう》はあまり夜道の曲がり角とかで鉢合《はちあ》わせしたくない黒魔道士だ。気の弱い幼稚園児《ようちえんじ》なら失禁は免《まぬか》れそうにない。

「…………」

ぶかぶかのトンガリ帽子《ぼうし》を目深《まぶか》にかぶった長門は微動《びどう》だにせず、真《ま》っ直《す》ぐ俺を見つめていた。

俺はがくがくする朝比奈さんの肩を支えて起きあがるのに力を貸した。泣き虫が目に留まったと見えて、朝比奈さんは嗚咽《おえつ》を漏《も》らしながらポロポロと涙《なみだ》をこぼしていた。長い睫毛《まつげ》に縁取《ふちど》られた瞳《ひとみ》が濡《ぬ》れたおかげでさらなる魅力度《みりょく》アップに……あれ？

「もう、何やってんのよ二人とも。台本にないことしないでちょうだい」

台本も書いていない監督がやって来て、俺と同じく「あれっ？」と怪訝《けげん》な声を上げた。

「みくるちゃん、コンタクトどうしたの？」

「えっ……」

俺の腕《うで》にしがみついて泣いていた朝比奈さんは、指を左目の下に当てて、

「あれっ？」

三人で不思議がっていてもしかたがない。こういうときは事態を把握《はあく》していそうな奴《やつ》に訊《き》くに限る。

「長門、朝比奈さんのカラーコンタクト知らないか？」

「しらない」

長門は平然と答えた。嘘《うそ》だと思う。

「さっきの格闘《かくとう》で落っこちたのかしら」

ハルヒは見当違いのことを言って地面を見回している。

「キョン、あんたも探しなさいよ。安いもんじゃないのよ。けっこうしたんだから」

這《は》いまわるハルヒに付き合って、俺も四つん這いになった。無駄《むだ》だと悟《さと》ってもいたがな。朝比奈さんの上から退《ど》いた長門の右手が、そっと何かをつかんで引っ込められたのを俺は見たように思っていた。そして、組み敷《し》いていた長門がつかんでいたのは朝比奈さんの顔面だ。

「なんでどこにもないのよ」

口を尖《とが》らせているハルヒには悪いが、俺は真面目《まじめ》に探していなかった。振《ふ》り返って見ると、古泉は分離《ぶんり》したレフ板の切り口を合わせたり離《はな》したりして遊んでいる。お前も探すフリをしろよ。

古泉は微笑《ほほえ》んで、

「風で飛んでいったのかもしれませんね。軽いものですから」

いい加減なことを言い、俺にレフ板の残骸《ざんがい》を見せつけた。起きあがったハルヒがそれを奪《うば》い取る。

「どうしたの？　割れちゃったの？　ふーん、安物だったのね。ま、うちの写真部だからそんなもんよね。古泉くん、裏からガムテープでも貼《は》っといてちょうだい」

ことなげに言って、ぽかんとした表情をして涙を止めた朝比奈さんに、ワニみたいな目を向けた。

「カラーコンタクトがないと映像が繋《つな》がんないなあ。どうしようかな」

考えているらしい。やがて頭に豆電球くらいの光が走ったのか、ハルヒは指を鳴らした。

「そだ。目の色が変わるのは変身後にしましょう！」

「へ、へんしん？」と朝比奈さん。

「そうよ！　ふだんからそんなコスチューム着てるのはどうやってもリアリティがないもんね。その衣装は変身後の扮装《ふんそう》で、いつもはもっとまともな恰好をしてるのよ」

フィクションにリアリティを求める奴のほうがどうかしていると思うが、ハルヒの意見をその通りに聞くと、コスプレウェイトレスがマトモでないことを自ら露呈《ろてい》したも同じである。朝比奈さんも大きくうんうんと首を前後に振った。

「い、いいですね、それ。まともな恰好をしたいです、すごく」

「というわけで、みくるちゃんの普段着《ふだんぎ》はバニーガール！」

「ええっ!?　なななんでっ？」

「だってそれしか持ってきてないもん。本当の普段着じゃあ画面がちっとも華《はな》やかでないわ。待って！　設定なら今考えたから。つまりね、みくるちゃんの通常形態は商店街の客引きバニーガールなのよ。危機を感知するとすかさず変身！　戦うウェイトレスになるってわけ。どう、完璧《かんぺき》でしょ」

さっきリアリティがどうとか言ってなかったか？

「じゃあ、さっそく」

ハルヒは口を三日月の形にして危険な微笑《びしょう》、朝比奈さんの腕を背中に回して手首を固定すると、「あの、ちょっと、いたたた」と小さな悲鳴を上げ続けるウェイトレスを森の中に連れ込んでいった。

うーん。

……まあ、それはいいんだ。朝比奈さんには合掌《がっしょう》するしかないが、ハルヒが消えてくれたのは好都合だ。あなたの犠牲《ぎせい》は無駄にしません。バニーも楽しみです。

……まあ、それもいいんだ。俺は長門に問いたださねばならないことがある。

「それで、あれは何のアドリブだったんだ」

無感動に長門はちょんとトンガリ帽子の鍔《つば》を左手で押さえた。顔の大部分を影《かげ》の中に仕舞《しま》い込みながら、ゆるりと右手を出してくる。制服の上からすっぽり被《かぶ》っているだけなので、袖《そで》はセーラー服のものだ。長門は右手の人差し指だけを上向けていた。

その指に青いコンタクトレンズが載《の》っている。

やっぱりお前がスっていたか。

「これ」

長門はそう呟《つぶや》き、

「レーザー」

と言って、口をつぐんだ。

………………。

なあ、いつも思うんだがな、お前の説明は必要最小限にも達していないんだよ。せめて十秒くらいは話してくれ。

長門は自分の指先を見つめて、

「高い指向性を持つ不可視帯域のコヒーレント光」

非常にゆっくり喋《しゃべ》ってくれた。なるほど、高いシコウセイを持つフカシタイ……。

すまないが、もっと解《わか》らなくなった。

「レーザー？」と俺。

「そう」と長門。

「それは驚《おどろ》きですね」と古泉。

古泉はコンタクトを指でつまみ上げ、光に透《す》かすように観察して、

「普通《ふつう》のレンズにしか見えませんが」

いかにも感心したみたいなことを言っている。俺は何を驚いていいのかが解らないから、当然感心もできない。

「どういうこったよ」

古泉はふっと微笑《ほほえ》んで言った。

「右の掌《てのひら》を見せてくれませんか。いえ、あなたではなく、長門さんですよ」

黒衣の少女は俺に視線を送り込み、まるで許可を待っているように見えたから俺はうなずいた。それを確認《かくにん》してから、長門は人差し指以外握《にぎ》りこんでいた他《ほか》四本も広げ、そして俺は息を飲んだ。

「…………」

俺たち三人の間に沈黙《ちんもく》の風が一陣《いちじん》ほど舞《ま》った。俺は寒気を覚えて、やっと悟《さと》った。

そういうことか。

長門の簡単な手相の右掌、そこに黒く焦《こ》げた小さな穴が何個か開いている。赤く灼《や》けた火箸《ひばし》を突《つ》き刺《さ》したならこんな感じの穴が開くんじゃないだろうか。五つほどあった。

「シールドしそこねた」

そんな淡々《たんたん》と言うなよ。見るからに痛そうだぞ。

「とても強力。とっさのこと」

「レーザー光線が朝比奈さんの左目から放出されたんですね？」と古泉。

「そう」

そう、じゃねえだろ。古泉もだ。状況把握《じょうきょうはあく》以外にすることがあるだろうが。

「すぐに修正する」

その言葉通り、俺たちが覗《のぞ》き込んでいる間に、長門の手に開いた穴は極《きわ》めて迅速《じんそく》に塞《ふさ》がれて元の白い肌《はだ》に戻《もど》った。

「なんてことだ」

俺は呻《うめ》くしかない。

「朝比奈さんは、マジで目からビームを出したのか」

「粒子《りゅうし》加速砲《ほう》ではない。凝集光《ぎょうしゅうこう》」

どっちでもいい。レーザーでもメーサーでもマーカライトファープでも素人目《しろうとめ》には似たようなもんだ。荷電粒子砲と反陽子砲の違《ちが》いだって知るものか。怪獣《かいじゅう》に効果があれば裏付けなんかいらん。

ここで問題とすべきは、怪獣も出てきてないのに朝比奈さんが熱線を出しちまったということだろう。

「熱線ではない。フォトンレーザー」

だからどっちでもいいんだよ、そんな科学考証は。

長門は黙《だま》り込み、右手を仕舞《しま》った。俺は頭を抱《かか》え、古泉はコンタクトを指で弾《はじ》きつつ、

「これは朝比奈さんに元から備わっていた機能なのでしょうか?」

「ない」長門はあっさり否定、「現在の朝比奈みくるは通常人類であり、それ単体では一般人《いっぱんじん》と何ら変化はない」

「このカラーコンタクトに何か仕掛《しか》けがあるのでは?」古泉が食い下がるが、

「ない。ただの装飾品《そうしょくひん》」

そうだろうな。コンタクトを持ってきたのはハルヒなわけだしな。と言うか、それが最大の問題なんだよな。誰《だれ》でもない、あいつが持ってきた、というこの事実が。極めつけなこともある。もし長門が防いでくれなかったら、朝比奈さんの目から出たレーザー光線はビデオカメラのレンズを通過して、俺の目玉も貫通《かんつう》し、その他色んなものを焼いたあげく後頭部から出て行ったことだろう。特に脳味噌《のうみそ》が焦げ臭《くさ》くなってであろうことは間違いない。やばいだろそれは。

にしても俺は長門に命を救われてばかりだな。立つ瀬《せ》がない。

「となると」

古泉は顎《あご》を撫《な》でながら笑《え》みを苦み走らせる。

「これは涼宮さんの仕業《しわざ》ですね。彼女がミクルビームがあって欲しいと思ったから、現実がそのように変化したと、そういうことです」

「そう」

保証する長門はあくまで感情無しだ。俺はそう落ち着いてはいられない。

「待てって。そのコンタクトには何の魔法《まほう》もかかっていないんだろ？　ハルヒがそう願ったとして、なんで殺人光線が出るんだよ」

「魔法や未知の科学技術などを涼宮さんは必要としませんよ。彼女が『在る』と思えば、それは『在る』ことになるのですから」

そんなクソ理屈《りくつ》で俺が納得《なっとく》すると思うなよ。

「ハルヒは本気でビーム撃《う》てとか言ってるわけじゃねえだろ。それは奴《やつ》の映画の中での設定だ。あいつだって言ったじゃねえか、冗談《じょうだん》だってさ」

「そうですね」

古泉もうなずいた。そんな簡単に反論を受け入れるな。俺の言葉が続かんだろ。

「涼宮さんが常識人なのは我々も知るところです。ですが彼女にこの世の常識が通用しないのもまた事実です。今回も何か特異な現象が働いているのでしょう。それは……おっと、戻って来られましたよ。この話はまた後ほどに」

さり気なく、古泉はコンタクトをシャツの胸ポケットに滑《すべ》り込ませた。

困ったもんだった。

世界の破滅《はめつ》を何かと戦ってトンチと機転で防ぐとか、問答無用でとにかく悪い奴を叩《たた》きのめすとか、こぢんまりした世界観の中で制限付き超能力《ちょうのうりょく》合戦を真面目《まじめ》にするとか、その合間に適当な感情ドラマが挿入《そうにゅう》されるとか――。

実のところ、そんなののほうが俺は好みなのだ。どうせならそういうハナっから嘘《うそ》くさい設定の物語に巻き込まれていたい。現実から乖離《かいり》していればいるほどいい。

なのに今の俺といったらどうだ。一人の同級生に声をかけてしまったことが災《わざわ》いし、なんだか全然設定の解《わか》らない奴らに囲まれて、なんだか全然意味の解らないことばかりをやっている。目からビーム？　なんだそりゃ、何の意味がある？

考えてみれば、だいたい朝比奈長門古泉の謎《なぞ》設定トリオからして今一つ正体が明らかでない。全員が全員、好き勝手な自己紹介《しょうかい》をしてくれたが、あんなものを信じるには俺の頭はまともすぎる。いくら信じざるを得ないような体験を伴《ともな》っていたとしてもだ。物事には程度ってものがあり、俺はちゃんと自分の物差しを持っている。目盛りは少々あやしくなってきたが。

本人たちの主張によれば、まず朝比奈さんは未来から来た未来人である。西暦《せいれき》何年から来たのか教えてもらっていないが、来た理由だけは知ってる。涼宮ハルヒの観察だ。長門は地球外生命体に作られたヒューマノイド・インターフェースである。「何そ

れ?」と言われても困る。俺だってそう思うのだからフィフティフィフティだろ。何でまたそんなのが地球にいるのかというと、情報統合思念体とかいう長門の親玉がどうも涼宮ハルヒに興味があるからのようだ。

そんで古泉は『機関』という謎組織から派遣《はけん》された超能力者である。こいつが転校してきたのはその任務の一つであって、役割は涼宮ハルヒの監視《かんし》である。

そして肝心《かんじん》のハルヒだが、これだけ異様なプロフィールを持つ三人がかりでも、未《いま》だに存在自体がなんだかよく解らない奴なのである。朝比奈さんによると『時空の歪《ゆが》みの原因』で、長門は『自律進化の可能性』と言い、古泉はシンプルかつ大仰《おおぎょう》にも『神』と呼んでいた。

ホントもう、みんなご苦労さんと言いたい。

苦労ついでに早くハルヒをどうにかしてやってくれ。でないとこの女団長はいつまで経《た》っても謎のまま、中性子星みたいな引力で俺を重力圏《けん》に搦《から》め捕《と》ったままだろうからな。今はまだいいさ、でもな、十年後くらいを考えてみろよ。その時になってもハルヒがこのハルヒのままだったらどうするんだ? かなりイタイことになるぜ。部室を不法占拠《せんきょ》したり、街中を鵜《う》の目鷹《たか》の目で練り歩いたり、無意味に騒《さわ》いだり怒《おこ》ったり情緒《じょうちょ》不安定になったりが許されるのはギリギリ十代までだ。いい歳《とし》こいてまでやるもんじゃない。そんなのただの社会不適合者だ。そうなっても朝比奈さんや古泉や長

門はハルヒに付き合って何かしてやるつもりなのか？　俺なら先に謝っておこう。すまん、そんなつもりは毛頭ない。なぜなら時間が許さないからさ。人生のリセットボタンは手軽に落ちてたりはしないし、セーブポイントがどこかの路地裏にマーキングされているわけもないんだぜ。ハルヒが時間を歪めてたり情報を爆発《ばくはつ》させていたり世界を壊《こわ》したり創《つく》ったりしているのかどうかなんて関係ない。俺は俺で、こいつはこいつだ。いつまでも子供のママゴト遊びに付き合ってはいられない。たとえそうしていたくても帰宅時間は確実に来るんだ。それが何年、何十年先のことだろうと、確実にな。

「いつまでゴネてるのよ！　もうとっくに見られ慣れしてるでしょ？」

木々の間から、ハルヒが朝比奈さんを運んでくるのが見えた。

「女優らしくしなさい。潔《いさぎよ》い脱《ぬ》ぎっぷりはブルーリボン新人賞への早道なのよ！　今回の撮影《さつえい》では脱いでもらうことはないけどね。出し惜《お》しみはしとかないと」

仕留めたウサギを持ってくる猟犬《りょうけん》みたいな勢いだ。ハルヒは土の地面を歩きにくそうにしているハイヒールのバニー朝比奈さんを伴って、くしゃみが出そうなくらいに明るい笑顔《えがお》で戻《もど》ってくる。

「この映画が成功を収めたら、その収益でみんなを温泉に連れて行ってあげるわ。慰《い》安《あん》旅行よ、慰安旅行。みくるちゃんも行きたいでしょ」

だが……、まあ、そうだな。それまでは俺も付き合っていてやるよ。俺が混ざりたかったのは、お前が撮《と》っている映画の設定みたいな話の中だったんだけどな。古泉イツキ的ポジションだったらなお万全《ばんぜん》なのだが、俺にはどうやら秘《ひ》められた力はないみたいだしさ。

ここでおとなしく、お前のツッコミ役をやらせてもらうさ。

あと何年かしたら「そう言えばあんときはそんなこともあったなあ」なんて、笑って誰《だれ》かに話したり出来るようになるだろう。

たぶん。

バニーガール朝比奈さんは、ウェイトレス以上に恥《は》ずかしそうに歩いていた。ハルヒだけが得意満面だ。お前が得意がってどうするんだ。

俺はビデオカメラのピントを調整するふりをして、朝比奈さんの胸元《むなもと》をアップにした。ほらアレだ、一応確認《かくにん》しとかないと。

朝比奈さんの白い左の胸元には、小さなホクロがあって、それはよーく見ると星の形をしている。確認終了《しゅうりょう》、この人は確かに俺の朝比奈さんだ。ニセモノじゃない。

「何してんの？」

レンズの前に、ぬっと現れたのはハルヒの顔だ。

「あたしの指示以外のものは撮っちゃだめよ。これはあんたのホームビデオじゃないんだからねっ」

解《わか》ってるさ。それを証拠《しょうこ》に録画ボタンは押していない。眺《なが》めてただけだ。

「はいはいはいみんな注目！　そして用意して！　これからみくるちゃんの日常風景を撮るからね。みくるちゃんは自然な感じでそこらを歩いてて。それをカメラが追うわけ」

日常でバニーガールやっててこんな森林公園に出没《しゅつぼつ》する少女ってのはいったい何なんだ。

「いいのよ、そんなの。この映画の中ではそれが普通《ふつう》なの。フィクションに現実の尺度を当てはめるほうがおかしいの！」

それは俺がお前にこそ言いたいセリフだぞ。お前の場合は現実にフィクションの尺度を持ち込んでいるから逆ではあるが。

その後、朝比奈さんは自分が目から殺人レーザーを放ったとは知らず、ハルヒの演技指導のもと、公園の花を摘《つ》んだり、枯葉《かれは》をつまんで吐息《といき》で飛ばしたり、芝生《しばふ》の上で跳《と》んだり跳《は》ねたりを繰《く》り返しては、どんどんヘロヘロになっていった。

トドメはハルヒの、

「うーん。山を背景にするとどうしても浮《う》いちゃうわね。バニーガールで山歩きしたりは、さすがにしないわよね。街に行きましょう！」

自分が先《せん》だって言ったセリフをあっさり覆《くつがえ》した一言で、これで再びのバス移動が決定した。

今のところ照明係しかしていない主演男優古泉は、ガムテ補強したレフ板と俺が押しつけた荷物半分を脇《わき》に抱《かか》えて吊革《つりかわ》につかまっていた。

俺もその横に立っていて、さらにその横に長門が黒い影《かげ》となっている。ガラすきの座席に座っているのはハルヒと朝比奈さんだけだ。俺からカメラを奪《うば》い取ったハルヒは、二人掛《が》けの椅子《いす》に腰掛《こしか》けて真横から朝比奈さんを撮っていた。

朝比奈さんはずっとうつむいて、ハルヒの問いかけにボソボソと何か答えている。どうやら監督《かんとく》による主演女優インタビューの体《てい》らしかった。

バスは山道をうねくりながら住宅地へと降りていき、俺は運転手がルームミラーばかりを見ていることがないように心の中で手を合わせる。ちゃんと前を向いて運転してくれよな。

その祈《いの》りが通じたか、バスは無事に終点の駅前まで辿《たど》り着いた。その頃《ころ》には車内にも乗客がわんさといて、ほぼ全員の視線がハルヒと朝比奈さんと長門に向いていた。ぴょこぴょこするウサ耳と、背後からは白い肩《かた》しか見えないお姿が凶悪《きょうあく》だ。どうも朝比奈バニーバージョンは北高のみならず全市内にその噂《うわさ》を広めそうな気配だった。

ハルヒの狙《ねら》いはそれかもな。「昨日、バスに別嬪《べっぴん》のバニーガールが乗っててさ」「あ、俺も見たよ」「なんだい、あれ？」「なんか北高にあるSOS団とかにいるらしい」「SOS団？」「そうSOS団」「SOS団ね、覚えておこう」とか、そんな展開になることを期待しているんじゃなかろうな。朝比奈さんはSOS団の広告塔《こうこくとう》じゃないんだぜ。では何かと言えば決まってる、お茶くみ及《およ》び俺の精神安定担当だ。本人だってそう望んでいると思う。きっと。

無論、ハルヒにとっては誰かの望みなんか馬耳東風以前に届きもしないのである。自分に不都合な他人の言葉は、ハルヒ驚異《きょうい》のメカニズムによって鼓膜《こまく》の外で弾《はじ》かれるからだ。浸透圧《しんとうあつ》の関係かもしれないな。この仕組みを解明できたらノーベル賞審査《しんさ》委員会が生物学賞の審査対象くらいにはしてくれるかもしれん。誰かやってみないか？

（なげやりに言うのがコツだ）

この日は陽《ひ》が落ちるまで、朝比奈さんはバニーガールであり続けた。やったことと言えば、そこら中をこの姿で歩き回っただけである。これではいつもの不思議探索《たんさく》パトロールと変わりがないが、人目を気にするぶん余計に疲《つか》れるし、いつ警察を呼ばれるかとヒヤヒヤもんだ。ハルヒに撮影《さつえい》許可とかいう概念《がいねん》はないようで、どこで何を撮《と》ろうがそれはハルヒの自由であり、その自由はイノケンティウス三世時代のローマ教皇権のように侵《おか》しがたいものなのである——のだそうだ。自由の意味をはき違《ちが》えている。

「今日はこんなもんね」

ようやくハルヒが仕事を終えた顔をしてくれて、長門を除く俺たちは安堵《あんど》の表情を作った。長い一日だった。日曜の明日はゆっくり休みたいね。

「じゃあ、また明日ね。集合時間と場所は今日と同じでいいわ」

あっけらかんと言う奴《やつ》だ。振《ふ》り替《か》え休日を用意してくれるんだろうな。

「何それ。撮影が押しているのよ？　悠長《ゆうちょう》に休んでいるヒマはないの！　文化祭が終わってから思う存分休めばいいじゃないの。それまではカレンダーに赤い日付はないと思いなさい！」

撮影二日目で早くも時間配分を間違えているのも何とかならないのか。押しだって？　つーことは、今日俺が撮った何時間もの映像はほとんど使われないのか？　そ

れともハルヒは大河ドラマを撮ってるつもりででもいるのか？　帯番組じゃないんだぜ。一発ネタの文化祭自主映画なのによ。

しかしハルヒは何一つ気に病《や》むことはないようであった。俺にすべての荷物を押しつけると、自分は腕章《わんしょう》を携帯《けいたい》するだけの極上《ごくじょう》の笑《え》みを振りまき、

「それじゃあ明日ね！　この映画は絶対成功させるのよ。いいえ、あたしが監督やってる以上、成功はもう約束されてるの。後はあなたたちのがんばりにかかってるのね。時間通りに来るのよ。来ない人は私刑《しけい》の上に死刑《しけい》だからねっ！」

そんなことを宣告し、マリリン・マンソンの『ロック・イズ・デッド』を口ずさみながら歩き去った。

「朝比奈さんには僕から伝えておきますよ」

帰り際《ぎわ》、古泉が耳元で囁《ささや》いた。朝比奈さんは古泉のブレザーを頭から被《かぶ》っている。これが冬ならコートでも持参していたのに、残念ながら季節は晩夏あたりで停滞《ていたい》していた。俺は足元に積まれた荷物の数々をうんざりと眺《なが》めて、

「何を伝えるって？」

「例のレーザーのことをですよ。目の色さえ変えなければ変な光線も出ません。涼宮さんの法則ではそうなっているようですから、カラーコンタクトを入れなければいいのです」

レフ板持ちの主役野郎《やろう》は、俺に保険の外交員みたいな業務用スマイルを見せた。

「念のため、一つ保険を作っておくとしましょうか。彼女なら協力してくれるでしょう。何にせよ、ビームは危険ですので」

古泉が歩み寄ったのは、カラスを擬人化《ぎじん》したような黒衣姿の長門へだった。


大荷物を抱《かか》えて自宅に戻《もど》った俺を、妹が変な生き物を見る目で出迎《でむか》えてくれた。キョンとかいうマヌケな俺のニックネームを周囲に広める元凶《げんきょう》となったこの小学生は、「それビデオカメラ？　わあ撮って撮って」などとほざいたが、俺は「ドアホ」と答えて自室に引っ込んだ。

何にせよ、俺は疲れ果てていて、これ以上似合わないカメラマン行為《こうい》をする意欲はとっくに霧散《むさん》している。朝比奈さんならともかく、何が悲しくて妹なんぞをビデオ映像として記録に残さねばならんのだ。ちっとも楽しかねえ。

俺は部屋にバッグやらリュックやら紙袋《かみぶくろ》やらを置くと、ベッドに倒《たお》れ込み、晩飯を食わせようとするオフクロの使命を受けた妹がエルボースマッシュで起こしに来るまで、つかの間の安らぎを得た。

第四章

翌日再び飽《あ》きもせず、俺たちは駅前に集まった。ただ昨日と違《ちが》うのは人員が入れ替わっている点だ。ＳＯＳ団以外の人間三名ほどが新顔として俺の前に立っている。ハルヒ言うところのザコキャラたちである。

「おいキョン、話が違うぞ」

抗議《こうぎ》するように言い出したのは谷口だ。

「麗《うるわ》しの朝比奈さんはどこだ？　あの方が出迎えてくれるって言うから来たんだぜ。いねえじゃねえか」

その通り、朝比奈さんは定刻になっても来なかった。たぶん自宅の部屋で出勤拒否《きょひ》をしているに違いない。昨日も一昨日《おととい》も散々な目にあっていたからな。

「俺は目の保養に来たんだぞ。それがどうだ。今日はまだ涼宮の逆ギレした顔しか見てねえぞ。詐欺《さぎ》だ」

うるさいな。長門でも眺めてりゃいいじゃないか。

「それにしても長門さん、やけに似合ってるなあ」

のんびりと言うのは国木田だ。谷口に続くザコ二号である。昨夜、俺が風呂《ふろ》に入ってたらハルヒから電話がかかってきた。妹から受話器を受け取り、頭を洗いながら聞いたのが、

「谷口のアホと、もう一人……名前が思い出せないけど、あんたの友達よ。その二人を明日連れてきなさい。ザコキャラで使うから」

だけで切りやがった。挨拶《あいさつ》の一つくらいしやがれってんだ。ものを頼《たの》むときは命令調でなくて哀願《あいがん》調で言ってくれ。朝比奈さんみたいにな。

風呂上がり、さて谷口と国木田の休日予定はどうなんだろうと思いつつ携帯にかけると、このヒマな端役《はやく》二人はあっさり承諾《しょうだく》の返事をよこした。お前ら普段《ふだん》、休みの日に何してんだ？

男二人だけでは絵にならないと思ったのか、ハルヒはもう一人のエキストラを用意していた。そのお方は鍔広帽子《つばびろぼうし》を目深《まぶか》に被る長門の顔を、御辞儀《おじぎ》するように覗《のぞ》き込んでいる。長い髪《かみ》の毛をさらりと垂らし、彼女は長身を伸《の》ばして俺に笑顔《えがお》を降り注いだ。

「キョンくんっ。みくるどうしたのっ？」

元気よくおっしゃるその女性は、鶴屋《つるや》さんと言って、朝比奈さんのクラスメイトだ。朝比奈さん曰《いわ》く「この時代で出来たお友達」だそうだから、この人には変なプロフは

ないと思う。六月頃《ごろ》にハルヒが「草野球大会に出る」と言い出したときの助《すけ》っ人《と》として朝比奈さんが連れてきた一般《いっぱん》的な高校二年生女子である。そういやそん時にも谷口と国木田がいたな。ついでに俺の妹も。

鶴屋さんは健康的な白い歯を惜《お》しげもなく見せつけながら、

「それでさっ、何やんのっ？　ヒマなら来てって言われたから来たけどさー。涼宮さんの腕《うで》に付いてる腕章《わんしょう》は何て読むのあれ？　そのハンディビデオをどうするの？　有希ちゃんのあの恰好《かっこう》なに？」

矢継《やつ》ぎ早に質問を浴びせてくる。俺が答えようと唇《くちびる》を開きかけた時には、鶴屋さんは古泉の前に移動しており、

「わお、一樹くんっ！　今日もいい男だねっ」

せわしない人だった。

しかしその鶴屋さんと元気さではハルヒだってタメを張れる。よくまあ朝からこんな大声が出せるなという声で携帯《けいたい》電話とケンカしている。

「何言ってんのよ！　あなたは主演なのっ！　この映画の成功は三十％あなたにかかってるの！　七割はあたしの才能だけどね。それはいいの！　なんですって？　お腹《なか》痛い？　バカっ！　そんなイイワケが通用するのは小学校までよ！　すぐ来なさい三十秒で！」

どうやら朝比奈さんは突発的《とっぱつ》ヒキコモリ症候群《しょうこうぐん》にかかっているようだ。是非《ぜひ》もない。今日もあんな目にあうと思ったら精神的腹痛に罹患《りかん》しても不思議はない。気の小さそうな人だからな。

「もうっ！」

憤然《ふんぜん》と携帯《けいたい》を切ると、ハルヒはテーブルマナーのなっていない子供を叱《しか》りつける寸前の執事頭《しつじがしら》のような目つきをした。

「お仕置きが必要だわ！」

そう言ってやるな。朝比奈さんはお前と違ってひっそりと生活したいんだよ。せめて学校のない日曜くらいは、と俺だって思うぜ。

もちろんハルヒは主演女優のワガママなど聞いてやったりはしないのである。ギャラを払《はら》ってるわけでもないのに主役に厳しい女流監督《かんとく》は、

「あたしが迎《むか》えに行ってくるから、ちょっとその荷物貸して」

衣装《いしょう》の入ったクリアバッグをひったくると、タクシー乗り場までダッシュした。そして停《と》まっていたタクシーの窓をガンガン叩《たた》いてドアを開けさせ、飛び乗ったあげくにどこかへと走り去ってしまった。

そういや俺は朝比奈さんがどこに住んでるのか知らないな。長門の家には何回か訪問したことはあるが……。

「朝比奈さんの気持ちもよく解《わか》りますよ」

いつの間にか俺の隣《とな》りにいた古泉だった。鶴屋さんは、俺のクラスのマヌケコンビに「やあっひさしぶりっ」とか言って、奴《やっ》らにペコペコ頭を下げさせている。それを微笑《ほほえ》んで眺《なが》めながら古泉は、

「なんせこのまま行くと本物の変身ヒロインになりそうな雰囲気《ふんいき》ですからね。いくら何でもレーザー光線はやりすぎですよ」

「やりすぎでないものと言えば何なんだ」

「そうですねえ。口から火を噴《ふ》くぐらいでしたら仕込みもしやすいのですが……」

朝比奈さんは怪獣《かいじゅう》でも芸人でも悪役レスラーでもないんだ。あの愛らしい唇に火傷《やけど》でもさせてしまったらどうする。責任の取りようがない。まさかお前、率先して責任を取ろうとか考えているんじゃねえだろうな。

「いえ。僕が責任を感じるのだとしたら、それはあの《神人《しんじん》》の暴走を許してしまった時くらいですよ。幸いにしてそのような事態に陥《おちい》ったことは……ああ、一回ありましたっけね。あの時はありがとうございます。あなたのおかげで何とかなりました」

半年くらい前にハルヒのおかげでクルクルパーになりかけた世界は、俺の粉骨砕身《さいしん》たる努力と精神的消耗《しょうもう》の果てに命脈を保つことになったのだった。各国首脳は俺に感謝状の一枚でも送っておかしくないと思うのだが、まだどこの国からも大使館員は来

ていない。まあ、来ても困るだけだから求めているわけでもないけどな。前回俺のもらった報酬《ほうしゅう》は、涙目《なみだめ》の朝比奈さんが抱《だ》きついてくれたくらいのもので、よく考えたらもはや俺はそれで充分《じゅうぶん》だ。古泉に礼を言われても別に嬉《うれ》しかない。

「その朝比奈みくるですが」

呼び捨てにするな、不愉快《ふゆかい》だ。

「失礼。朝比奈さんですけどね、とりあえず怪光線を出すことは何とか回避《かいひ》できそうです」

どうやってだ？　カラーコンタクトの予備をハルヒが用意していないとでも楽観視しているのか？

「いえ、それは折り込み済みですよ。長門さんに協力してもらいました」

俺は駅の売店を見つめたまま凝固《ぎょうこ》しているベタ塗《ぬ》り娘《むすめ》へと目を遣《や》って、また古泉に戻《もど》した。

「朝比奈さんに何をした？」

「そんなに目くじらを立てなくとも。レーザー照射をなくしただけです。僕もよく知りません。長門さんは他《ほか》のＴＦＥＩ端末《たんまつ》と違って全然喋《しゃべ》ってくれませんからね。僕は危険値をゼロにするよう依頼《いらい》しただけです」

「ＴＦＥＩって何だ？」

「我々が勝手に付けてる略語です。知らなければならないものでもないですよ。ですが、僕が思うに長門さんは『彼ら』の中でも一際異彩《ひときわいさい》を放っているような気がしますね。彼女には単なるインターフェース以外に何か役割があるのではないかと、僕は考えてもいます」

あの無口な読書娘にハルヒを観察する以外の何があるってんだ。まだ朝倉涼子のほうが消えて惜《お》しまれる存在だったぜ。俺は惜しんでなどいないがな。

待つこと三十分、ハルヒを乗せたタクシーが戻ってきた。同乗しているのはウェイトレス朝比奈さんであり、昨日に続いて暗く沈《しず》んだお顔をしていらっしゃる。ハルヒは運転手から領収書をもらっていた。タクシー代を経費で落とすつもりかもしれない。

それを見ながら谷口と国木田が何かを言っていた。

「この前なんだけどよ、夜にコンビニまで行った帰りにタクシーとすれ違ったんだ」

「へーえ」

「でさ、ふと見るとそのタクシーの『空車』のランプが『愛車』に見えちまってよ」

「それはビックリだね」

「けど、見直す前にタクシーは行っちまった。そん時気付いたんだ。俺に今不足して

いるのは愛なんじゃないかってことに」

「本当に『愛車』って書いてあったんじゃないかなあ。個人タクシーだよ、きっと」

こんな会話をしているバカ二人に助勢を仰《あお》がねばならんとは。人材の払底《ふってい》もここまで来たかという感想を抱《いだ》かざるを得ない。谷口と国木田がニッケル合金なんだとしたら鶴屋さんはプラチナだ。ロケット花火とアポロ11号くらいの違《ちが》いは余裕《よゆう》であるね。

「やっぽー。みくるーっ、タクシーで来るなんてキミ誰《だれ》？」

鶴屋さんのテンションも高かったが、ライトなマイルドハイテンションだ。ハルヒのイカレたナチュラルハイとは一線を画していると言ってもいいだろう。まだしも鶴屋さんは常識世界の範疇《はんちゅう》に所属していると言える。

「うわスゲーっ！　エロい！　みくるそれどこの店でバイトしてんの？　十八歳未満お断りだねっ。あれ？　キミまだ十七じゃなかった？　あっそか、客じゃないからいいのかっ」

泣きはらした後の目の色をしている朝比奈さんは両目とも自然色をしている。カラーコンタクトは品切れだったらしい。

ハルヒは小柄《こがら》なグラマラスウェイトレスを引っ張り出して、

「仮病《けびょう》を使おうったってそうはいかないんだからね！　どんどん撮影《さつえい》するわよ！　これからがみくるちゃんの見せ場の本場なの。すべてはSOS団のため！　自己犠牲《ぎせい》の

精神はいつの世でも聴衆《ちょうしゅう》の感動を呼ぶのよ！」

お前が犠牲になれ。

「この世にヒロインは一人しかいらないわ。本当ならあたしがそうなんだけど、今回は特別に譲《ゆず》ってあげる。少なくとも文化祭が終わるまではね！」

てめーがヒロインだなんて世界の誰も認めてねえ。

鶴屋さんは朝比奈さんの肩《かた》をぼこぼこと叩《たた》いて咳《せ》き込ませ、

「これなに？　レースクイーン？　何かのキャラ？　あ、そうだっ。文化祭の焼きそば喫茶《きっさ》、これでやりなよっ！　すんげー客くるよっ！」

朝比奈さんのヒキコモリ化もよく解《わか》るね。つるべ打ちを喰《く》らうのが目に見えているのにマウンドに立ちたがるピッチャーはいない。

ゆるやかに顔を上げ、朝比奈さんは救いを求める殉教《じゅんきょう》者みたいな目で俺を見て、すぐ逸《そ》らした。もわもわとしたため息をゆっくりと漏《も》らして、それでも気丈《きじょう》に微弱《びじゃく》な笑《え》みを見せ、ツツツっと俺のほうまで来た。

「遅《おく》れてごめんなさい」

俺は目の前に下げられた朝比奈さんの頭頂部を見ながら、

「いや、俺はかまいませんけど」

「お昼はあたしの奢《おご》りですね……」

「いやいや、気にしなくていいですよ」

「昨日はごめんなさい。あたし、知らないうちに光学兵器を発射してたみたいで……」

「いやいやいや、俺は無事でしたし……」

ささっと窺《うかが》う。長門は星付きアンテナを持ってぼんやりしている。その俺の様子に、朝比奈さんはただでさえ細くか弱い小声をさらにひそめて、

「噛《か》まれちゃいました」

左手首をさすっている。

「何にです？」

「長門さんに。なんだか、ナノマシン注入がどうとかって……。でも、目からは何も出なくなったみたい。よかった」

おかげで俺が輪切りになる恐《おそ》れもない……か。しかし長門が朝比奈さんに噛みついている風景はなかなか想像しにくい。で、何を注入？

「昨日の夜です。古泉くんと一緒《いっしょ》にあたしの家に来て……」

荷物番をしている古泉はハルヒと何やら話し合っている。ぜひ俺もついていきたかったね。こういう時こそ呼べよな俺を。閉鎖《へいさ》空間なんぞに誘《さそ》われるよりは朝比奈さんお宅訪問のほうが楽しいに決まっている。

「なに内緒話《ないしょばなし》してんのう？」

鶴屋さんがしなやかな片腕《かたうで》を朝比奈さんの首に絡《から》めた。

「みくる可愛《かわい》いなあっ。家で飼いたいくらいだね！　キョンくん、仲良くしてやってるーっ？」

それはもう。

谷口と国木田のへっぽこコンビは、半口開けて朝比奈さんを観賞している。見るな。減ったらどうする。と思っているとハルヒが叫《さけ》んだ。

「場所が決まったわよ！」

何の場所だ。

「ロケの」

そうだったな。ともすれば俺たちの撮《と》っているのが映画だってことを忘れがちになってしまうね。というか忘れたいね。アイドルタレントの安上がりＤＶＤ製作現場のほうが言い得て妙《みょう》のような気もしているし。

「古泉くんの家の近くに大きめの池があるらしいの。とりあえず今日はそこで撮影することから始めましょう！」

早くもハルヒは「撮影隊一行」と手書きされたビニール製の旗を掲《かか》げて歩き出している。

俺は、まだ朝比奈さんに失礼な視線を浴びせる谷口と国木田を呼び寄せて、鞄《かばん》やら袋《ふくろ》やらを仲良く分け合った。

三十分くらい徒歩で移動し、着いたところは池の畔《ほとり》だった。丘《おか》の中ほどにある、ほぼ住宅街の真ん中である。池と言ってもけっこう広い。冬になれば渡《わた》り鳥がやってくるほどのデカさであり、古泉が言うところによるとそろそろ鴨《かも》だか雁《がん》だかがやってくる頃合《ころあ》いだそうだ。

池の周囲には鉄製フェンスが施《ほどこ》され、侵入《しんにゅう》禁止を明示している。それ以前に常識問題だろ。躾《しつけ》の問題かもしれない。最近は小学生でもこんな所を遊び場にしようとはしないぜ。よほどのアホを除いてな。

「何してんの、さっさと乗り越《こ》えなさいよ」

こいつがよほどのアホであることを忘れていた。ハルヒは監督《かんとく》自らフェンスに脚《あし》をかけ手招きする。朝比奈さんが短いスカートを押さえながら絶望的な顔色に変化して、横にいる鶴屋さんがケラッケラッ笑いながら、

「え？　ここで何かすんの？　とわっはは！　みくる泳ぐの？」

ぶるぶる首を振《ふ》り、朝比奈さんは緑色の水面を血の池を見るような目で眺《なが》めた。た

め息。

「乗り越えるにはちょっとこの柵《さく》は背が高いですね。そう思いませんか」

古泉が語りかけているのは俺ではなくて、長門だった。そいつに日常会話をしむけても無益なだけだぞ。イエスかノーか、それとも理解不能な一人喋《しゃべ》りを始めるかだ。

「…………」

しかし長門は黙《だま》ったままではあるが珍奇《ちんき》にもリアクションをした。フェンスの柱になっている鉄の棒に指をかけ、チョイと横に引いたのだ。強固なはずの鉄柱はなぜか炎天下《えんてんか》で放置していたキャラメルみたいにぐにゃりと曲がり、そのまま曲がった状態で常態を固定した。

あいかわらず器用な真似《まね》をする。余計なことでもあったかもしれないが。俺は慌《あわ》ててその他大勢へと視線を走らせる。

「へえ、古くなってたんだね」

国木田が訳知り顔で言い、

「だから俺は何をすればいいんだ。カッパ役か？」

ぶつぶつと谷口が隙間《すきま》の空いた鉄柵に身体《からだ》をくぐらせて池の波打ち際《ぎわ》へと降り、

「このへん家の近所なんだよねっ。昔は柵なんかなくてさあ、よくハマったよっ」

鶴屋さんも後に続いた。彼女に手を繋《つな》がれている朝比奈さんも、嫌々《いやいや》のようにハル

ヒの待ち受ける池の縁《ふち》へと向かう。

細かいことを考えない端役《はやく》三人組だった。助かることこの上ない。

古泉が俺と長門に均等に微笑《ほほえ》みを見せながら柵の内側に身体を滑《すべ》り込ませて、黒魔《ま》法使《ほうつか》いとなっている長門も幽霊《ゆうれい》みたいに俺の前を通り過ぎた。

しょうがないな。ささっと撮影《さつえい》して、パパッと退散しよう。公共物破壊《はかい》を誰《だれ》かに見《み》咎《とが》められないうちに。

またもや朝比奈さんと長門が向かい合って立っている。またまた戦闘《せんとう》シーンらしい。本当にハルヒはストーリーを考えているんだろうな。いったいいつになったら古泉の出番はあるんだ。今日も制服姿の古泉は、俺の後ろで反射板係をやっている。

ぬかるみ気味の地面にディレクターズチェアを置き、ハルヒはスケッチブックにセリフと思《おぼ》しき文章を書き殴《なぐ》っていた。

「このシーンはね、いよいよミクルが窮地《きゅうち》に立たされているところなわけ。青目ビームはユキに封《ふう》じられちゃったわけね」

フェルトペンを止めて、自画自賛の顔をする。

「うん、いい感じだわ。そこのあんた、これ持って立ってて」

そういう具合に谷口がカンペ係になった。演じる二人はふてくされ顔の谷口の手元を見て、

「こここんなことではっあたしはめげないのですっ！　わわっ悪い宇宙人のユキさん！　しんみょうに地球から立ち去りなさいっ……。あの……すみません」

思わず謝る朝比奈ミクルのセリフに、長門ユキなる悪い宇宙人の魔法使いは、

「……………そう」

気を悪くしたふうもなくうなずいた。それからハルヒの指示通りのセリフを棒読み。

「あなたこそこの時代から消え去るがいい。彼は我々が手に入れるのだ。彼にはその価値があるのである。彼はまだ自分の持つチカラに気付いていないが、それはとてもきちょうなものなのだ。そのいっかんとしてまず地球を侵略《しんりゃく》させていただく」

ハルヒが指揮者みたいに振り動かすメガホンに合わせ、長門は星アンテナで朝比奈さんの顔を示した。

「そそそんなことはさせないのですっ。この命にかえてもっ」

「ではその命も我々がいただこう」

フラットな長門の言葉に朝比奈さんは著《いちじる》しくビクリとした。

「カットーっ！」とハルヒが叫《さけ》んで立ち上がる。二人の間まで駆《か》け寄って、

「だんだん気分が出てきたじゃない。そうそう、その調子よ。でもアドリブはなしで

お願いね。それからみくるちゃん、ちょいこっち来て」

俺たちを残して監督と主演女優は背を向ける。ビデオカメラを降ろして俺は首をこきこきと鳴らした。何の打ち合わせだろう。

すかさず鶴屋さんが堪《こら》えていた笑い声を盛大《せいだい》に上げてケラケラと、

「これ何映画？　ってゆうか映画なのっ？　わはは、むっちゃ面白《おもしろ》いよ！」

面白がっているのはあなた以外ではハルヒくらいみたいですけどね。

谷口と国木田は「俺たち何のために呼びつけられたんだ？」という顔でボサッと突《つ》っ立っているし、長門は一人で知らんぷり、古泉は自然体で恰好《かっこう》をつけながら池の果てを眺望《ちょうぼう》している。俺はそろそろ録画で満杯《まんぱい》になってきたテープを抜《ぬ》き取って新しいDVカセットの封を切った。ゴミを増やしているとしか思えない。

鶴屋さんが俺の手元を興味深そうに覗《のぞ》き込んできた。

「ふうん。最近のビデオってこんなん？　これにみくるのコッパな画像がいっぱいなの？　後で観《み》せてくんないっ？　爆笑《ばくしょう》できそうだねっ」

笑いごっちゃない。以前のバニーでビラ配りは一日だけで済んだが、このバカ映画撮影は最悪、文化祭前日あたりまで続く恐《おそ》れがあるのだ。撮影拒否《きょひ》がそのうち登校拒否に発展するかもしれん。そうなったら困るのは俺だ。美味《おい》しいお茶が飲めなくなるからな。長門の淹《い》れたお茶は味気ないし、ハルヒのは物理的に不味《まず》い。古泉は論外で、

俺は自分で茶を淹れるくらいなら水道水で我慢《がまん》するね。

「お待たせ！」

ああ待ったね。待ったとも。そろそろ帰ろうぜ。これ以上池付近の自然を踏《ふ》み荒《あ》らしたくないからな。

「本格的なのはこれからよ。ほら、見なさい！」

ハルヒがぐいと押し出したのは朝比奈さんである。見ろってお前、言われなくとも毎日のようにジロジロ見ているさ。ほら、いつもと変わりなく美しく可愛《かわい》らしく見目《みめ》麗《うるわ》しい朝比奈さんは……。

「えあ？」

片方の目の色が違《ちが》っていた。今度は右目。銀色の瞳《ひとみ》が申しわけなさそうに俺と地面を往復している。

「さあみくるちゃん、そのミラクルミクルアイRから何でもいいわ、不思議なものを出して攻撃《こうげき》しなさいっ！」

よせ、と言うヒマもなかった。あったとしても俺はダルマ落とし的輪切りになるくらいだったろうが、にしても何もかもが突然《とつぜん》すぎた。ヤバイ命令をしたハルヒも、驚《おどろ》いてうっかり瞬《まばた》いてしまった朝比奈さんも、それから――。

朝比奈さんを池辺で押し倒《たお》している長門の暗幕姿も。

昨日の再現だった。リプレイシーンを見ているようだ。長門が得意の瞬間《しゅんかん》移動を見せていた。

瞬間、帽子《ぼうし》だけが元の位置にあって、そこからふわりと地面に落ちる。それを被《かぶ》っていた本体は、瞬き一回分の時間（たぶんゼロコンマ二秒くらいだろ）に数メートルの距離《きょり》を移動して朝比奈さんに乗っかっていた。こめかみにアイアンクロー。

湿地《しっち》でレスリングを始めた女優二人を全員が唖然《あぜん》として見守っていた。

「ななな長門さっ……、ひぃぃぃっ！」

無言無表情の長門はそんな悲鳴をものともせず、ほんの少しショートヘアを乱しただけで朝比奈さんに跨《また》がっている。

「ちょっとぉ！」ハルヒがいち早く自分を取り戻《もど》した。

「有希！　あなたは魔法使《まほうつか》いなのよ！　肉弾《にくだん》戦は不得意って設定なの！　こんなところで泥《どろ》んこプロレスしても――」

しかしハルヒは途中《とちゅう》で口を閉《と》ざし、三秒ほど考えてから、

「ま、これでもいいか。売りになりそうね。キョン！　ちゃんと撮《と》って！　せっかくの有希のアイデアなんだから」

アイデアではないだろう。反射的な行動だ。コンタクトレンズをどうにかするための防衛措置《そち》なのだ。朝比奈さんもそれを解《わか》っているはずだが、恐怖《きょうふ》のあまりか小悲鳴

をあげつつ脚《あし》をバタバタ。キワドい。いや、そんなサービスショットを狙《ねら》っている場合ではないのだ。

その時、ガシャンと音がして二人を除く全員が背後を振《ふ》り向いた。

ハルヒが乗り越《こ》え、俺たちが隙間《すきま》を通ってきた池のフェンス。その空間がポッカリと開いている。Vの字型に切り取られたフェンスが道路に横倒《よこだお》しになっていた。それこそ誰《だれ》かが不可視のレーザーでも当てたように。

ややあって目を戻すと、貧血気味の吸血鬼《きゅうけつき》みたいに長門は朝比奈さんの手首に噛《か》みついていた。

「うかつ」

意外にも長門は自己批判するようなことを言い、

「レーザーは拡散し無害化するように設定した。今度は超振動《ちょうしんどう》性分子カッター」

息を吐《は》いてないような口調で呟《つぶや》く。拾い上げた黒帽子を差し出しながら古泉が言った。

「モノフィラメントみたいなものですね。しかしその単分子カッターは目にも見えなければ、質量もないのですね？」

帽子を受け取った長門は、それを無造作に頭に乗せた。

「微量《びりょう》の質量は感知した。十の四十一乗分の一グラム程度」

「ニュートリノ以下ですか？」

長門は何も言わず、朝比奈さんの目を見つめている。ウェイトレスさんの右目はまだ銀色のままだ。

「あの……」

噛まれた手首をさすりつつ、朝比奈さんはびくびくと、

「今度はあたしに何を、その、注入したので、ですか……？」

トンガリ帽子の先端《せんたん》が五ミリ動くくらいの顔の動き。俺にはそれが困惑《こんわく》の表現に見える。どう説明したものかと悩《なや》んでいるんだろう。案に違《たが》わず長門は、

「次元振動周期を位相変換《へんかん》し重力波に置き換《か》える作用を持つ力場を体表面に発生させた」

という意味不明なことを苦し紛《まぎ》れっぽく言った。どうやったらそれが透明《とうめい》殺人ワイヤーを無効としたことになるのか理解できんが、不可解なことに俺以外の二人はそれなりに納得《なっとく》したようだ。古泉などは、「なるほど。ところで重力は波動なんですか？」とか関係ないことまで訊《き》いている。長門も関係ないと思ったんだろう、何も答えないからな。

古泉は決めポーズのような仕草で肩《かた》をすくめる。

「しかし確かにうかつでしたね。これは僕の責任でもあるでしょう。てっきり目から

出るのはレーザービームくらいだとしか思いませんでした。何でもいいから不思議なものを出せ、ですか。涼宮さんの思考は他者の追随《ついずい》を許しませんね。すごい人です」

追いつくどころか全人類を周回遅《おく》れにしているようなものだからな。それも3ラップくらいのぶっちぎりで、また後ろに迫《せま》ってきている圧迫感《あっぱく》を後頭部に感じるほどだが、パッと見では同一周回を走っているとギャラリーに勘違《かんちが》いさせるのがミソだ。これがばっかりは同じサーキットを走らされている奴《やつ》にしか解るまいし、ハルヒが速いのはS字だろうがデグナーだろうが立体交差だろうがおかまいなしに直進しかしないからでもある。おまけに一人だけエンジンはパサードラムジェットを使用、いつまでもどこまでも走っていく。追随したくてもできないルールを自分で作り上げているわけで、しかも本人に八百長《やおちょう》の意識がゼロときている。天然で片づけられる範疇《はんちゅう》を超《こ》えたタチの悪さだ。

「まあ幸いにして」と古泉。「フェンスの件は老朽化《ろうきゅうか》を放置していた地方自治体の管理不行き届きとして皆《みな》さん、納得しているようですし、大事に至らなくて何よりでした」

俺は帽子に隠《かく》れた白い顔を一瞥《いちべつ》する。さっき見せてもらった長門の掌《てのひら》は、カマイタチのつかみ取りでもしたのかというくらいに裂《さ》けまくっていた。痛い話が苦手な奴に聞かせたい具合にだ。今は嘘《うそ》みたいに治っているけど。

俺は離《はな》れたところにかたまっている第二集団を眺《なが》めた。ハルヒと脇役《わきやく》デコボコトリオは、ハンディの映像を見て何やら嬌声《きょうせい》を上げている……のは鶴屋さんだけか。

「どうするよ？　このまま撮影《さつえい》続行すると何だか惨事《さんじ》を生むような気がするぞ」

「しかし中止するのもままなりませんね。我々が強引《ごういん》に映画撮影を拒否《きょひ》すると涼宮さんはどうなります？」

「暴れ出すだろうな」

「そうでしょう。仮に本人が暴れないようなことがあっても、あの閉鎖《へいさ》空間で《神人》に大暴れさせることは確実です」

けったくその悪いことを思い出させるなよな。俺は二度とあんな所に行きたくもないし、あんなことをしたくもない。

「おそらく涼宮さんは、今の状況《じょうきょう》が楽しくてしかたがないのですよ。想像力を駆使《くし》して自分だけの映画を撮《と》るという行為《こうい》がです。まさに神のように振る舞《ま》えますからね。あなたももうご存じの通り、彼女はこの現実が思い通りにならないことに対し常々苛《いら》立《だ》っていました。実はそうでもなかったわけなのですが、気付いていないのですから同じ事です。しかしですね、映画の中では彼女の思う通りに物語は進みます。どんな設定であっても可能でしょう。涼宮さんは映画という媒介《ばいかい》を利用して、一つの世界を再構築しようとしているのです」

つくづく自己中心派だ。思い通りになる事なんて相当の金か権力を持ってないと無理だ。政治家にでもなればいい。

俺がしかめ面《づら》を何種類か試《ため》している中、古泉は一種類の笑顔《えがお》で話し続けている。

「もちろん涼宮さんにそんな自覚はないでしょう。あくまで映画内フィクションとしての世界を創《つく》っているつもりです。映画制作にかけるひたむきな情熱ですよ。その熱中のあまり、無意識のうちに現実世界に影響《えいきょう》を及《およ》ぼしているのだと考えられます」

どっちに転んでもマイナスの目しか出ないサイコロだ。撮影を続けてハルヒの妄想《もうそう》が暴走してもダメ、やめさせて機嫌《きげん》を損《そこ》ねさせてもダメ、バッドエンドまっしぐらの二択《にたく》だな。

「それでもどちらかに転ばないといけないのだとしたら、僕は続行の道を選びますね」

根拠《こんきょ》を言ってみろ。

「《神人》狩《が》りもそろそろ飽《あ》きてきましたし……というのは冗談《じょうだん》です。すみません。ええとですね、ようはこういうことです。世界が丸ごとリセットされるよりは、多少の変化を許容するほうがまだ生存の道は開けるからですよ」

朝比奈さんがスーパーウーマンになるような現実を許容しろってのか？

「今回の現実変容は《神人》に比べると小規模です。長門さんがしてくれたように防《ぼう》御《ぎょ》修正することだって可能でしょう。世界がゼロからやり直しになることに比べたら、

単発的な異常現象をなんとかするほうが簡単なような気がしませんか？」

　どう考えてもどっちもどっちだ。ハルヒを後ろからぶん殴《なぐ》って文化祭が終わるまで気絶させておいたらどうだ？

「畏《おそ》れ多いことです。あなたが全責任を負ってくれるのならば止めはしませんが」

「俺の双肩《そうけん》に世界は重すぎるな」

　そう答えながら朝比奈さんを見ると、ウェイトレスコスチュームから生乾《なまがわ》きのドロを指で落としているところだった。なにやら諦《あきら》めきった顔をしていたが、俺の視線に気付くと慌《あわ》てたように、

「あ、あたしならだいじょうぶです。何とか乗り切ってみせるから……」

　いじらしいね。顔色はあんまり良くないけど。そりゃあ何かあるたびに長門に嚙《か》まれることにはなりたくないよなあ。いくらあっと言う間に嚙み跡《あと》を消してくれるとはいえ、不気味なものは不気味だ。なんせ今の長門は柄《え》の長い鎌《かま》を持たせたらタロット十三番目のカードのモチーフにしたいくらいの死神娘《むすめ》か、年齢不詳《ねんれいふしょう》のスペースバンパイアだ。どっちだろうとあの世行きは当確している。

　朝比奈さんは吸引じゃなくて混入させられたみたいだが。しかし、うかつと言えばどうも朝比奈さんは未来人にしては危機意識がないように思えるな。本心を俺に伝えていないからかもしれんけどさ。なんせ禁則だらけみたいだし。

まあそのうち教えてくれることもあるだろう。その時はもちろん二人きりで、どこか狭《せま》い所とかでという状況がいいな。

ようやく谷口と国木田、鶴屋さんの出番が訪《おとず》れた。

ハルヒは三人に映画での役割を申し渡《わた》し、これにより三名は名も無きチョイ役であることが判明した。役どころは『悪い宇宙人ユキに操《あやつ》られて奴隷《どれい》人形と化した一般《いっぱん》人《じん》』。

「つまりね」と、ハルヒは気味の悪いニコニコ顔で説明する。「ミクルは正義の味方だから一般人には手を出せないわけ。ユキはその弱点をついたのね。普通《ふつう》の人間を催《さい》眠魔《みんま》法《ほう》で操作するの。そうやって襲《おそ》ってくる一般人に抵抗《ていこう》できず為《な》す術《すべ》なく、ミクルはボロボロになっちゃうの」

もうすでにボロボロになっている朝比奈さんにこれ以上何をしようと言うんだろう、と俺が思っているとハルヒは、

「手始めに、みくるちゃんを池に叩《たた》き込みなさい」

「えぇっ!?」

驚《おどろ》きの声を出すのは朝比奈さんきりで、鶴屋さんはゲラゲラ笑い、谷口と国木田は

顔を見合わせてから、次に朝比奈さんへと困惑顔《こんわくがお》を向けた。
「おいおい」
妙《みょう》な半笑いで言ったのは谷口だった。
「この溜《た》め池にかよ？　えらく温《ぬる》いかもしらんが、もうとっくに秋だぜ。水質だって
お世辞にもキレイとは言えねえが」
「すっすっす涼宮さん、そのせめて温水プールとかに……」
朝比奈さんも泣きそうな顔で懸命《けんめい》の反論を敢行《かんこう》する。国木田ですら朝比奈擁護《ようご》に回
ったようで、
「そうだよ。底なし沼《ぬま》だったらどうするんだい？　二度と浮《う》かび上がってこれないよ。
ほら、ブラックバスだっていっぱいいるしさ」
朝比奈さんを卒倒《そっとう》させるようなことを言うな。それに、抵抗すればするほどハルヒ
は意固地になるのはすでに実証済みである。ハルヒは例によってアヒル口となり、ハルヒ
「黙《だま》りなさい。いい？　リアリズムの前には多少の犠牲《ぎせい》は付き物よ。あたしだってこ
のシーンのロケにはネス湖かグレートソルトレイクを使いたかったわよ。でもそんな
ところに行く時間もお金もないの。限られた時間内に最善を尽《つ》くすのが人類の使命な
わけ。だったらこの池を使うしかないでしょうが」
なんちゅう理屈《りくつ》だ。どうあっても朝比奈さんは水責めの刑《けい》になることが前提なのか。

別のシーンに差し替《か》えるとか、そういう考え方はできないのかこの女。

俺も止めに入るべきかと考えていると、背後から肩《かた》を叩かれた。振《ふ》り返ると古泉の野郎《やろう》が薄《うす》く笑いながら無言で首を振る。解《わか》っているさ。へたにハルヒをいじくると奇《き》怪《かい》な事態がまた発生するかもしれないってことはな。朝比奈さんの口からプラズマ火球が出ちまうようなことになれば、ヘタすりゃ自衛隊を敵に回さなければならん。

「あああ、あたしっ、やりますっ」

悲痛な声で朝比奈さんが宣言した。断腸の思いというやつだろう。世界の平和のために自分の身を犠牲にする可憐《かれん》な少女の一丁上がりだ。ベッタベタに手垢《てあか》まみれな展開だが、メイキングビデオではここが一番の盛り上がる部分だろうね。ビデオ回してないけど。

単純にハルヒ大喜び。

「みくるちゃん、イイ！　今のあなたはとっても恰好《かっこ》いいわ！　それでこそあたしの選んだ団員よ！　成長してきたわね！」

成長ではなく、学習した結果だろうと思うね。

「じゃあ、そこの二人はみくるちゃんの手を持って、鶴ちゃんは脚《あし》を抱《かか》えちゃって。せーの、で行くわよ。せーので勢いよく池に放《ほう》り込むの」

ハルヒが指示したのは次のようなシーンであった。

チョイ役三人は、まず長門の前に整列して、黒衣の魔法使いがふらふら動かすアンテナ棒の前で頭《こうべ》を垂れた。まるで神社でお祓《はら》いを受けているようだ。御幣《ごへい》を振るように指し棒を操《あやつ》っている長門の無表情は、そう言えば何となく巫女《みこ》っぽい香《かお》りがしないでもない。

その後、無言で朝比奈さんを指し示した長門の指令電波を受信した三人は、新鮮《しんせん》な生肉を求めるゾンビのような動きで硬直《こうちょく》するヒロインへと歩き出した。

「みくるーっ。ごめんねえ。こんなことしたくないんだけど、あたし操られちゃってるからぁ。ほんと、ごめんよう」

楽しんでるとしか思えない鶴屋さんが猫《ねこ》型バスみたいな口をしながらウェイトレスににじり寄った。いざというときに小心者になる谷口は迷うフリをしつつ、国木田は頭をぽりぽり掻《か》きながら、青くなったり赤くなったりする朝比奈さんへと迫《せま》るのだった。

「そこのアホ二人！　もっと真剣《しんけん》に演じなさい！」

アホはお前だ、という言葉を飲み込んで俺はカメラを覗《のぞ》き続ける。朝比奈さんはへっぴり腰《ごし》で、じりじり水辺へと後退していた。

「かくごしろ～」

明るく言いながら鶴屋さんは朝比奈さんをかくんとコカすと、露《あら》わになった太ももを両脇《りょうわき》に抱えた。何というか、もう実にアブナイ。

げられる。

「ひっ……ひえっ」

本気で怖《こわ》がっている朝比奈さん。谷口と国木田がそれぞれ片手ずつを持ってぶら下げられる。

「ちちちょっとその、やっぱり……ここ、これ必要なんですかあ～？」

悲痛な叫《さけ》びの朝比奈さんを一顧《いっこ》だにせず、ハルヒは重々しくうなずいた。

「これもいい画《え》を撮《と》るため、ひいては芸術のためなのよ！」

よく聞く言葉だが、こんなデタラメ自主映画のどこに芸術が関係しているのだろう。

ハルヒが号令をかけた。

「今よ！　せーのっ！」

ざぼーん。水しぶきが盛大《せいだい》に上がり、池で暮らす水棲《すいせい》生物たちの日常を掻き乱した。

「ひ、あぶぅっ……はわぁ……っ！」

溺《おぼ》れている演技が巧《うま》いね、朝比奈さん……ではなく、シリアスに溺れているような気がするのだがどうだろう。

「足がっ……届かなっ……あぷっ！」

ここがアマゾン川流域でなくてよかった。こんなふうにバシャバシャしてたらピラニアの恰好《かっこう》の目印になる。ブラックバスは人を襲《おそ》わないだろうな——と俺がファインダー越《ご》しに思っていると、水しぶきを立てているのは朝比奈さんだけではないことを

発見した。

「うげえっ！　水飲んじまった！」

谷口も溺れていた。どうやら朝比奈さんを放り出す勢いで自分まで落っこちちまったらしい。こちらは安心して放っておくことにする。

「何やってんのあのバカ？」

ハルヒも同意見だったらしく、アホ一匹《ぴき》をほったらかしのままメガホンで古泉を指した。

「さ、古泉くん、あなたの出番よ！　みくるちゃんを助けてあげなさい」

照明係に徹《てっ》していた主演男優は、優雅《ゆうが》に微笑《ほほえ》んでレフ板を長門に渡《わた》すと、池の水辺に歩み寄って手を差し伸《の》べた。

「つかまってください。落ち着いて。僕まで引っ張り込まないようにね」

大海原《おおうなばら》の遭難者《そうなん》が流木にしがみつくように、朝比奈さんは古泉の手をしっかりと握《にぎ》りしめる。軽々とずぶ濡《ぬ》れ未来ウェイトレス戦士を引っ張り上げ、古泉はその身体《からだ》を支えるように寄り添《そ》った。近寄りすぎだぞ、コラ。

「大丈夫《だいじょうぶ》ですか？」

「……うう……つめたかったあ……」

ただでさえピッタリしていたコスチュームが濡れたせいで最早《もはや》スケスケ状態である。

俺が映倫《えいりん》にいれば躊躇《ちゅうちょ》なくこの映画は十五歳未満入場禁止にするね。正直に言おう、ある意味マッパよりヤバイ。なんか捕《つか》まりそうな勢いだ。

「うん、バッチリ！」

ハルヒがメガホンを打ち鳴らして絶賛の雄叫《おたけ》びを放った。俺はまだ池を泡立《あわだ》てている谷口を無視し、ビデオカメラの停止ボタンを押した。


無駄《むだ》なものは露天商《ろてんしょう》を開けるくらいあるくせに、タオルの一枚もないとは何事か。

鶴屋さんのハンカチで顔を拭《ぬぐ》ってもらいながら朝比奈さんはじっと目を閉じている。

俺はハルヒが真面目《まじめ》くさった顔をして映像チェックしている隣《とな》りで息を潜《ひそ》めていた。

「うん、まあまあね」

朝比奈水難シーンを三回も繰《く》り返して観《み》ていたハルヒがうなずいた。

「出会いのシーンとしてはまずまずだわ。この段階でのイツキとミクルのぎこちない感じがよく出てる。うむうむ」

そうか？　俺は普段《ふだん》通りの古泉にしか見えなかったけどな。

「次は第二段階ね。ミクルを救い出したイッキくんは彼女を自宅にかくまうことにするのよ。次のシーンはそっから撮るわ」

って、お前。それじゃ全然繋《つな》がらないぞ。谷口たちを操《あやつ》っていた長門はどこに行ったんだ？　谷口たちは？　どうやって撃退《げきたい》されたんだ？　いくらザコキャラとはいえ、描写《びょうしゃ》なしじゃ観客は納得《なっとく》しないぞ。

「うるさいわね。そんなの撮らなくてもちゃんと観ている人には伝わるのっ！　つまんない箇所《かしょ》は流しちゃっていいのよ！」

このやろう、ただ朝比奈さんを池に突《つ》き落としたかっただけか。

俺が義憤《ぎふん》にかられていると、鶴屋さんが挙手して発言した。

「あのさーっ。あたしの家がすぐ近くなんだけどさっ。みくるが風邪《かぜ》引きそうだから着替《きが》えさせてやっていいかなっ？」

「ちょうどいいわ！」とハルヒは輝《かがや》く目を鶴屋さんに向けた。

「鶴ちゃんの部屋を貸してくんない？　そこでイツキとミクルが仲良くしてる所を撮りたいから。なんて潤滑《じゅんかつ》な展開かしら。この映画はきっと成功するわね！」

御都合《ごつごう》主義が人生のメインテーマらしいハルヒにとっては、なるほど確かに思うとおりの提案なのかもしれないが、ひょっとしたらハルヒがそんなことを考えたから鶴屋さんのこの発言に至った疑惑《ぎわく》もぬぐい去れない。ハルヒがザコキャラ認定《にんてい》するくらいだから、鶴屋さんは俺と同じ一般人《いっぱんじん》のはずだけど。

「えーと、僕たちは？」

国木田の質問である。横で谷口が脱《ぬ》いだシャツを雑巾《ぞうきん》みたいに絞《しぼ》っていた。

「あんたたちはもう帰っていいわ」

ハルヒは無情に告げて、

「ご苦労さん。じゃあね、さよなら。二度と会うことはないかもね」

それきりハルヒの頭からは同級生二人の名前と存在は消え失《う》せたようである。呆《あき》れた顔つきの国木田と、犬みたいに髪《かみ》から雫《しずく》を飛ばしている谷口を見ることは再びなく、ハルヒは鶴屋さんをガイド役に指名して、すたすた歩き始めた。よかったな二人ともお役御免《ごめん》で。お前らはどうやらハルヒ的には使用済みBB弾《だん》くらいの価値しかないみたいだぞ。それは実はけっこう幸せなことなんだぜ。

なぜかノリノリの鶴屋さんは嬉《うれ》しそうに、

「はーいっ。みなさーんっ、こっちでーす」

先頭に立って旗を振《ふ》っていた。

ハルヒのワガママ独壇場《どくだんじょう》は今に始まったことではなく、たぶん生まれついての性質なんだろうし、生後すぐに天地を指して八文字熟語を絶叫《ぜっきょう》したなんていう言い伝えが後五百年もしたら涼宮ハルヒ語録の一つとして民間伝承となり流布《るふ》されていたりする

のかもしれないが、まあそれはどうでもいいことだ。

集団の先陣《せんじん》を切って歩くハルヒと鶴屋さんは、いつの間に意気投合したのか馬鹿《ばか》デカい声でブライアン・アダムスの『18 til I die』のサビだけをリフレインして唄《うた》っていた。後を歩いている者として、一応の知り合いとして非常に恥《は》ずかしい。黙々《もくもく》歩きの黒長門とレフ板持ち&主演の古泉はよく他人のフリもせずについて行けているな。少しは肩《かた》を落として俯《うつむ》き加減《かげん》にしょんぼり歩いている朝比奈さんを見習うがいい。それから俺の背負っている荷物を少しは肩代わりしてくれ。さっきから続くのは坂道ばかりで、俺はそろそろ坂路《はんろ》調教中の競走馬の気持ちが解《わか》りかけようとしているぞ。

「はーい、到着《とうちゃく》っ。これ、あたしん家《ち》」

声を張り上げて鶴屋さんが一軒《いっけん》の家の前で立ち止まった。声も大きな人だったが自宅もデカかった。いや、たぶんデカいんだと思う。なぜなら門から家が見えないので判断できん。しかしそれこそまさに判断材料だ。門から見て取れないほど遠くに家屋があるということは、そこまで相当な距離《きょり》があるということで、ついでに左右を見回してみるとどこの武家屋敷《ぶけやしき》かと思うほどの塀《へい》が遠近法に従って延々と続いていた。どんな悪いことをすればこんな余分な土地を持つ家に住めるのだろう。

「どぞどぞ、入って入ってっ」

ハルヒと長門は遠慮《えんりょ》という言葉を知らないのか、自分の家みたいな顔をして門をくぐった。朝比奈さんも来たことがあるようで、たいして驚《おどろ》きもなく鶴屋さんに背中を押されるように入っていく。

「なかなか古風な旧家ですね。この幽玄《ゆうげん》の佇《たたず》まい、趣《おもむき》があるとはこれを指して言うのでしょう。時代を感じさせますねえ」

古泉が感嘆《かんたん》しているふうを装《よそお》って感情のこもらない声で言っている。安物のレポーターか、お前は。

三角ベースボールが出来そうなスペースを縦断して、やっと玄関《げんかん》まで辿《たど》り着いた。鶴屋さんは朝比奈さんを風呂場《ふろば》まで連れて行ってから、俺たちを自室に招き入れた。

何だね、自宅の俺の部屋が猫《ねこ》用の寝室《しんしつ》に思えるね。だだっ広い和室に通されて、どこに座っていいものやら悩《なや》むくらいだ。だが、悩んでいるのはどうやら俺一人で、ハルヒをはじめとする長門と古泉も何も恐《おそ》れ入ることはないようだった。

「いい部屋ね。ここでロケができそうなくらいよ。そうだ、古泉くんの部屋だってことにしましょう。みくるちゃんとのツーショットシーンをここで撮《と》るのよ」

座布団《ざぶとん》の上でハルヒが指で作った四角形の中を覗《のぞ》いている。鶴屋さんの部屋は卓袱台《ちゃぶだい》しかない簡素な畳《たたみ》敷き和室だった。

俺は隣《とな》りに座る長門の真似《まね》をして正座していたが、三分と保《も》たずに脚を崩《くず》させても

らう。ハルヒは最初から胡座《あぐら》をかいて、鶴屋さんに何やら耳打ちしていた。

「くふっ！　あ、それ面白《おもしろ》いねっ！　ちょっと待ってて！」

鶴屋さんは朗らかかつ高らかに笑い声を上げると、そっから部屋を出て行った。

俺は考える。鶴屋さんは一般人で正しいんだろうな。こうまでハルヒと仲良しさんになれるのは常軌《じょうき》を逸《いっ》した人間か人間以外の何かだと相場が決まっているのだが、どこかに波長の共通するものがあるのかもしれない。

待つこと数分、鶴屋さんは戻《もど》って来た。おみやげは朝比奈さんである。それもただの朝比奈さんではない。風呂上がり朝比奈さんだ。彼女はどうやら鶴屋さんの物らしいぶかぶかのTシャツを着ていた。というか、Tシャツしか着ていなかった。

「あ……。お、お待たせを……」

濡《ぬ》れ髪上気肌《はだ》の朝比奈さんは、鶴屋さんの後ろに隠《かく》れるようにして部屋に入り、正座して縮こまる。なんせ裾《すそ》も袖《そで》も朝比奈さんには長すぎるので、Tシャツと言ってもワンピースみたいに見える。それがまた素晴《すば》らしい効果を発揮していた。外し忘れの右目が銀色のままなのは危《あや》ういが、ビームもスパスパワイヤーも出ないようなので一安心である。帽子《ぼうし》も取らずにかしこまっている長門をどこかの摂社《せっしゃ》で奉《たてまつ》ってやりたいくらいだ。

「はいこれ。飲んじゃって」

鶴屋さんが床《ゆか》に置いた盆《ぼん》には、人数分のグラスが載《の》って橙色《だいだいいろ》の液体で満たされていた。鶴屋さんから渡《わた》されたそのオレンジジュースを朝比奈さんは半分くらい一瞬《いっしゅん》で飲んだ。今日一番動きが多かったからな、水分を消耗《しょうもう》していたんだろう。

俺も有り難《がた》く頂戴《ちょうだい》し味わいつつ飲んでると、一口で飲み干したハルヒが残った氷をかみ砕《くだ》きながら、

「さ。せっかくだし、この部屋で撮影《さつえい》しましょう」

ろくに休むこともなく始まったのは次のようなシーンだった。

気絶した演技をする朝比奈さんを、古泉がお姫様《ひめ》抱《だ》きで部屋に入ってくる。なぜかすでに布団が敷《し》かれていて、古泉はそこに朝比奈さんを横たえると、じっとその寝顔《ねがお》を眺《なが》めるのだった。

朝比奈さんの顔はかなり紅潮、睫毛《まつげ》がぴくぴくしている。その無防備な身体《からだ》に古泉はそっとタオルケットをかぶせ、腕《うで》を組んで枕元《まくらもと》に座った。

「うーん……」と朝比奈さんが寝言のようなことを呟《つぶや》き、古泉は口元を緩《ゆる》めた顔で注視し続ける。

ここでは出番のないらしい長門は、俺と鶴屋さんの背後でまだオレンジジュースをちびちび飲んでいた。俺はファインダーを覗きながら朝比奈さんの寝顔をアップにする。ハルヒが何も指示しないものだからこのあたり、俺の趣味《しゅみ》の世界である。しかし

ハルヒは主演二人にはリアルタイムで指示を出し続けていた。

「みくるちゃん、そろそろ起きて。セリフはさっき言った通りよ」

「……うう―」

朝比奈さんはゆっくり目を開け、妙《みょう》に潤《うる》んだ目つきで古泉を見上げる。

「気が付きましたか？」と古泉。

「はい……。ええと、ここは……」

「僕の部屋です」

むくりと上半身を起こした朝比奈さんは、なぜか熱っぽい顔で視点の定まらない目をしている。なんかやけに色っぽいが、これは演技なのか？

「あ……ありがとうございます、う」

すかさずハルヒ指示、

「そこで二人！　もっと顔を近づけて！　でもってみくるちゃんは目を閉じて、古泉くんはみくるちゃんの肩《かた》に手を回し、もういいから押し倒《たお》してキスしちゃって！」

「ええっ……」

どういうわけかトロンとした目つきで朝比奈さんは口を半開きにして、古泉が言いつけ通りに朝比奈さんの肩を抱いたところで、俺の我慢《がまん》が限界に達した。

「待てこら。いろいろ端折《はしょ》りすぎだぞ。ってより、なんでこんなシーンがある？　な

んだこれは?」

「濡れ場よ濡れ場。ラブシーン。時間帯またぎにはこういうのを入れておかないと」

アホか。これは夜九時から始まる二時間ドラマか。古泉も、何を乗り気な顔をしてやがるんだ。こんなものが上映されたら、次の日からお前の下駄箱《げたばこ》には百単位で呪詛《じゅそ》の手紙が舞《ま》い込むぞ。少しは考えろ。

誰《だれ》かのケラケラ笑いが聞こえて振《ふ》り向くと、畳の縁《へり》に爪《つめ》を立てるように身体を折って、鶴屋さんが爆笑《ばくしょう》していた。

「ひひーっ、みくる、おかしーっ」

おかしくない……と言いたいのだが、明らかに朝比奈さんは通常ではなかった。さっきから首が据《す》わってないし、目が潤みっぱなしの頰《ほお》染めっぱなし、しかも古泉に肩抱《だ》かれても無抵抗《むていこう》にされるがままになっている。面白《おもしろ》くない。

「うー……。こいすみくん、あたしなんだかあたまがおもいのねす……ふ」

ネズミに花束を捧《ささ》げたくなるようなことを言いながら、朝比奈さんは身体をぐらぐらさせている。薬でも盛られたのかという感想を持ち、俺は気付いた。視線が空のグラスへと自然に向き、鶴屋さんが笑いつつ、

「ごっめーんっ。みくるのジュースにテキーラ混ぜといたの。アルコールが入ったほうが演技に幅《はば》が出るかもっていわれてさっ」

ハルヒの悪巧《わるだく》みか。俺は呆《あき》れるより怒《おこ》りそうになった。そんなもん黙《だま》って混入するな。

「いいじゃん。今のみくるちゃん、すごく色っぽいわよ。画面映《ば》えするわ」とハルヒ。

もはや演技どころではなく朝比奈さんはすでにフラフラになっていた。閉じた目の下が赤く染まっている。色っぽいのはいいが、古泉にもたれかかっているのは不愉《ふゆ》快《かい》だ。

「古泉くん、いいからキスしなさい。もちろんマウストゥマウスで！」

ダメに決まっているだろう。前後不覚になっている人間にやっていいことではないぞ。

「やめろ、古泉」

監督《かんとく》とカメラマンのどちらの言葉に従うか、古泉はしばらく考える真似《まね》をした。殴《なぐ》るぞこの野郎《やろう》。どのみち俺はハンディを降ろしている。そんなシーンを撮《と》るつもりも撮らせるつもりもない。

古泉は俺を安心させるように微笑《ほほえ》んで、フラつく主演女優から離《はな》れた。

「監督、僕には荷が重すぎますよ。それに、朝比奈さんはもう限界のようですし」

「……あたしならたいじょうふすよ？」

そう言う朝比奈さんは見るからに大丈夫《だいじょうぶ》ではなかった。

「もう。しょうがないわねえ」

ハルヒは唇《くちびる》を尖《とが》らせて、酔《よ》いどれ娘《むすめ》へとにじり寄った。

「あら、コンタクトつけたままだったの？　ここはハズしとかないといけない場面よ」

朝比奈さんの後頭部をぽかりと叩《たた》く。

「いっ……いたい」と朝比奈さんは頭を押さえる。

「ダメじゃないのみくるちゃん！　こうして頭を叩かれたら目からコンタクトを飛び出させないと。じゃあもう一度、れんしゅう」

ぽかり。

「いたっ」

ぽかり。

「……ひい」と朝比奈さんはぎゅっと目を閉じる。

「やめろバカ」と俺はハルヒの手を握《にぎ》って制止した。「なにが練習だ。これのどこが演出なんだ？　何が面白いんだよ」

「なによ、止めないでよ。これも約束事の一つなのっ！」

「誰との約束だそれは。ちっとも面白くない。つまらん。朝比奈さんはお前のオモチャじゃねえぞ」

「あたしが決めたの。みくるちゃんはあたしのオモチャなのよ！」

聞いた瞬間《しゅんかん》、俺の頭に血が上った。視界が赤く染まったような気すらした。本気で頭に来た。一瞬で衝動《しょうどう》が思考を凌駕《りょうが》する、それは無我の境地での反射的行動だと言って差し支《つか》えない。

俺の手首を誰かが握っていた。古泉の野郎が目を細めて小さく首を振っている。古泉が俺の右手を止めているのを見て、俺は初めて自分が握り拳《こぶし》を振りかざしていることに気付く。俺のこの右手は、今まさにハルヒをぶん殴ろうとしていたようだった。

「何よっ……！」

ハルヒはプレアデス星団みたいな光を瞳《ひとみ》に宿しつつ、俺を睨《にら》みつけていた。

「何が気に入らないって言うのよ！　あんたは言われたことしてればいいの！　あたしは団長で監督で……とにかく反抗《はんこう》は許さないからっ！」

再び俺の目の前が真っ赤になった。このクソ女。放せ古泉。動物でも人間でも、言って聞かない奴《やつ》は殴ってでも躾《しつけ》てやるべきなんだ。でないとこいつは一生このまま棘《とげ》だらけ人間として誰《だれ》からも避《さ》けられるようなアホになっちまうんだ。

「やや……やめてくらさぁいっ！」

飛び込んできたのは朝比奈さんだった。ろれつの怪《あや》しい声で、

「だめだめですっ。けんかはだめなのです……っ」

俺とハルヒの間に身体《からだ》を割り込ませた朝比奈さんは、赤い顔のままずるずると崩《くず》れ落ちた。ハルヒの膝《ひざ》に抱《だ》きつくようにして、

「うう……っぷ。みんなはなかよくしないといけません……。そうしないと……んー。ああこれきんそくでしたぁ」

くたりと朝比奈さんは、何かモゴモゴ言いながら目を閉じた。そして、すうすう寝《ね》息《いき》を立てながら眠《ねむ》り込んでしまった。

俺と古泉は坂道を歩いて下っていた。眼下に広がっているのは先ほどの溜《た》め池である。

女優が使い物にならなくなったので撮影《さつえい》は中止になった。眠る朝比奈さんを鶴屋さんに任せて俺と古泉、長門は大邸宅《だいていたく》を辞去することにしたのだが、なぜだかハルヒだけは一人で残ると言い張って俺からビデオカメラを取り上げ、すぐに背中を向けた。俺も何も言わず、雑多な荷物だけを抱《かか》えて鶴屋さんの見送りを受けることとなった。

「ごめん、キョンくん」

鶴屋さんは申しわけなさそうに、しかしすぐに笑顔《えがお》になって、

「あたしもちょっと調子に乗り過ぎちゃったよ！　みくるのことは心配しないで。後で送っていくか、なんなら泊《と》めるからっ！」

長門は門を出てすぐテクテク立ち去った。何の感想もないようだ。長門はそうだろうよ。あいつはいつだって無感想なのさ。

そして肩《かた》を並べての帰り道、黙然《もくぜん》と五分ほど歩いたところで古泉が口を開いた。

「あなたはもっと冷静な人だと思っていましたが」

俺もそのつもりだったさ。

「すでに現実がおかしくなっているのに、さらに閉鎖空間《へいさくうかん》まで生みかねない真似《まね》は慎《つつし》んでいただきたいですね」

俺の知ったことか。『機関』だか何だかいうインチキくさい秘密結社はそのためにあるんだろうが。お前たちが何とでもしたらいい。

「さっきの一件ですが、なんとか涼宮さんの無意識は自制してくれたようですね。閉鎖空間はどこにも出ていないようです。僕からのお願いです、明日には仲直りしてくださいよ」

どうしようと俺の勝手だ。お前に言われてハイそうですかと返答できるわけもない。

「まあ、それより今は、現在に彼女が影響《えいきょう》を与《あた》えている現実空間をどうにかすることを考えましょうか」

白々と、古泉は話の舳先《へさき》を変えた。俺もそれに乗ることにする。

「考えるってもな。何がどうなってこうなっているのか、俺には解《わか》らんぞ」

「簡単な理屈《りくつ》です。涼宮さんが何かを思いつくたびに、この現実は揺《ゆ》らぐのです。今までもそうだったじゃないですか」

俺は灰色の世界で破壊《はかい》の限りを尽《つ》くしていた青い巨人《きょじん》を思い出す。

「涼宮さんが何かを言い出し、我々がそれに対処する。なぜかと言えば、この世界でのそれが我々の役割だからですよ」

赤く光る球体の数々を俺は覚えている。古泉はゆったり歩きながら確信を込《こ》めたような声で言う。

「我々は涼宮ハルヒのトランキライザー、精神安定剤《ざい》です」

「そりゃあ……おまえはそうだろうが」

「あなたもですよ」

元・謎《なぞ》の転校生は崩れない微笑《びしょう》を作り続けている。

「我々は閉鎖空間が主な作業場ですが、あなたはこの現実世界担当です。あなたが涼宮さんの精神を安静にしてくれていれば、閉鎖空間も生まれませんからね。おかげさまでこの半年、僕のアルバイト出動数も減ってきています。お礼を言っておくべきでしょう」

「言わなくていい」

「そうですか。なら言いません」

坂を下り終えて県道に出る。古泉の沈黙《ちんもく》もそこまでだった。

「ところでこれから付き合ってもらいたい所があるのですが」

「いやだと言ったら？」

「すぐに着きますし、そこで何をするわけでもありませんよ。もちろん閉鎖空間へのご招待でもありません」

古泉が不意に片手を挙げた。俺たちの真横に停《と》まったのは、どこかで見たような黒《くろ》塗《ぬ》りのタクシーだった。

「話の続きですがね」

後部座席のシートに背をあずけ、古泉が言っている。俺は運転手の後頭部を眺《なが》めていた。

「現在、涼宮さんとあなたを取り巻く状況《じょうきょう》はパターン化しています。涼宮さんの気まぐれを、あなたや僕たち団員が具体化して形にするという枠組《わくぐ》みが出来上がっているのですよ」

「迷惑《めいわく》だ」

「でしょうね。ですが、このパターン化した現状がいつまで続くかは解りません。同じような事態の繰《く》り返しは、おそらく涼宮さんが嫌《きら》うものの一つでしょうから」

今は楽しんでいるようですがね、と言って緊迫《きんぱく》感に欠ける笑顔になった古泉は、

「涼宮さんのハメ外しが映画の内部だけに留《とど》まるように、何とか努力しなければなり

ません」

野球選手になるためにはバットの素振《すぶ》りや走り込みから始めればいいし、棋士《きし》を目指すなら将棋や囲碁《いご》のルールを覚えることからスタートすべきだし、期末試験でトップをとるには徹夜《てつや》で参考書を睨《にら》む志を持つところから開始すればいいかもしれない。つまり努力するための方法論が人それぞれだろうが存在するわけだ。しかし、ハルヒの脳内妄想《もうそう》を削除《さくじょ》するにはいったいどんな努力を払《はら》えばいいんだ？　やめろと言ったらむくれてクソいまいましい灰色の空間を増殖《ぞうしょく》させるだろうし、かと言って、このままホイホイと奴《やつ》の妄想に付き合っていたらその妄想が現実になりそうな気配なのだ。

どっちを取っても両極端《りょうきょくたん》だな。あいつには中庸《ちゅうよう》という概念《がいねん》がないのか。まあ、ないからこそ涼宮ハルヒはまさに涼宮ハルヒ以外の誰《だれ》でもないわけだが。

車外の風景は徐々《じょじょ》に緑が多くなってきた。蛇行《だこう》した山道をタクシーは駆《か》け上がっている。すぐに解る。昨日はバスで辿《たど》った山へ続く道だった。

やがて停車したのは、がら空きの駐車場《ちゅうしゃ》。神社の参拝客専用だ。昨日ハルヒが神主《かんぬし》と鳩《はと》に銃口《じゅうこう》を向けるという暴挙をおこなった、あの神社である。おかしいな。日曜の今日なら、もっと人がいてもよさそうなものだが。

タクシーから先に降りていた古泉が、

「涼宮さんの昨日の言葉を覚えていますか？」

あんな妄言《もうげん》の数々をいちいち覚えていられるか。

「行けば思い出しますよ。どうぞ境内《けいだい》へ」それから言い足した。「今朝にはもうこの状態だったようですよ」

角石を積み重ねて作られた階段を上がっていく。これも昨日来た道だ。ここを上がると鳥居があって、本殿《ほんでん》に続く砂利《じゃり》道があり、そこには土鳩《どばと》の群れが……。

「…………」と俺は沈黙する。

わらわらいたのは確かに鳩だった。移動式絨毯《じゅうたん》のように地面をつつき回している鳥類の一群。しかし昨日と同じ鳩たちなのかどうかは自信がない。

なぜなら、一面に広がる鳩連中の羽が一羽《わ》残らず真っ白に変わっていたからだった。

「……誰かにペンキでも塗《ぬ》られたのか」

「間違《まちが》いなく、この白い羽は鳩の身体《からだ》から生えている彼等自前のものです。染められたのでも脱色《だっしょく》でもありません」

それもたった一夜で。

「昨日のハルヒの銃撃《じゅうげき》がよほどの恐怖《きょうふ》だったんだな」

それとも誰かが大量の白鳩を持ってきて、先住の土鳩と入れ替《か》えたんじゃないのか。

「まさか。誰がそんなことをする必要があります？」

考えてみただけだ。結論はもう俺の中にある。口にしたくないんだよ。

昨日、ハルヒはこんなことを言っていた。

『できれば全部白い鳩にしたいんだけど、この際どんな色でも目をつむるわ』

つむってねえじゃねえか。

「そういうことです。これも涼宮さんの無意識のなせる業《わざ》でしょう。一日の誤差があったのは幸いですね」

エサをくれるとでも思ったか、ざわめく鳩たちが俺たちの足元に寄ってくる。他《ほか》に参拝客はいない。

「このようにですね、涼宮さんの暴走は着実に進行中なわけですよ。映画作りの弊害《へいがい》が、現実世界に押し寄せてきているのです」

朝比奈さんの目から光線やらワイヤーを出させただけでは充分《じゅうぶん》ではないのか。

「ハルヒを麻酔銃《ますいじゅう》で撃《う》つとかして文化祭が終わるまで眠《ねむ》らせておいたらいいんじゃないか？」

俺の提案を、古泉は苦笑《くしょう》でもって応《こた》えた。

「できなくはないでしょうが、目覚めてからのアフターフォローをしてくれますか？」

「いいや」

そんなサービスは俺の業務の中に入っていない。古泉は肩《かた》をすくめた。

「ではどうしましょうね」

「あいつは神様なんだろ。お前ら信者がなんとかしろよ」

わざとらしく古泉は驚《おどろ》く様子を演じた。

「涼宮さんが神ですって？　さて、誰がそんなことを言ったのですか？」

「お前じゃねえか」

「そうでしたね」

こいつこそ、ぶん殴《なぐ》るべきだろう。

古泉は笑い、お決まりのセリフ、「冗談《じょうだん》です」と言ってから、

「実際、涼宮さんを『神』と定義しても問題ないだろうとは思いますね。『機関』内の意見は大勢《たいせい》において彼女を『神』視しています。もちろん反対意見もありまして、個人的には僕も懐疑論者《かいぎろんしゃ》の一派です。と言いますのは、もし彼女が本当に神ならば、その自覚もなしにこの世界の内側に住んでいるわけがないと思えるからです。創造主というモノはどこか遠くの上の方で、我々を鳥瞰《ちょうかん》しながら奇蹟《きせき》の数々を自在におこない、我々が慌《あわ》てふためく様を冷徹《れいてつ》に観察していることでしょうから」

俺はしゃがみ込んで落ちていた羽毛を拾った。そのままの姿勢で羽を指先で回す。鳩の動きが大きくなった。すまないな、パン屑《くず》の用意はないんだ。

古泉は一人で喋《しゃべ》っている。

「僕はこう考えます」

「涼宮さんは神のごとき能力を誰かから与《あた》えられ、しかしその自覚は与えられていません。神たる存在がいるのだとしたら、涼宮さんこそがその神に選ばれた特殊《とくしゅ》な人間ということになります。あくまで人間ですよ」

あいつが人間だろうが人間外だろうが俺には大して思い入れはない。しかし、なんでハルヒにそんな無意識タネ無しマジカルパワーが、鳩を白くしたり出来る能力があるんだ。何のために。誰のために。

「さあねえ。解《わか》りませんね。あなたには解るんですか？」

こいつは誰《だれ》にケンカを売っているんだ。

「これは失礼を」と微笑《ほほえ》みつつ、古泉は言葉を継《つ》いだ。

「涼宮さんは世界を構築するものであり、同時に破壊《はかい》するものでもあります。もしかしたら我々のこの現実は失敗作なのかもしれない。その失敗した世界を修正する使命を持った者が、涼宮ハルヒという存在なのかもしれない」

言ってろ。

「となれば、つまり我々が間違っているのです。正しいのは常に涼宮さんで、彼女の行為《こうい》を邪魔《じゃま》する我々こそが、この世界の異分子、それどころか涼宮さん以外の全人類

が間違っていることになる」

　ふーん。それはたいへんだねえー。

「問題は間違った側にいる我々です。世界が正しい世界に再構築されたとき、我々は果たしてその世界の一部になることができるのでしょうか？　バグとして排除《はいじょ》されるのでしょうか？　誰にも解りません」

　解らんのなら言うな。しかも解ったような口調でな。

「しかしある意味で、今までの彼女があまり巧《うま》く世界を構築できていないのも確かです。それはですね、彼女の意識が創造の方向に向いているからですよ。涼宮さんは非常にポジティブな人です。ですが、これが逆方向へ向かえばどうなるでしょう」

　黙《だま》る気はないらしい。あきらめて俺は訊《き》いてやった。

「どうなるんだ」

「解りません。ですが、何であろうとも創《つく》るよりは壊《こわ》すほうが簡単なのです。そんなものは信じないから消え失《う》せろ、それだけでいいのですよ。そうすれば何だろうと『無い』ことになるでしょう。すべてをキャンセルできてしまいます。たとえどんなに強大な敵が現れようと、涼宮さんはその連中を否定するだけで消滅《しょうめつ》させることができます。魔法《まほう》だろうと高度な科学技術だろうと、何が相手でもね」

　だがハルヒは否定しないだろう。それはあいつが切に待ち望んでいるものだろうか

らな。

「それが困りものなんですよね」

古泉は困ってない声で囁《ささや》くように、

「涼宮さんが神なのか神に似た何かなのかは解りようもないと僕は考えますが、ただ一つ言えることがあります。もし彼女が自由に自分の力を振《ふ》るって、その結果世界が変化したとしても、変化したことに誰も気付かないだろうということです。これはちょっと凄《すご》いですよ。なぜなら、その変化は涼宮さん本人でさえ気付きようがないでしょうから」

「なぜだ」

「涼宮さんもまた世界の一部だからです。これは彼女が造物主ではないという傍証《ぼうしょう》の一つですね。世界を創りたもうた神ならば、世界の外側にいるはずです。しかし彼女は我々と同じ世界で生きている。あげく半端《はんぱ》な改変しかできないのは不自然、非常におかしな話です」

「俺にはお前のほうがおかしく見えるぜ」

古泉は無視して続きを語る。

「ですが、僕は今まで暮らしてきたこの世界が割と好きなんです。様々な社会的矛盾《むじゅん》を秘《ひ》めていたりはしますが、それは人類がいつかどうにか出来ることでしょう。問題

なのは、天動説が正解で太陽は地球の周りを回っている、みたいな改変が起きることです。涼宮さんにそんなことを信じ込ませないように、僕たちは何とかしようとしているのです。あなたもそう思ったから閉鎖空間《へいさ》から戻《もど》ってきたのでしょう？」

さあ、どうだったかな。忘れちまったよ。思い出したくない過去は封印《ふういん》することにしているのさ。

古泉は口先だけで笑った。自嘲《じちょう》のような笑《え》みだった。

「柄《がら》にもないことを言ってしまいましたね。まるで自分たちが世界を守っていると勘《かん》違《ちが》いした正義側人間のような言いぐさでした。これは失礼を」

第五章

月曜の朝は、すでにもう文化祭まで一週間を切ってるってのに相変わらずユルい空気だった。本当に文化的な祭りをする気があるのかこの学校は。もっとバタバタしてもいいんじゃないか？　いくらなんでも悠長《ゆうちょう》すぎるような気配だ。おかげでこっちはタルい。しかも教室へと歩いている途中《とちゅう》に、さらにタルくなりそうな場面が俺を待ち受けている。

俺の教室の前で、古泉が壁《かべ》にもたれて立っていた。昨日あれだけ喋《しゃべ》っといて、まだ何かあると言うのか。

「九組の演目、舞台稽古《ぶたいげいこ》が早朝からありましてね。ここにはたまたま通りかかったんですよ」

朝からお前のニヤケ面《づら》を見たりしたくはなかったが。

「どうした。あのマヌケ空間がやっぱりまた発生したとか言うんじゃないだろうな」

「いいえ。昨日はとうとう出ませんでした。どうも今の涼宮さんはイライラするより、

しょんぼりすることに忙《いそが》しいみたいですよ」

なぜだろう。

「解っておられるはずですが……。なら説明しましょう。涼宮さんは、あなただけは何があろうと自分の味方をすると思っていたのです。いろいろ文句を付けつつも、あなたは彼女の肩《かた》を持つわけです。何をしでかしたとしても、あなただけは許してくれるだろう、とね」

何が、とね、だ。あいつのすべてを許せるのは、とうの昔に殉教《じゅんきょう》した歴史上の聖人くらいだぜ。言っておくが俺は聖人でも偉人《いじん》でもない、常識的な凡人《ぼんじん》だ。

「涼宮さんとはどうなりました？」

どうもなってたまるか。あのままだ。

「元気を出すように言ってもらえませんかね？　白い鳩《はと》ならまだ可愛《かわい》いものです。このまま涼宮さんの気分が沈《しず》み続けると、神社の鳩がもっと鳩らしからぬモノに入れ替《か》わってしまうかもしれませんよ」

「何にだよ」

「それが解ったら苦労はなしです。ネトネトして複数の触手《しょくしゅ》で這《は》い回るようなものの大群が境内《けいだい》を蠢《うごめ》いていたら不気味でしょう？」

「塩を撒《ま》けばいい」

「それでは根本的な解決にはなりませんね。現在の涼宮さんは宙ぶらりんです。今までは映画撮影《さつえい》を通して積極的に現実を変容させてしまったわけですが、昨日のあなたとの一件で、いきなりベクトルが逆走してしまいました。ポジティブからネガティブへです。それで事態が収まればいいのですが、このままではより一層酷《ひど》いことになりそうなんですよ」

「それで。俺にあいつを慰《なぐさ》めろって言うのか？」

「そうややこしい話でもないでしょう。元の鞘《さや》に戻ってくれればいいだけですから」

元も何も、俺はそんな鞘に収まっていたことなんかないぞ。

「はて。あなたの頭も冷えている頃合《ころあ》いだと思っていたのですが、見込み違いでしたか？」

俺は押し黙《だま》った。

昨日カッカきちまったのは、朝比奈さんへの暴虐《ぼうぎゃく》を見かねた俺の善良なる心がそうさせた――とも限らない。カルシウムが不足していただけなのかもな。昨日の晩に牛乳一リットルほど飲んで寝《ね》て起きたら、不思議と治まったからな。プラシーボ効果かもしれないが。

かと言って、なぜ俺のほうから歩み寄らねばならんのだ。誰《だれ》がどう判断したって、あいつはハシャギ過ぎだったろうが。

古泉はえずいた猫《ねこ》みたいに喉《のど》を鳴らす笑い声を漏《も》らし、俺の肩をハタいた。

「よろしく頼《たの》みますよ。距離《きょり》的に、あなたが一番近い場所にいるのですから」

真後ろに座るハルヒとは俺が振《ふ》り向かない限り目を合わすことがない。今日は一段と空模様が気になるようで、ハルヒはほとんど窓の外を眺《なが》めていて、そのままの状態を昼休みまで続けていた。

加えて、どういう伝染病なのか、谷口までもがご機嫌《きげん》斜《なな》めだった。

「何が映画だ。昨日は行って損した」

昼休み、弁当を喰《く》いながら谷口は憎《にく》まれ口を叩《たた》いていた。休み時間のハルヒは滅多《めった》に教室におらず、今もそうだ。いたらこいつもそんなことを言えないだろう。気の小さい奴《やつ》に限って安全圏《けん》では声が大きいのさ。

「涼宮のやることだ。その映画とやらもどうせゴミみたいなものになる。決まってるぜ」

誰に言われたっていい。俺は自分が偉《えら》い人間だとは思ってないし、歴史に名を刻むこともしそうにない。片隅《かたすみ》のほうで一人ブツブツ呟《つぶや》いているような人間だ。自分じゃ料理も出来ないのに母親の作った食い物にイチャモンをつけるようなことが得意だ。

だがこれだけは言っておきたい。ので、俺は言った。

「お前にだけは言われたくないぜ」

谷口、お前は何をやっている？　少なくともハルヒは文化祭に参加して何かをしようとしている。迷惑千万《めいわくせんばん》なことにしかならないだろうが、少なくとも何もしないで文句だけ言ってる奴よりマシだ。このアホめが。全国の谷口さんに謝るがいい。貴様と同じ名字であることはお前以外の谷口さんたちにとって不愉快《ふゆかい》でしかないぞ。

「まあまあキョン」

国木田が間に入った。

「彼はスネてるんだよ。ほんとは涼宮さんたちともっと遊びたいんだ。キョンがうらやましいんだよ」

「んなこたぁねえ」と谷口は国木田を睨《にら》んだ。「俺はあんなアホ集団の仲間入りをする気はねえ」

「誘《さそ》われたらついていくクセに？　昨日だって喜んでたじゃん。どっか出かける予定をキャンセルしてまでさ」

「言うな、バカ」

谷口が不機嫌なのはそのせいだったのか。せっかくの予定をすっ飛ばして来たと思ったら、ほとんど映してもらえないまま退場を宣告されたのだからな。池にまで落ちていた。なるほど、同情に値《あたい》するかもしれない。だが俺はそんな気にはなれないね。なぜなら、俺は俺で腹を立てていたからだ。

ハルヒの映画が目も当てられないほど下らないものになるのは俺にも解《わか》っている。いつもの後先考えない全力疾走《しっそう》をやってるわけだから、その日その時間に撮《と》りたいと思ったことを撮っているだけ、繋《つな》がりも演出も何にもなしだ。それで凄《すご》い映画が出来上がったりしたら、それは天才の仕業《しわざ》で、そして俺の見たところハルヒに監督《かんとく》の才はない。だからと言って、それを他人から指摘《してき》されるのは——さて、なんで腹立つのかと言うと……。

「どうしたのさキョン。今日は涼宮さんもいつもより機嫌悪そうだしさ。何かあったの？」

国木田の声を聞きながら俺は考えていた。

俺も谷口と同じだ。ハルヒの言うがままにへいこらしてはブツブツ言ってるだけだ。俺がこいつに感じたことは、そっくり俺自身にも当てはまる。ハルヒのやることなすことにツッコミを入れて回りうんざりする気分になるのは……、だから俺の仕事である。俺だけの役割だ。他人に譲《ゆず》るつもりがないのではなく、そういうことになっているのだ。

むしゃくしゃした気分で喰う飯のなんと美味《うま》くないことか。これでは作ってくれた母親に悪い。くそ、谷口のゲロハゲ野郎《やろう》。お前が余計なことを言うからだぞ。だから、俺はこれからのちのち後悔《こうかい》するようなことをしたくなってきたじゃねえか。

俺は何をしたか。

弁当箱にフタをすると、そのまま教室を飛び出したのだ。

ハルヒは文芸部室にいて、ビデオカメラとパソコンを繋いで何かをやっているようだったが、俺がいきなり扉《とびら》を開けたのを見て、驚《おどろ》いたように顔を上げた。左手に持ってるのはカレーパンか。

そのパンを慌《あわ》てたように放《ほう》り出し、後ろに手を伸《の》ばして髪《かみ》を触《さわ》っている——と思ったら、はらりと黒髪がほどけた。理由は知らないがくくっていた後ろ髪を慌てて解いたらしい。よく見ていなかったし、そんなことは後で考えればいいことだ。俺は今言わなければならないことを言った。

「おい、ハルヒ」

「なによ」

ハルヒは戦闘《せんとう》態勢に移行しつつある猫《ねこ》のような顔でいる。その顔に、俺は言ってしまった。

「この映画は絶対成功させよう」

勢いというやつだ。一年に二回くらいは俺だってハイになる時がある。昨日頭に来たのだってそのせいだ。たまたまそれにかち合ってしまったのだよ。それが今日は古

泉の妙《みょう》な話やら谷口のアホ面《づら》やらハルヒの鬱顔《うつがお》が何かこう、こんがらがって俺もガタガタになってしまっていたのだ。この衝動《しょうどう》を放っておけば教室のガラスを叩き割って歩いてしまうかもしれないので、ここで解消しておくことにしたわけだよ。なんで俺はこんな言いわけをしているんだろうね。

「む」

と、ハルヒは言った。そして、

「当然よ。あたしが監督するんだからね。成功は約束されているの。あんたに言われるまでもないわよ」

何という単純さ。少しは殊勝《しゅしょう》な顔でも見せるかと思ったが、ハルヒの意味不明なまでに爛々《らんらん》と輝《かがや》く瞳《ひとみ》は、どこから充塡《じゅうてん》したものか再び自信の炎《ほのお》が見え隠《かく》れするようになっていた。簡単すぎる。高レベルの回復魔法《まほう》を延々自分にかけ続ける中ボス程度の厄《やっ》介《かい》さだが、俺は気にしない。必要なのはバランスだ。弱々しい奴《やつ》を一撃《いちげき》で葬《ほうむ》り去ってオワリみたいなゲームは……何と言ったっけ、そう、カタルシスとやらがないのさ。意味はよく解らないしそもそも意味なんてないわけで、すなわち俺は、元気のないハルヒなんか不気味なので見たくはないのだ。こいつは常に果てしなく無意味かつ根拠《こんきょ》なし目的地なしの脳内千メートルダッシュしているくらいがちょうどいい。変に立ち止まると余計にわけわっからんことを無意識にやっちまうみたいだしな。それだけ。

……と、この時の俺は思っていたらしい。

その日の放課後である。

「もう少し他《ほか》に言い様はなかったのですか？」と古泉は言い、

「すまん」と俺は答えた。

「元気づけるとしてもですね、もっとこう……当たり障《さわ》りのないものにして欲しかったんですが」

「……すまん」

「元に戻《もど》ったと言うより、さらにパワフルになってますよ？」

「…………」

「これでは隠しようがありませんね」

反省しきりの俺に、古泉は穏《おだ》やかな色を浮《う》かべた目を向けた。非難しているわけではなさそうだが、その声はどことなく憂《うれ》いの音階を帯びている。そうだろうな、事態は確実に悪化しているようで、どうもそれは俺のせいらしい。

なんでかって？　知るか。

桜が満開になっていた。ここは川沿いの桜並木通り、朝比奈さんが俺に正体を明か

してくれたあの遊歩道だ。再確認《さいかくにん》しておこう、今は秋だ。確かにまだ残暑の名残《なごり》が消え去っていないとはいえ、普通《ふつう》に考えて日本ではソメイヨシノは春に咲《さ》くものだ。少々のフライングならば許してやってもいいが、半年ばかり早い。太陽のバカさ加減に桜まで付き合うことはないだろう。

花吹雪《はなふぶき》が舞《ま》う中で、ハルヒ一人がエンジン全開だった。キワキワウェイトレス姿の朝比奈さんがよちよちわたわたしているのは、時季外れの花見客がそこら中《じゅう》にいるせいだな。

「なんて都合がいいのかしら！　なんとなく桜の画《え》が欲しいなあって思っていたのよ。素晴《すば》らしいタイミングの異常気象ね！」

ハルヒは口角泡《こうかくあわ》を飛ばし、朝比奈さんに無体なポージングを強制していた。

ダメだね、やっぱり。人間、一時の感情で何かやってしまうとそれは必ず未来の自分に跳《は》ね返ってくるもので、現に俺はこの半年間ずっと似たようなことばかり反省している気がする。「あの時ああすればよかった」ではなく「するんじゃなかった」という実に後ろ向きな一人反省大会だ。誰《だれ》か銃《じゅう》を貸してくれ。モデルガンじゃないやつを。

桜の木々は昼すぎに蕾《つぼみ》を膨《ふく》らませ、夕方には満開になっていたそうだ。秋の椿事《ちんじ》として、地元のローカル局が中継《ちゅうけい》にまで来ている。たまにはこんなこともあると思ってもらいたいね。近年の地球規模な異常気象が遠因だ。そういうことにしておけ。な？

「涼宮さんはそう思っているようですね」

少し前まで朝比奈さんと肩《かた》を並べて川縁《かわべり》を歩いていた古泉が言う。外面だけはいいこいつとすべてがいい朝比奈さんのツーショットは、世の男性にとっては苛立《いらだ》たしくなる効果しかないだろうと思えるくらいのハマリ役であって、俺を不機嫌《ふきげん》にさせた。

長門は花吹雪にさしたる感想もなく、また表情もなく、体内時計の狂《くる》った桜たちを漠《ばく》たる目で眺《なが》めている。黒マントの上にピンクの花びらが数枚くっついて、ほんの少しのアクセントを演出していた。白鳩《しろばと》のことをこいつは知っているのだろうか。

「そだ！　猫《ねこ》を捕《つか》まえましょう！」

突然《とつぜん》、ハルヒが言い出した。

「魔女に使い魔がいるのよ。それは猫が一番しっくりくるわ！　どこかに黒い猫落ちてない？　毛並みのいいやつ」

待てよな。長門の初期設定は悪い宇宙人じゃなかったか？

「いいから猫よ！　あたしのイメージではそうなってるのよ。猫のいそうな場所ってどこかしらね」

「ペットショップだろうよ」

俺のおざなり返答に、ハルヒは珍《めずら》しく妥協《だきょう》するようなことを言った。

「野良《のら》猫でいいのよ。売り猫や飼い猫は借りたり返したりするの面倒《めんどう》だしね。どこか

の空き地に行けば猫がたまっている場所があるんじゃない？　有希、知らない？」

「知っている」

長門は僅《わず》かなうなずきを返し、俺たちを約束の地に導く宗教的指導者のような足取りで歩き始めた。長門に知らないことなんかないんだろう。五年くらい前に俺が失《な》くした小銭入れの在処《ありか》も訊《き》いたら教えてくれるかもしれんな。当時の俺の全財産で、五百円くらいは入っていたと思う。

徒歩で十五分ほど移動した後の到達《とうたつ》地点は、長門が一人暮らしをしている豪華《ごうか》マンションの裏だった。手入れの行き届いた芝生《しばふ》が広がり、周囲を植木が覆《おお》って外からの視線を遮断《しゃだん》している。そこに何匹《びき》もの猫たちが群れていた。野良猫らしいが人慣れしている奴《やつ》らばかりで、近寄っても逃《に》げようとしない。エサでもくれると思ったのか、足元にまとわりついてくるほどである。そのうちの一匹をハルヒは持ち上げた。

「黒猫いないわねえ。いいわ、この猫で」

三毛猫で、貴重なことにオスだった。しかしハルヒはそれがどのくらい珍しいのか知らないようで、無作為抽出《むさくいちゅうしゅつ》の結果に驚《おどろ》くこともなく、

「さあ、有希。これがあなたの相棒よ。仲良くしなさいね」

ハルヒの抱《だ》き上げた三毛猫を長門は黙《だま》って受け取った。路上でティッシュを渡《わた》されたような無感動ぶりで、猫のほうも無感動に渡されている。

すぐさまこの場で撮影《さつえい》が再開された。マンションの裏側だ。もう場所なんかどこでもいいらしい。俺のビデオカメラに詰《つ》まっているのは、ブッ切れの思いつきカットばかりとなっている。これを編集してまともな一本の話にするのは、さて俺の仕事なんじゃないだろうな。

「有希、みくるちゃんに攻撃《こうげき》よ！」

ハルヒの指令に、長門は変な姿勢のままうなずいた。猫を左肩《ひだりかた》に乗せている黒い衣《い》装《しょう》の魔法使《まほうつか》いである。どう見ても猫のほうが重量オーバーだった。三毛猫がおとなしく長門にしがみついているのはいいが、長門は首だけでなく身体《からだ》全体を傾《かたむ》けて猫が落ちないようにバランスを取っていた。その不自然な体勢を保ちつつ、朝比奈さんに棒を振《ふ》る。

「くらうがいい」

多分このシーンでは長門の棒から不可思議な光線が出ていることになっているのだろう。

「……ひー」

と、朝比奈さんは悶《もだ》える演技。

「はいカット！」

満足そうにハルヒは叫《さけ》び、俺は録画停止。古泉はレフ板を降ろす。

「その猫、喋《しゃべ》ることにするわ。魔法使いの飼い猫だもの、皮肉の一つくらいは言うわよね！」

とんでもない。

「あなたの名前はシャミセンよ。ほらシャミセン、何か話しなさい！」

話すわけない。と言うか、話さないでくれ。

俺の願いが天に届いたのか、シャミセンなる不吉《ふきつ》な命名を受けた三毛猫は突然日本語を喋り出すことなく、尻尾《しっぽ》の毛繕《けづくろ》いを始めてハルヒの命令をシカトしていた。当たり前のことなのだが、ホッとする。

「順調ね」

今日撮《と》った映像を再確認《さいかくにん》しながら、ハルヒは満足げに笑っていた。午前中までの表情が嘘《うそ》のようだ。切り替《か》えが早いってのはいいことだよな。それだけは感心してやっていい。

「キョン、その猫の世話はあんたに任せるわ」

ディレクターズチェアを折り畳《たた》み、無体なことを俺に命じた。

「家に連れ帰って歓待《かんたい》してあげなさい。これからの撮影に必要だからね、ちゃんと手なずけておくのよ。明日までに芸の一つを仕込んでおいて。そうね、火の輪くぐりとか」

長門の肩《かた》に乗ってじっとしてるだけでも、猫としては上出来な部類に入るだろう。

「今日はここまでね。明日から大詰《おおづ》めよ！　いよいよクライマックスへ撮影快調、体調は万全《ばんぜん》だわ！　みんなゆっくり休んで明日に備えなさい」

メガホンを振りつつ解散を宣言したハルヒは『ブレードランナー』のエンディングテーマをハミングしながら一人で帰っていった。

「ふー」

ため息でユニゾンを奏《かな》でる俺と朝比奈さんである。他《ほか》の二人、古泉はレフ板を小脇《こわき》に抱《かか》えて帰り支度《じたく》を始め、長門はシャミセンに、インクの切れたボールペンを見るような目を落としていた。

俺は腰《こし》を曲げて三毛猫の頭を撫《な》でてやる。

「ごくろうだったな。後で猫缶《ねこかん》を奢《おご》ってやるよ。それとも煮干《にぼ》しがいいか？」

「どちらでも構わない」

朗々たるバリトンがそんなセリフを吐《は》いた。この場にいる誰《だれ》の声でもない。俺は古泉と朝比奈さんがポカンとしているのを見て、長門の無表情を見た。三人とも、同じ所に視線を向けている。俺の足元に。

そこには三毛猫がいて、丸い黒目で俺を見上げていた。

「おいおい」と俺は言った。「今のは長門か？　俺はお前に訊いたんじゃないぞ。猫に訊いたんだ」

「私もそのつもりだった。故《ゆえ》に返事をした。私は何か間違《まちが》ったことを言ったのだろうか」

と、猫が喋った。


「弱りましたね」

これは古泉である。

「びっくりです。猫さんが言葉をしゃべるなんて……」

これは朝比奈さんである。

「…………」

長門は沈黙《ちんもく》していて、シャミセンを抱えて立っている。そのシャミセンは、

「私にはキミたちがなぜ驚《おどろ》いているのかが解《わか》らない」

とか言って、長門の肩にしがみついていた。

化け猫、猫又《ねこまた》の類《たぐい》だ。何年生きたらこうなるんだっけ。

「それも私には解らない。私にとって時間の感覚など存在しないに等しい。今がいつなのか、いつが過去なのか、私には興味のないことだ」

猫が喋り出すだけでも相当アレなのに、微妙《びみょう》に観念的なことをほざいている。肉球付きの分際で生意気な。三味線屋はどこにあるのだろう。タウンページに載《の》ってるかな？

「確かに私はキミにとってヒトの言葉に聞こえるかのような音を出しているかもしれん。だが、オウムやインコの類でもそれくらいのことはするではないか。何をもって、キミは私が言葉通りの意味をこめた音声を発しているのだと確認するのか」

何言ってんだ、こいつ。

「そりゃあれだ。ちゃんと俺の問いかけに答えているからだ」

「私が発している音声が、たまたま偶然《ぐうぜん》にもキミの質問に対する応答に合致《がっち》しているだけかもしれないではないか」

「そんなのがまかり通れば、人間同士でも会話が成立していない場合があることになるじゃねえか」

俺はなんで猫相手にこんな真面目《まじめ》なことを言ってるのかね？　三毛野良《のら》シャミセンはぺろりと前脚《まえあし》を舐《な》め、耳の下を掻《か》く。

「まったくその通りだ。キミとそちらのお嬢《じょう》さんがあたかも会話しているかのような行為《こうい》を働いてたとして、それが正しい意思伝達をおこなっているかどうかなど、誰にも解らないのだ」

やたら渋《しぶ》い声で言うシャミセンだった。

「誰しも本音と立て前を使い分けていますからね」と古泉。

お前は黙《だま》ってろ。

「言われてみればそうです……よね」と朝比奈さん。

すみませんが、あなたも黙っていてくださいませんか。

芝生《しばふ》に転がっていた猫どもを一匹《ぴき》一匹取り調べてみた。シャミセン以外の猫たちは「みい」や「にゃあ」や「うー」くらいしか話さないことが判明し、どうやらこのオス三毛猫のみがなぜか唐突《とうとつ》にヒト言語発声能力を獲得《かくとく》したらしいのである。なぜか？

あのバカのせいだ。


「現況《げんきょう》は、あまりよろしくないようですね」

優雅《ゆうが》にマグカップを口元に運びながら古泉が口火を切った。

「僕たちはまだまだ涼宮さんを過小評価していたようです」

「どういうことですか？」と朝比奈さんが忍《しの》び声。

「涼宮さんの映画内設定が世界の常識として固定される恐《おそ》れが出てきたのですよ。彼女が思い描《えが》く映画の内容が現実化し、そのままそれが普通《ふつう》の情景になってしまうのです。朝比奈さんがレーザーを出したり猫が喋《しゃべ》り出したりね。もし彼女が『巨大隕石《きょだいいんせき》が落下してくるシーンを撮《と》りたい』と思えば、本当に実現するかもしれません」

現在、ハルヒを除くSOS団の四人が集合しているのは駅前の喫茶店《きっさてん》である。対ハ

ルヒ対策の緊急《きんきゅう》合同対策本部の設置を提唱した古泉に、全員が賛成した。どうやら真剣《しんけん》に、ことは風雲急を告げる具合になっているようだった。見た目は高校生数人の他愛《たわい》のない談笑《だんしょう》で（笑っているのは古泉だけだったが）、やってることは特撮《とくさつ》ヒーローものの悪役幹部が正義側の必殺技《わざ》を封《ふう》じるための相談をしているような胡散臭《うさんくさ》さ溢《あふ》れる会合なのだが。ちなみにシャミセンは、店の外の植え込みで待っているように、それから決して他人に話しかけたり応じたりしないよう申しつけてやった。特に不満の色もなく、「よかろう」と応《こた》えた猫は素直《すなお》に道ばたの常緑樹の木陰《こかげ》に身を隠《かく》すようにうずくまり、我々を見送った。

「どうなるんでしょうか……」

一際《ひときわ》深刻なのは朝比奈さんだった。気の毒なことに相当ヨレている。ハルヒ映画のおかげで一番神経を病《や》んでいるのは彼女だな。長門はデフォルトの無表情を崩《くず》さない。恰好《かっこう》も黒ずくめのままである。

古泉がホットオーレを啜《すす》り込みながら言っている。

「一つ解っているのは、このまま涼宮さんを放《ほう》っておくわけにはいかないということです」

「そんなもんはお前に言われるまでもねーよ」

俺はお冷やを一気飲みした。注文したアップルティーはすでに飲み干している。

「だから、どうやってハルヒを止めるのかを問題にしてるんじゃないか」

「どうやってと言いましても、今頃《いまごろ》になって映画撮影《さつえい》を中止させることが誰《だれ》に可能でしょうか。少なくとも、僕には自信がありません」

もちろん俺にもない。

いったんエンジンがかかったが最後、ハルヒはスイッチを切らない限りどこまでも走っていってしまうのである。泳ぎを止めると死ぬ魚の一種なのかもな。系図を辿《たど》っていけばあいつの祖先にマグロかカツオがいるに違《ちが》いない。

長門は何も考えていないような顔でシナモンティーを黙々《もくもく》と飲んでいる。本当に何も考えていないのかもしれないが、すべてを解《わか》っているから考える必要もないのかもしれないし、ただの極端《きょくたん》な口べたなのかもしれない。こいつばっかりは半年経《た》っても考えてることがさっぱり解らない。

「長門、お前はどう思うんだ。何か意見はないのか？」

「…………」

音を立てずに受け皿へとカップを戻《もど》した長門は、なめらかな動きで俺を見た。

「前回と違って涼宮ハルヒはこの世界から消えていない」

フリーズドライしたような声だった。

「それだけで充分《じゅうぶん》だと情報統合思念体は判断している」

古泉が優雅に額を押さえた。

「しかし僕たちは困るのですが」

「我々は困らない。むしろ観測対象に変化が発生したのは歓迎《かんげい》すべきこと」

「そうですか」

あっさり長門に見切りをつけて、古泉は再び俺に顔を向けた。

「では涼宮さんの映画がどのようなジャンルのものになるのか、それを決定づける必要がありますね」

さあ、またこいつはわけの解らないことを言い出すつもりだぞ。

「物語の構造は大まかに分けて三つに分類することが出来ます。物語世界の枠組《わくぐ》みの中で進むか、枠組みを破壊《はかい》して新たな枠組みを作り上げるか、破壊した枠組みをまた元通りに直してしまうか」

やっぱり演説を始めやがった。はあ？　何言ってるのこの人？　みたいなもんだ。

朝比奈さんも、そんな真面目《まじめ》な顔で聴《き》くもんじゃないですよ。

「ところで我々は枠組みの中にいるのですから、この世界を知るには論理的思考を働かせて推測するか、観測によって知覚しなければなりません」

枠組みってな、何のことだ。

「たとえば我々のこの『現実』を考えてみましょう。僕たちがこうして生活している世

界のことです。対して、涼宮さんの撮っている映画は我々にとってフィクションです」

当たり前だろ。

「我々が問題視しているのは、そのフィクション内での出来事が『現実』に影響《えいきょう》を及《およ》ぼしているからです」

ミラクルミクルアイ、鳩《はと》、桜、猫《ねこ》。

「虚構《きょこう》による現実への侵食《しんしょく》を防がねばなりません」

なんだか古泉はこういうことを話す時には元気になるみたいだな。やけに晴れやかな顔をしている。反抗《はんこう》して俺は曇《くも》った表情を浮《う》かべることにする。

「涼宮さんの異能力が映画作りというフィルターを通して顕在《けんざい》化しているわけです。これを防ぐ手段は、『フィクションはあくまでフィクションに過ぎない』、ということを涼宮さんに解らせることなのです。今の彼女は、この垣根《かきね》を無意識のうちに曖昧《あいまい》化させていますから」

よほど調子に乗っているんだな。

「フィクションでの出来事が事実ではないということを論理的手続きによって証明することが必要です。我々はこの映画を合理的に落ち着くよう誘導《ゆうどう》しなければなりません」

「猫が喋《しゃべ》るのをどう正当化すればいいんだよ？」

「正当化というのは違いますね。それでは結局、猫が喋り出す世界が構築されること

になってしまいます。我々の『現実』では猫は喋りません。喋る猫のどこかに何らかの間違いがあったことにしなければマズいのです。なぜなら猫の喋る世界は、我々の世界にはあり得ないものの一つなのですから」

「宇宙人と未来人とＥＳＰはあり得てもいいのか？」

「ええ、もちろん。だって現に存在していましたからね。我々の世界ではそれが普通《ふつう》です。ただし涼宮さんには知られてはいけない、という条件付きの」

そうなのか？

「もし我々の世界をどこか遠くから眺《なが》めている存在がいたとしましょう。その彼ないし彼女にとっての『現実』世界が、以前のあなたのように超常《ちょうじょう》的な超自然現象のない世界――宇宙人も未来人も超能力者もいない世界です――だとしたら、この我々の『現実』はまさにフィクショナルな世界に見えることでしょうね」

それがお前の言う神様の正体か。

「でもそれはあくまで外側から見た場合でのことです。あなたはすでにこの世界に超自然的存在――つまり僕とか長門さんです――が、ちゃんといることを知ってしまっている。その世界で生きている以上、あなたもまた枠組みの中で現実を認識《にんしき》するしかないのです。あなたの現実認識は、一年前と今ではすでに違《ちが》うものになっているはずですよ」

知らないままのほうがよかったかもしれないな。

「それはどうでしょうね。まあ、一つ言えることがあります。涼宮さんは以前のあなたと同じ状態です。つまりまだ現実認識が変化するまでにいたっていない。口では色々なことを言いつつも、心の奥底では超自然的存在を信じていないわけです。彼女が見たものと言えば閉鎖《へいさ》空間と《神人》ですが、涼宮さんはあの時のことを夢だと思っている。夢は虚構です。なので、この『現実』はまだ我々にとっての現実として形を留《とど》めているというわけですよ」

するってーと。

「ええ、ですからこのまま虚構が現実化していき、涼宮さんがそれらを『現実』だと認識すれば、まさに喋る猫の存在は『現実』の一つとして取り込まれます。猫が喋るなんておかしなことですから、喋る猫の存在を現実化するには世界そのものの再構築が必要です。猫が喋ってもおかしくない世界を、涼宮さんは作り上げようとするでしょう。おそらくSF的な世界観にはなりませんね。彼女の思考パターンから言って、そんな面倒《めんどう》なことをするとは思えません。世界は一気にファンタジーの論理が支配するものになるでしょう。猫が喋ることに何の理屈《りくつ》もいらないわけです。喋る猫がいる、というただその事実のみで充分《じゅうぶん》なのですよ。なぜ猫が喋るのかというエクスキューズは皆無《かいむ》です。なぜなら猫とはもともと喋る動物だったことになるのですからね」

古泉はマグカップを置いて、陶器《とうき》の縁《ふち》を指でなぞる。

「それでは困るわけです。今まで世界を構築していた概念《がいねん》がひっくりかえるからですよ。僕は人類の観測結果と思考実験をそれなりに尊重しています。その上で、何もしてないのに自然に喋りだす猫というものは観測もされていなければ予想もされていません。我々のこの世界にいてはおかしい存在なのです」

お前たちはどうなるんだよ。超能力者だって似たようなものだろう。

「ええ、ですから我々もまた、世界にとっては既定《きてい》の法則を揺《ゆ》るがす異物です。我々が存在するのは涼宮さんのおかげでしょうね。ということは、この喋る猫もそうでしょう。彼女が映画に登場させようと考えた、まさにその存在です。どうやらですね、涼宮さんが作ろうとしている映画の内容と、この現実世界がリンクしようとしているようだ、ということが解《わか》るのですよ」

解ったところでなあ。なんとかならないのか。

「それにはまず、映画のジャンルを決定する必要があるのです」

いい加減にしろと言いたいね。独りよがりな熱弁を振《ふ》るうのは、そりゃ本人は楽しいかもしれないが少しは聞いている身にもなれ。全校朝礼の校長訓辞に匹敵《ひってき》するウザさだぜ。見ろ、朝比奈さんもさっきから変に暗い顔になってるじゃないか。

しかし古泉はまだ喋《しゃべ》り足りないようで、

「もしこれがファンタジー世界での出来事なら、猫が喋ったり朝比奈さんが目からビームを出したりなどの現象には何の説明もいりません。その世界は、『もともとそういうふうになっている世界』だからです」

俺は窓の外へ視線を移動し、シャミセンがまだそこにいることを確かめた。

「ですが、喋る猫やミクルビームが存在することに何らかの理由があれば、その時点で別の世界が見えてきます。我々が知らなかっただけで猫が喋ったり朝比奈さんがビームを出したりする現実は確かにあったのだ、ということになるのです。観測によって存在証明ができたわけです。しかしその瞬間《しゅんかん》、我々の世界は変容します。超常現象がない世界から超常現象を内包した世界を認識し直さなければならないのです。我々の知っていた現実世界は、実は偽《いつわ》りのものだったことになるのですから」

俺はため息をついた。どうやってもこいつは語りを止《や》めないらしいな。

つまり猫が喋るには喋るだけの理屈がいると、そう言いたいのか。でもそれならお前や長門や朝比奈さんはどうなるんだ。お前と彼女たちだって充分に超自然現象に分類されるんじゃないのか？

「あなたにとってはそうでしょう。自明の理のはずです。あなたにとって世界はすでに変容しています。高校に入学したばかりのあなたと現在のあなたでは、認識《にんしき》している世界はとっくに別物なのではないですか？　あなたの現実認識は、もはや以前のモ

ノとは違っています。そしてあなたは新しい現実を認識しているんじゃないんですか？　我々のような存在が確かにいることを、あなたはもう解っているでしょう」

「俺に何を解れと？」

「映画の話に戻《もど》りますが、今のところ涼宮さんが作ろうとしているのは、おそらくファンタジーに分類されるもののようです。この映画の中では、猫《ねこ》が喋るのも朝比奈さんや長門さんが魔《ま》法《ほう》じみた力を使うのも何の理由もいりません。ただそうなっている、それで充分なのです」

じゃあ、化け猫や未来人ウェイトレスや悪い魔法使いに存在意義を与《あた》えてやればいいのか。

「ところがそうもいかないのですよ。それどころか、存在意義など与えてしまってはそっちのほうが困るんです。観測者が物語のスタート時と結末時で『物語内の世界が変化』したことを確認してしまえば、まさに存在を認めることになりますからね。喋る猫が存在してもいい、というふうに世界のほうを変えてしまうのですよ。僕はこれ以上世界がややこしくなるのはあんまり歓迎《かんげい》しませんね」

俺だって歓迎しない。長門サイドくらいだろうな、困らないのは。

「先ほど僕はジャンルを決定する必要があると言いましたが、ここでとあるジャンルに登場願えればいいのです。そのジャンルは、すべての謎《なぞ》や超《ちょう》自然現象を解体し、合

理的なオチをつけることによって、歪《ゆが》みかけた世界を元通りの世界に引き戻す性質を持っています。物語のスタート時にあった世界が結末時において復活し、謎のような現象はすべて合理的に解消する働きを持つ唯一《ゆいいつ》のジャンルがあるのですよ」

何だ。

「ミステリですよ。特に本格ミステリと呼ばれるものの一部です。このジャンルの方法論を使えば、あたかも信じがたいように思えた現象はその通り、ただ『信じがたいように思えた』というだけで、なにもわざわざ超自然現象を持ち出さなくともよいことになります。喋る猫も朝比奈必殺ビームも、何かのトリックであったということにしてしまえばいいわけですから。我々の現実は変容することはないでしょう」

喫茶店《きっさてん》のウェイトレスが、朝比奈さんを意識して無視するような感じで全員のカップを下げに来た。その姿が去るのを待って、古泉は、

「人語を話す猫がいるというのは明らかにこの世界の常識ではありません。にもかかわらず、ここに喋る猫は存在します。存在するはずのないモノが存在するわけです。これは我々の世界にとって非常に不都合なことです」

水の入ったグラスに付着した水滴《すいてき》を指で弾《はじ》きながら、

「事態を解決するには、この映画に合理的なオチをつけなければなりません。猫が喋ったり、未来人がいたり、魔法使いの宇宙人がいることに対する、論理的に万民《ばんみん》が――

というより涼宮さんが——納得《なっとく》する結末です」

「あるか？　そんなの」

「ありますよ。ごくごく簡単で、それまでの理屈《りくつ》に合わない展開を一気に常識的なものへ転化する結末がね」

言ってみろ。

「夢オチです」

「…………」

沈黙《ちんもく》が訪《おとず》れた。全員の間に平等に。やがて古泉は言った。

「冗談《じょうだん》を言ったつもりはなかったのですが……」

前髪《まえがみ》をつまんで指に絡《から》めている優男《やさおとこ》に、俺は侮蔑《ぶべつ》を込《こ》めた視線を突《つ》き刺《さ》した。

「ハルヒがそれで納得すると思うか？　あいつは嘘《うそ》か誠かは別として、けっこう本気で何らかの賞を狙《ねら》っているらしいぞ。それが夢オチだ？　いくらあいつがアホでも、そこまで突き抜《ぬ》けたアホな映画にはしないと思うぜ」

「彼女がどう思うかではなく、我々の都合に合わせたオチを考えた結果です。映画の内容がすべて夢、嘘、間違《まちが》いだったということを作品内で自己言及《げんきゅう》するのが、一番よい解決法なのですよ」

お前にとってはそうだろう。俺にとってもそのほうがいいのかもしれない。しかし

ハルヒはどうだろう。ひょっとしたらあいつの頭の中には、途方《とほう》もなく自画自賛すべきラストシーンが出来上がっているのかもしれんぞ。

それに俺はもう夢がどうしたとかいうような話には二度と触《ふ》れたくないのだ。ついでにお前のクソ面白《おもしろ》くもない独断的事情説明にもな。


自宅への帰り道にホームセンターに寄った。一番安い猫用トイレ一式と特売の猫缶《ねこかん》を購入《こうにゅう》し、一応領収書も貰《もら》って外に出る。シャミセンは前脚《まえあし》で顔を洗いながら待っていた。俺は歩き出し、猫もついてくる。

「いいか、家では一言も喋《しゃべ》るな。ちゃんと猫らしくしていろ」

「猫らしく、という言葉の意味は解《わか》らないが、キミがそのように言うのなら従おう」

「喋るな。返事は、にゃあ、で統一しろ」

「にゃあ」

連れて帰った野良《のら》猫を見て妹と母親は目を丸くした。俺は考えておいた嘘話、「こいつの飼い主である知人がしばらく旅行にいくことになったので一週間ほど預かることになった」と説明し、快諾《かいだく》を得た。特に妹は喜び勇み、シャミセンの身体中《からだじゅう》をぺたぺた触《さわ》っている。化け猫のほうはおとなしく「にゃあ」と鳴くのみだった。それはそ

れであまり猫らしくないかな。

無事に夜が明けた。今日も俺は学校に行かねばならない。置いていくのも心配なのでシャミセンも連れて行く。スポーツバッグの中に入るよう促《うなが》した俺に、シャミセンは「まあ、よいだろう」と偉《えら》そうに言って納まった。校門の近くで出してやることにしよう。

文化祭まで残り数日となった我が校だが、まるでハルヒのテンションに連動するかのように、雑然たる雰囲気《ふんいき》を着実に増大させていた。昨日までの無気力ぶりはなんだったのかと思えるくらいである。

朝っぱらからあちこちで鳴り物やら歌声やらが聞こえるし、看板や立て札みたいなものを作っている連中もそこら中にいるし、何をするつもりか不可解な衣装《いしょう》を着た一団もウロウロしている。このぶんでは異世界人の一人二人が混じっていたとしても不思議ではなくなってきた感じだ。やる気ゼロなのは一年五組だけだったのだろうか。このクラスのやる気の全部をハルヒが吸い取りでもしているのかもしれないな。

俺が教室に入ると、すでにハルヒは着席しておりノートにわしわし書き殴《なぐ》りをおこなっていた。

「ようやく脚本《きゃくほん》を書く気になったのか?」

自分の席に着きながら尋《たず》ねる。ハルヒはふふんと鼻を鳴らしてくいっと顎《あご》を上げた。

「違うわよ。これは映画のキャッチコピー」

「見せてみろ」

ノートを取り上げて目を走らせる。

『朝比奈みくるの秘蔵丸秘極秘《ごくひ》映像満載《まんさい》! 見ないと絶対後悔《こうかい》後の祭り! SOS団プレゼンツでお送りする今年最大の話題作! 雲霞《うんか》のごとく押し寄せよ!』

いたずらに扇情《せんじょう》的なだけだとか今年はあと二ヶ月くらいしか残っていないとかいうツッコミは封印《ふういん》してやってもいいが、これでは朝比奈さんが出ているということしか解らない。このコピーを読んでどんな映画なのか想像できる人間がいたら、俺は違った意味で尊敬する。まあ撮影《さつえい》している俺にだってまだどんな映画か解らないんだし文句のつけようもない。ハルヒにも解ってないんじゃないか? それにしてもよく辞書なしで雲霞って書けたな。

「チラシを刷って当日に校門前で撒《ま》くわけよ。うん、効果バッグン! 文化祭くらいバニーの恰好《かっこう》してても岡部も何も言わないわよね!?」

いや、言うと思うが。ここはお堅《かた》い県立高校なんでな。担任の胃を痛めるようなことはやめてやれ。

「それに朝比奈さんは模擬《もぎ》店で忙《いそが》しいだろう。古泉と長門も自分たちのクラスでも何かやるんだろ、当日にヒマなのはお前と俺くらいだ」

ハルヒは胡乱《うろん》な目つきで俺を見た。

「あんたがバニーをするって言うの？」

なんでそうなる。お前が一人でやればいいだろ。俺ならその後ろでプラカード持って立っていてやるさ。

「ところで知ってるか？　文化祭までもうそんなに日がないぞ。今週末の土曜と日曜が文化祭の当日だ」

「知ってるわよ」

「そうかい。のんびりしてるもんだから日付を勘違《かんちが》いしてんじゃねえかと思ってたよ」

「のんびりなんかしてないでしょ。今もほら、煽《あお》り文句を考えてたんだし」

「宣伝のことを考えるより、先にやることがあるだろうが。映画はいつ完成するんだ？」

「もうすぐよ。後は足りないシーンを撮《と》り足して、編集して、アフレコと音楽とVFXを入れたら出来上がりよ」

そりゃ驚《おどろ》きだ。カメラマン的立場から言わせてもらえば、足りないシーンのほうが多いような印象を持っているのだが、いったい監督《かんとく》はどんな映画にすることを考えて

いるのだろう。おまけに撮影終了《さつえいしゅうりょう》後の作業に今までの倍くらい時間がかかりそうなのも、単なる俺の気のせいだといいんだが。


三限と四限の間の休み時間だった。

「キョンくんっ！」

教室にいたクラスメイトたちが残らず腰《こし》を浮《う》かせるくらいにバカでかい声が響《ひび》き渡《わた》り、俺が反射的にそちらを見ると、鶴屋さんが戸口から顔を覗《のぞ》かせていた。その肩《かた》の横に朝比奈さんの柔《やわ》らかな髪《かみ》が見え隠《かく》れしている。

「ちょっとこっち来てっ」

鶴屋さんの笑顔《えがお》に引かれるように、俺はすっ飛んで行った。ハルヒは休み時間になるとどこかに消える習慣を維持《いじ》しているので教室にはいない。たぶん、校舎のどこかをほっつき歩いてるんだろう。好都合だ。

廊下《ろうか》に出た俺の袖《そで》を鶴屋さんは引っ張って、

「みくるが話があるって！」

反対側の校舎まで聞こえそうな声でそう叫《さけ》び、朝比奈さんの背中をばしんと叩《たた》いた。

「ほら、みくる、キョンくんにアレを！」

おずおずとした手つきで、朝比奈さんは俺にぴらぴらの紙切れを差し出した。

「これ……。そのう、わわ、割引券です」

「あたしたちのクラスでやる焼きそば喫茶《きっさ》のやつだよっ」と、鶴屋さんが追加説明。有り難《がた》く受け取ることにする。クーポン券みたいなものらしい。落款《らっかん》を押された印刷文字を読む限りでは、これを持って行くと焼きそばが三割引になるそうだ。

「お友達とお誘《さそ》い合わせの上でお越《こ》しください」

ぺこりと頭を下げる朝比奈さんと、マンガのキャラみたいな口で笑っている鶴屋さんだった。

「それだけ！　じゃあね！」

さばさばと鶴屋さんは立ち去ろうとして、朝比奈さんもそれに従いかけ、しかしすぐに一人で俺の許《もと》へと駆《か》け戻《もど》った。鶴屋さんはそれを見ながらケロケロ笑い、立ち止まって待ちの姿勢。

朝比奈さんは両手の指先を合わせて俺をちらちらと眺《なが》めていたが、

「……キョンくん」

「なんでしょうか」

「古泉くんの言うこと、その、あまり信用しないほうが……。こんなこと言うと、あたしが古泉くんをアレかと思われるようで……その、イヤなんですけど……でも」

「ハルヒが神様だとか、そういう話ですか？」

なら、そんなこと信じちゃいませんよ。

「あたしは、そのう……。別の考えを持っていて、つまりその、それは……古泉くんの解釈《かいしゃく》とは違うものなんです」

朝比奈さんはふひゅうと息を吐《は》き、俺を上目で見つめる。

「涼宮さんに、この『現在』を変える力があるのは間違いないです。でも、それが世界の仕組みを変えるものだとは思いません。この世界は、最初からこうだったの。涼宮さんが作り出したんじゃないんです」

それはそれは……。古泉とは真っ向から反発する意見ですね。

「長門さんも違うことを考えていると思う」

朝比奈さんは制服の前で指を絡《から》ませながら、

「あの……。こんなこと言うとちょっと人聞きが悪いかもしれないんですけど……」

離《はな》れた場所で鶴屋さんがニヤニヤ笑いながら俺たちを眺めている。雛《ひな》に巣立ちを促《うなが》すツバメの親みたいな顔だった。何か誤解しているんじゃないだろうか。

言葉を紡《つむ》ぐ朝比奈さんの口調は朴訥《ぼくとつ》としている。

「古泉くんの言っていることと、あたしたちが考えていることは違うものなの。古泉くんのことを、そのぅ……あんまり信用しないで……と言ったら語弊《ごへい》があるけど、ええと」

慌《あわ》てたように手を振《ふ》って、

「ごめんなさい。あたし説明ヘタだし制限かかってるし……。あの、」

うつむいたり、俺を見たりしていたが、

「古泉くんにはあっちの都合と理論があるし、あたしたちにもそう。たぶん、長門さんも。だから」

朝比奈さんは、身体中《からだじゅう》の気力を総動員したような決意に満ちた顔で俺を見つめた。真面目《まじめ》な顔も可愛《かわい》らしい。このお顔を至近で拝見できる感激に震《ふる》えつつ、自信を持って俺は答えた。

「解《わか》ってますよ。ハルヒが神様なわけないじゃないですか」

あんな奴《やつ》に賽銭《さいせん》を投げるくらいなら、朝比奈さんを教祖にして宗教法人を立ち上げたほうが信者の集まりもいいというものだ。実印と太鼓判《たいこばん》を両方押してもいい。

「俺にはまだ古泉より朝比奈さんの意見のほうが解りやすいですよ」

ちょっとだけ、朝比奈さんは微笑《ほほえ》んだ。もしスイートピーが笑うのだったら、こんな感じになると思うね。

「うん。ありがと。でも、あたし自身には古泉くんに含《ふく》むところはありません。それも解っておいてくださいね」

微妙《びみょう》なことを言って俺を上目遣《うわめづか》いで見上げると、逃《に》げるようにさっと身体を翻《ひるがえ》した。

いや別に抱《だ》きつくつもりはなかったですが。

朝比奈さんは、小さく手を振ってから、親鳥の後ろをつけるカルガモの雛みたいに鶴屋さんの後を追いかけて行った。


少しでも作業を進めておいたほうがいいだろう。そう思い、同時に何で俺こんな殊《しゅ》勝《しょう》なことを思ってんだとも思いつつ、パソコンをいじるために訪《おとず》れた部室には先客がいてトンガリハットに暗幕マントのまま本を読んでいた。

俺が何も言わないうちに、

「朝比奈みくるの主張はこうだと思われる」

俺の心を読んだように長門はそう前置きし、

「涼宮ハルヒは造物主ではない。彼女が世界を創造したのではない。世界はこのままの形で以前から存在していた。超能力《ちょうのうりょく》や時間異動体、概念《がいねん》形地球外生命体などの超自然的存在は涼宮ハルヒが願望によって生まれたのではなく、元々そこにいたのである。涼宮ハルヒの役割は、それらを自覚無しに発見することであり、その能力は三年前から発揮されている。ただし彼女の発見は自己認識《にんしき》に到達《とうたつ》しない。彼女は世界の異常を探知できるが決して認識することはない。認識を妨害《ぼうがい》する要素もまた、ここに存在す

るからである」

決して笑わない唇《くちびる》が淡々《たんたん》と言葉を紡ぐ。長門は俺の目をじっと覗《のぞ》き込むように、最後にこう言って口を閉《と》ざした。

「それが、我々」

「朝比奈さんには古泉と違《ちが》う理由があって、ハルヒが不思議現象を見つけることが不都合なのか」

「そう」

長門はまた開いた本に目を向ける。俺との会話などどうでもよさそうな態度だった。

「彼女は彼女が帰属する未来時空間を守るためにこの時空に来ている」

何だか、重大なことをサラリと言われたような気がする。

「涼宮ハルヒは朝比奈みくるの時空間にとって変数であり、未来の固定のためには正しい数値を入力する必要がある。朝比奈みくるの役割はその数値の調整」

紙の擦《こす》れる音も立てず、長門はページを繰《く》っている。硬質《こうしつ》な黒い目を瞬《まばた》きもさせずに、

「古泉一樹と朝比奈みくるが涼宮ハルヒに求める役割は別。彼らは互《たが》いに相手の解釈《かいしゃく》を決して認めることはない。彼らにとって異なる互いの理論は自分たちの存在基盤《きばん》を揺《ゆ》るがすものにほかならない」

待てよ。古泉は三年前に超能力が自分に宿ったのだと言ったぞ。

俺の疑問に長門は即答《そくとう》、

「古泉一樹の言葉が真実であるという保証はどこにもない」

俺は例のハンサム笑顔《えがお》を脳裏《のうり》に描《えが》いた。確かに保証はない。古泉の理屈《りくつ》は俺が被《こうむ》った出来事にもっともらしい解説を付けているだけだ。それが正解だと誰《だれ》に解る？　事実、朝比奈さんは信じるなと言った。しかし朝比奈さんの理屈だって同じことだ。朝比奈版解答が正しいのだと、誰が保証してくれるのだろう。

長門を見る。古泉の言うことは嘘《うそ》っぱちかもしれない。朝比奈さんは自分の意見が嘘だと気付いていないのかもしれない。だが、この冷静な宇宙人だけは嘘を言いそうにない。

「お前はどう思っているんだ。どれが正解だ。前にお前が言ってた、自律進化の可能性ってのは結局何なんだ」

黒衣の読書好きは底抜《そこぬ》けに無感情だった。

「わたしがどんな真実を告げようと、あなたは確証を得ることができない」

「なぜだ」

しかしその時。俺は滅多《めった》に見られないものを見た。長門は、迷うような表情をしたのだ。俺が少々愕然《がくぜん》としていると、

「わたしの言葉が真実であるという保証も、どこにもないから」

最後に長門はこう告げて本を置き、部室から立ち去った。

「あなたにとっては」

予鈴《よれい》が鳴り出した。


わからん。

普通《ふつう》、解《わか》るか？

古泉も長門も、もっと他人に解りやすく話してくれよ。わざと難しく言ってるんじゃないかと思うね。少しは簡単にまとめる努力を払《はら》うべきだ。でないと、そんなもの耳を素通《すどお》りするだけだからな。誰も聞いちゃくれねえぜ。

腕組《うでぐ》みしながら歩いている俺を、無国籍《むこくせき》中世風な恰好《かっこう》をした一団が追い抜《ぬ》いて廊下《ろうか》の角を曲がった。長門があの黒い衣装《いしょう》で混じっていても違和《いわ》感ないような連中だった。どこのクラスかクラブかが、ハルヒに負けじとファンタジー映画でも撮《と》ってるのかもな。いいよな、そいつらは。おそらく俺のような悩《なや》みを持つことなく、楽しく撮影《さつえい》をおこなっていることだろう。もっとまともな監督《かんとく》が常識的な指揮を執《と》っているんだろうしさ。

俺はため息つきつき、一年五組の教室へと帰還《きかん》した。

映画撮影が順調だと考えているのはハルヒだけで、俺と古泉と朝比奈さんは次第《しだい》に顔にかかる縦線が影《かげ》を濃《こ》くするようになっていた。

撮影が進むにつれ様々なことが発生しているようだった。いつの間にかモデルガンからはBB弾《だん》ではなく水撃弾《すいげきだん》が出るようになっていたし、朝比奈さんはハルヒが違う色のコンタクトを持ってくるたびに物騒《ぶっそう》なものを出し（金色がライフルダートで緑色がマイクロブラックホールだった）その都度長門に嚙《か》まれていたし、桜は咲《さ》いたと思ったら次の日には散っていたし、神社の白い鳩《はと》たちは数日後にはとっくに絶滅《ぜつめつ》したはずのリョコウバトになっていたらしいし（古泉がこっそり教えてくれた）、地球の歳差《さいさ》運動が微妙《びみょう》にズレたりしてたそうだ（長門・談）。

日常はどんどんおかしくなっているようである。

疲《つか》れた身体《からだ》を引きずって自宅に帰ると、今度はヒゲの生えた動物が口を開きやがるしさ。

「あの元気な少女の前で口を閉じておけばよいのだろう」

三毛猫《みけねこ》はスフィンクスみたいな姿勢で俺のベッドの上に寝《ね》そべっていた。

「よく解ってくれてるじゃないか」俺はシャミセンの長い尻尾《しっぽ》を軽くつかんだ。猫はするりと俺の手から尾《お》を逃《に》がし、

「キミたちがそうして欲しそうにしていたのでな。私自身、あの少女に私の話し声を聞かれるのは何故《なぜ》か不都合なことになりそうな予感がある」

「古泉によるとそうらしいな」

猫が喋《しゃべ》る。ということは猫が喋っても不思議ではない理屈が必要である。簡単に言えば、喋る猫が存在しても何ら不思議でない世界を構築すればいいらしい。そりゃいったいどんな世界のどんな猫なんだ？

シャミセンはぱかりとあくびをして尻尾の毛繕《けづくろ》い。

「猫にも色々いるのだ。ヒトもそうであろう」

その「色々」の部分をもっと詳《くわ》しく知りたいもんだ。

「知ってどうすると言うのか。キミが猫に成り代わることができるとも思えない。猫の心理を体得することもまた然《しか》りであろう」

うんざりだ。どいつもこいつも。

そろそろ風呂《ふろ》にでも入ろうかと考えていたら妹が俺の部屋を訪《おとず》れ、来客を告げた。誰《だれ》かと思いつつ階下へと。ついに自宅までやって来たのは古泉だった。俺は家の外に出て、夜道にて応対してやる。部屋に入れて終わらない長話をされても困るし、シャミセンとダブルで意味不明な抽象《ちゅうしょう》論を聞かされるのも御免《ごめん》被りたい。

思った通り、古泉は一人で理屈《りくつ》っぽいことを延々話して、あげくにこんなことまで

言い出した。

「涼宮さんにとって細かい設定や伏線《ふくせん》はどうでもいいんですよ。こっちのほうが面白《おもしろ》いような気がする、で充分《じゅうぶん》なわけです。そこには合理的な解決も、綿密な構成も、手がかりになるような伏線もありません。かなり刹那《せつな》的に物語を作っていると言えるでしょう。オチなんか考えていないのです。ひょっとしたら未完で終わるかもしれませんね」

それだと困るんだろうが。お前の言い分では、放《ほう》り投げっぱなしで終わるとこのぐちゃぐちゃになりかけている現実がそのまま現実として固定されてしまうんだろ。ハルヒの中でちゃんと結末を迎《むか》えなければならず、なおかつ現実に即《そく》したオチでなければならない。そして、それを俺たちが考えないといけないわけである。ハルヒは考えなしだし、それにあいつの考えることは常態的に滅裂《めつれつ》だ。ならばまだ俺たちが考えたほうがマシで、しかしなぜこんなことを考えなければならないのか、誰かこの呪《のろ》いを肩代《かたが》わりしてくれる奴《やつ》はいないものか。

「そのような人がいたら」

古泉は肩をすくめた。

「とっくに我々の前に姿を現していることでしょうね。ゆえに我々がなんとかしなければならないのです。特にあなたのがんばりには期待しています」

だいたい何をがんばれってんだ。まずそれを教えてくれ。

「世界がフィクション化すると困るのは僕たちの論理ですからね。朝比奈さんも困るかもしれない。彼女たちには彼女たちの論理があるようですから。長門さんはよく解《わか》りませんが、観察者は結果を受け止めるだけです。最終的に勝ち上がってきた理論を冷静に受け止めるだけですよ。たとえ地球が消し飛んだとしても、涼宮さんが残るならばそれでいいのです」

外灯の光が、薄闇《うすやみ》の中の古泉を事務的に照らし出している。

「本当の話をお聞かせしますと、涼宮さんを中心とする何らかの理論を持っているのは我々『機関』と朝比奈さんの一派だけではありません。たくさんあるんです。水面下で我々がおこなっている様々な抗争《こうそう》と血みどろの殲滅《せんめつ》戦をダイジェストで教えて差し上げたいくらいですよ。同盟と裏切り、妨害《ぼうがい》と騙《だま》し討《う》ち、破壊《はかい》と殺戮《さつりく》。各グループとも総力を挙げての生き残り合戦です」

古泉は疲れ気味の皮肉な笑《え》みを広げる。

「我々の理論が絶対的に正しいとは僕も思いません。しかし、そうでも思わないとやっていけないというのも現状なのです。僕の初期配置は、たまたまそちら側だったのでね。どこかに寝返《ねがえ》ることもできません。白のポーンが黒側に移ることはできないのです」

オセロか将棋《しょうぎ》にしろ。

「あなたには無縁《むえん》のことでしょう。涼宮さんにも。そのほうがいい。特に涼宮さんに

は永遠に知らないでいて欲しい。彼女の心を曇《くも》らせるようなことはしたくないんです。僕の基準で言えば、涼宮さんは愛すべきキャラクターをお持ちです。ああ、もちろんあなたも」

「なぜ俺にそんなことを教える」

「口が滑《すべ》ったんですよ。理由なんかありません。それに僕は冗談《じょうだん》を言っているだけなのかもしれない。または、変な妄想《もうそう》に取り憑《つ》かれているだけなのかもしれない。あなたの同情を惹《ひ》こうとしているだけなのかも。どちらにせよ、つまらない話ですよ」

確かにな。全然面白くない。

「つまらない話のついでにもう一つ。朝比奈みくるが……失礼、朝比奈さんがなぜ僕やあなたと行動を共にしているのか、その理由を考えたことがありますか。あの通り、朝比奈さんは見ていて危なっかしい美少女です。つい手助けしたくなるのも解ります。あなたは彼女が何をしようと肯定《こうてい》的に受け止めるでしょう」

「それのどこが悪い」

弱きを助け、強きをくじくのが正常な人間の精神的営みだ。

「彼女の役目はあなたを籠絡《ろうらく》することです。だから朝比奈さんはあのような容姿と性格をしているのです。まさにあなたの好みそうな弱気で可愛《かわい》らしい少女としてね。涼宮さんに少しでも言うことを聞かせることができるのは、唯一《ゆいいつ》あなたですから。あな

たを搦《から》め捕《と》ってしまうのが最適なのです」

俺は深海魚のように沈黙《ちんもく》する。半年前、朝比奈さんから言われたことが思い返される。今の朝比奈さんではなく、さらなる未来から来た大人バージョンの朝比奈さんの言葉だ。手紙で俺を呼び出したその朝比奈さんは、「あたしと仲良くしないで」と言っていた。あれは彼女の立場がそう言わせたものだったのだろうか。それとも、彼女個人の心情吐露《とろ》だったのか。

俺が黙《だま》っているのをいいことに、古泉は年老いた縄文杉《じょうもんすぎ》が話しているような声で続けた。

「朝比奈さんがウッカリ者なのはそう演じているだけで、本心は別にあるとしたらどうですか？　そのほうがあなたの共感を得やすいと判断したのでしょう。幼く見える容姿や、涼宮さんの無理難題に唯々《いい》諾々《だくだく》と従う可哀想《かわいそう》な立ち位置もそうです。すべてはあなたの目を自分に向けさせるためですよ」

こいつ、本格的に正気ではなくなってきたようだな。俺は長門の平坦《へいたん》な声を真似《まね》る。

「冗談は聞き飽《あ》きた」

古泉は微細《びさい》に微笑《ほほえ》み、いささかオーバーアクション気味に両手を広げた。

「ああ、すみません。やはり僕は冗談を貫《つらぬ》き続ける能力に欠けていますね。嘘《うそ》なんですよ。全部今僕が作ったトンデモ設定です。ちょっと深刻ぶったことを言いたかった

だけでしてね。本気にしました？　だとしたら僕の演技もなかなかですね。舞台《ぶたい》に上がる自信が湧《わ》いてきましたよ」

耳障《みみざわ》りなくすくす笑いを漏《も》らしながら、

「僕のクラスではシェイクスピア劇をやることになっているんですけどね。『ハムレット』です。僕はギルデンスターンの役を仰《おお》せつかりまして」

知らん名だ。どうせ脇役《わきやく》だろう。

「本来はそうだったんですけどね。途中《とちゅう》でストッパード版に変更《へんこう》になったんですよ。ですので僕の出番も結構増えてしまいました」

ごくろうさんと言いたいね。ハムレットにシェイクスピア版以外のものがあるとは知らなかったよ。

「涼宮さんの映画と、こちらの舞台とで僕のスケジュールはけっこう厳しいものになっているのです。プレッシャーですよ。僕が精神的に疲《つか》れているように見えるのでしたらそのせいでしょう。その上、閉鎖《へいさ》空間でも出たりしたらきっと倒《たお》れ伏《ふ》す自信がありますね。それもあって、あなたにお願いしに来たのです。どうか涼宮映画が発生源の異常現象を止めてもらえないかとね」

合理的なオチというやつか？　お前は夢オチとか言っていたな。

「ハルヒの映画の内容が全部デタラメであるということをハルヒ自身に自覚させるこ

と——だったか？」

「明確に自覚させることですね。彼女は聡明《そうめい》ですので、映画がフィクションであることくらいしっかり知っています。ただ、この通りになったらいいなと考えているだけなのです。そうはならない、ということを確実に解《わか》ってもらう必要があるのですよ。できれば撮影《さつえい》が終了《しゅうりょう》される前に」

よろしくお願いします、と一礼して、古泉は夜闇《よやみ》の中に消えていった。なんだろう。あいつは俺に責任を押しつけに来たのだろうか。自分はすでに苦労しているから次の苦労は俺が背負えと、そういうことなのか？　だとしたらお門違《かどちが》いもいいところだ。ババ抜《ぬ》きのジョーカーじゃあるまいし、押し付け合いをするもんでもない。涼宮ハルヒは五十三番目のカードじゃないんだぜ。切り札でもオールマイティーでも、もちろんババでもない。

「まあ、しかし」

俺は呟《つぶや》いた。

放《ほう》っておくわけにはいかないようだった。長門はともかく、朝比奈さんも古泉もそろそろヒットポイントがデッドラインに近付いているようだ。俺が知らないだけでこの世界全体もそうなのかもしれない。

「それはちょっと困る……かな」

面倒《めんどう》くさいな、ちくしょう。俺だってかなりアップアップなんだぜ。

俺は方策を考えた。ハルヒの妄想《もうそう》を収めるにはどうすべきか。映画は映画、現実は現実、おのおの別物なのだと、ハッキリキッパリ解らせるにはどうすればいいのか。そんな当たり前のことを改めて納得《なっとく》させる手だてとは何だろう。夢オチか……それ以外では？

文化祭まで、後少し。


翌日、俺はハルヒにとある一つの提案をして、すったもんだの末に了承を得た。


「はいオッケーっ！」

高らかにハルヒは叫《さけ》んで、メガホンを打ち鳴らした。

「お疲れさーん！　これで全部の撮影は終了よ！　みんなよくがんばってくれたわ！　特にあたしは自分を褒《ほ》めてやりたいわ！　うん、あたしスゴイ。グレートジョブ！」

その言葉を聞いて、ウェイトレス朝比奈さんが崩《くず》れ落ちるように座り込んだ。心底、安堵《あんど》しているようで安堵のあまり泣きそうな顔になっている。実際、すすり泣きまで

漏らしていたくらいだ。ハルヒはその涙《なみだ》を感極《きわ》まったものだと解釈《かいしゃく》したようで、

「みくるちゃん、泣くのはまだ早いわよ。その涙はパルムドールかオスカーを授与《じゅよ》されるその日まで取っておくの。みんなで幸せになりましょう！」

校舎の屋上で、文化祭を明日に控《ひか》えた昼休みだ。もはや昼飯すらおちおち喰《く》えないほど、時間は切迫《せっぱく》していたのである。

ミクルとユキのラストバトルは、突如己《とつじょおのれ》の能力を覚醒《かくせい》させた古泉イツキの何だか解らん御都合《ごつごう》主義パワーによってユキが宇宙の彼方《かなた》に飛ばされることで幕を閉じた。

「これで完璧《かんぺき》ね。すごいイイ映画が撮《と》れたわ。ハリウッドに持ち込んだらバイヤーたちが雪崩《なだれ》を打って飛びつくわね！　まず腕利《うでき》きのエージェントと契約《けいやく》しないといけないわ！」

グローバルな感じで威勢《いせい》のいいハルヒだった。こんな映像集を誰《だれ》が見てくれるのか知らんが、引きのあるのは主演女優だけでその他スタッフは用無しだろうな。何なら俺が朝比奈さんのエージェントとして売り込みに行きたいね。小金くらいなら稼《かせ》げそうに思う。ついでだ、ハルヒもグラビアアイドルあたりを目指してみないか？　俺が勝手に写真と履歴《りれき》書を送ってやってもいいぞ。

「やっと終わってくれましたか」

晴れ晴れとした顔で古泉が俺に微笑《ほほえ》みかけた。

腹の立つことだが、こいつに一番似合う表情はこういう無料スマイルのようだ。憂《ゆう》鬱《うつ》な古泉など見たくもないね。気味が悪いからな。

「しかし終わってみれば一瞬《いっしゅん》だった気もしますね。楽しい時間は経《た》つのが早いと言いますが、さて、楽しんでいたのは誰なんでしょう」

さあね。

「後のことはあなたにお任せしてもいいですか？　今や僕はクラスの舞台《ぶたい》劇のほうで頭がいっぱいなのですよ。映画と違って、そっちではセリフをトチってやり直しというわけにはいきませんからね」

古泉はいつものニヤケ微笑《びしょう》を浮《う》かべ、俺の肩《かた》を手の甲《こう》でハタいて小声で、

「もう一つ。あなたには感謝しています。我々も、僕個人もね」

それだけ言って屋上を後にした。長門はいつもの無表情で、黙々《もくもく》と古泉の後を追うように歩き去る。

朝比奈さんはハルヒに肩を抱《だ》かれて、一緒《いっしょ》になって彼方に見える海の方角を指差していた。「目指すはハリウッド、ブロックバスター！」なんてことを叫ばされている。指差すのはいいが、そっちの方角に向かって海を渡《わた》れば着くのはオーストラリアだぜ。

「やれやれ」

俺は呟き、足元にビデオカメラを置いて座り込んだ。古泉と長門と朝比奈さんにと

って は終わりで合っているだろう。だが、俺にとってはこれは終わりの始まりだ。まだやるべきことは残っている。
俺が記録した膨大《ぼうだい》なデジタルビデオ映像の数々、このジャンクな駄《だ》デジタル情報の集積物を何とか「映画」の体裁《ていさい》を取るまでにしなければならないのだ。それが誰の仕事なのか、さすがに言われなくとも解《わか》っていた。

金曜日の夕方である。部室には俺とハルヒだけがいた。他《ほか》の三人はそれぞれ自分たちのクラスの仕事に赴《おもむ》いている。

クランクアップしたまではいいが、撮影《さつえい》が順調に間延びしたせいで他のことをする余裕《よゆう》が全然ない。パソコンに取り込んだ映像を繰《く》り返し観《み》ることになった俺の出した結論は、やっぱり朝比奈みくるプロモーションビデオクリップにするしかないという、実にシンプルなものだった。

正直言って、とうとう最後まで俺にはハルヒが何の映画を撮っているのかピクセル単位で解らなかった。モニタに映っているウェイトレスと死神少女とニヤケ少年の三人は頭がおかしいのか？　当然のことだが、ビジュアルエフェクトをかます時間などどこを探しても余っておらず元々そんな技術もない。このまま無加工無添加《むてんか》の素《す》映像

をそのまま垂れ流さざるをえまい。

ゴネたのはハルヒだ。

「そんな未完成なのを出展するわけにはいかないわ！　なんとかしなさいよ！」

ひょっとして俺に言ってるのか。

「んなこと言ってもだな、文化祭は明日で、俺はもうイッパイイッパイだ。お前の思いつきストーリーをどうにかこうにか繋《つな》がるように編集しただけでもう限界だっての。当分どんな映画も観たくはねえ」

しかし他人の意見を瞬殺することに長《た》けているハルヒは、

「徹夜《てつや》ですれば間に合うんじゃないの？」

誰《だれ》がするんだ、とは俺は訊《き》かなかった。ここには俺しかいないし、ハルヒの黒檀《こくたん》のような目は一直線に俺を目指していたからだ。

「ここに泊《と》まり込んでやればいいじゃない」

そしてハルヒは、俺が仰天《ぎょうてん》するようなセリフを吐《は》いた。

「あたしも手伝うから」

結論から言うとハルヒは何の役にも立たなかった。しばらくは俺の背後でうろちょ

ろ口出ししていたが、一時間もしないうちに机に突《つ》っ伏《ぷ》し寝息《ねいき》を立て始めやがったんでね。しまったな、寝顔を撮《と》っておけばよかった。エンドクレジットの最後にその顔をアップにしてストップモーションで終えることだってできたはずなのに。

ついでに言うと俺もその後まもなく眠《ねむ》ってしまったようだった。目を開けたら朝になってて顔半分にキーボードの跡《あと》がついていたからな。

したがって、泊まり込みの意味はなかった。映画は未完成のままである。どうにかこうにか切り貼《ば》りして三十分に収めたが、見るも無惨《むざん》な駄作の出来上がりだ。映画なんぞよく知りもしない素人《しろうと》が勢いで撮るとこうなるみたいなダダ崩《くず》れぶりだった。いっそ開き直ってバニー朝比奈の商店街CMカットだけにすればまだしも、強引《ごういん》なまでの編集方針で存在しないストーリーのツジツマを合わせようとしたもんだから、なおさら破綻《はたん》に拍車《はくしゃ》をかけてもうヒドイことになっている。結局アフレコもしてないわVFXなどどこのシーンにも皆無《かいむ》だわ、笑いたくなるほどのゴミ映画だ。これでは谷口にも観せられない。

パソコンを窓から遠投しようかと考えて、俺は差し込む朝日に目をすがめた。不自然な姿勢で寝てたから背骨が軋《きし》む。

先に目覚めたハルヒが俺を起こした現時刻は午前六時半。学校に泊まったのは考えてみればこれが初めてだな。

「ねえ、どうなった？」

ハルヒが俺の肩越《かたご》しにモニタを覗《のぞ》き込み、俺はしかたなくマウスを動かした。

再生が開始される。

「……へえっ？」

ハルヒの小さな歓声《かんせい》を聞きながら、俺はたまげている。作ったはずのないCGムービーが豪勢《ごうせい》に動いてタイトルを表示した。その後から始まった『朝比奈ミクルの冒険《ぼうけん》エピソード00』は、ストーリーはズタボロ、セリフは聞き取れず、手ブレ満載《まんさい》、おまけに画面外の監督《かんとく》の怒号《どごう》までが入っていたが、ビジュアルエフェクトだけは高校生の自主映画にしてはそこそこくらいのレベルに達していた。朝比奈さんの目からレーザーが出ていたし、長門の棒からも変な色つき光線が出ていた。

「へっへー」

ハルヒも感心している。

「まあまあじゃない？　ちょっと物足りないけど、あんたにしたら上出来だわ」

俺ではない。浮上《ふじょう》した別の人格が俺の寝ている間にやったのでなければ、どうやっても俺にこんなことは出来そうもない。俺以外の誰かがやったのだ。本命・長門。対《たい》抗《こう》・古泉。無印・朝比奈さん。大穴・まだ登場していない誰か。そんなとこだろう。

しばしの間、俺たちは黙《だま》って自主制作映画の鑑賞《かんしょう》会をおこなっていた。この小さな

画面でなく、もっと巨大《きょだい》スクリーンで観れば、また別の感慨《かんがい》が生まれるのかもしれなかった。

ディスプレイ上の動画はラストシーンへと差し掛《か》かっている。古泉と朝比奈さんは手を繋いで満開の桜の下を歩いていた。そのままカメラがパンして青空を映し出す。すかさずチャラけた音楽が始まって、スタッフロールが縦スクロールを開始する。

そして最後の最後にハルヒの声でナレーションが入る。

俺が考案し、どうにかハルヒに言わせることの出来たナレーション。遊びの部分も必要なのだと言って説得した、監督自らによる幕引きのセリフだ。

それはすべてをキャンセルできる魔法《まほう》の言葉だった。

『この物語はフィクションであり実在する人物、団体、事件、その他の固有名詞や現象などとは何の関係もありません。嘘《うそ》っぱちです。どっか似ていたとしてもそれはたまたま偶然《ぐうぜん》です。他人のそら似です。あ、ＣＭシーンは別よ。大森電器店とヤマツチモデルショップをよろしく！　じゃんじゃん買いに行ってあげなさい。え？　もう一度言うの？　この物語はフィクションであり実在する人物、団体……………。ねえ、キョン。何でこんなこと言わないといけないのよ。あたりまえじゃないの』

エピローグ

文化祭が始まって、俺のやることはなくなった。

実際問題、イベントごとは準備段階が一番みんな楽しがっていると思うね。いざ始まってしまえばバタバタしているうちに時間が過ぎるだけで、あっと言う間に後片付けの時刻になる。だからその時が来るまで、俺はせいぜいブラブラさせてもらうとしよう。今日と明日くらいは俺一人が何もしなくても誰《だれ》も文句はないだろうさ。唯一《ゆいいつ》文句を垂れそうなハルヒなら、今頃《いまごろ》バニーガールとなって校門前でのビラ配りの最中だ。担任岡部や実行委員会が止めにはいるまでに、さあ、何枚撒《ま》くことが出来るかな。

俺は部室から出て、活況《かっきょう》を呈《てい》し始めている校内へと歩き出した。

懸念《けねん》していた現実の変容とやらは収まってくれたらしい。古泉がそう主張して長門が保証したからにはそうなんだろう。シャミセンが喋《しゃべ》らなくなったことで俺はそれを知った。今や長門級の無口さだ。いまさら叩《たた》き出すのも何だし、この際飼ってやって

もいいかと俺は考えている。妹も動くぬいぐるみが出来て嬉《うれ》しそうにしていたからな。家族には「元の飼い主は旅行先に移住することになった」とでも言いわけしておこう。

オス三毛は時たまニャアとか言っているが、俺がそう聞こえているだけで本当は別の言葉を喋っているのかもしれない。まあ、どうでもいい。

なくなったと言えば、おかしなことだが前日までよく目にしていた奇妙《きみょう》な恰好《かっこう》の連中が出ていそうな演目も文化祭になかった。

実行委員発行のパンフを見てもどこにもなく、それらしいことをしてそうな教室を覗いても（演劇部とか）、どこにもまったくいない。あいつらはいったい誰だったんだろうか。

「さて」

無意味な呟《つぶや》きを漏《も》らし、俺は校舎を練り歩いていた。

実際に学校内を異世界人がウロウロしていたとしたらどうだろう。そして、彼らがいかにも異世界ファンタジーっぽい衣装《いしょう》を着ていたとしたら。そう、まるで長門みたいな。

だとしたら、長門はハルヒに対する目くらましのために、故意にあんな恰好をして終始歩き回っていたのではないだろうか。あたかも、こんな衣装は文化祭の見世物のためのものに過ぎないという印象をハルヒに与《あた》えるために。

長門は黙《もく》して語らないので解《わか》らないが、俺の知らないところで別の闘《たたか》いを演じていた可能性だってある。今回やけにおとなしかったしな。地球の破滅《はめつ》を救うようなことをしてたとしても、あいつは無言を押し通すだろう。訊《き》いたら教えてくれるかもしれん。が、どうせ言葉では伝えきれないような内容だろうし聞いたところで俺に理解できる頭があるとも思えない。

だから俺も黙っていた。特にハルヒには、ずっと黙っておくべきだろうな。

余談だが、SOS団制作の映画は視聴覚室《しちょうかくしつ》で上映されていた。いちおう映画研究部の作品との二本立てということになっている。ハルヒが映研にねじ込んで無理矢理《むりやり》かつなし崩《くず》し的にそうさせることにしてしまったわけである。プロジェクターのある教室はそこしかない。映研は最後まで難色を示していたが、ハルヒの決定に逆らえる人間はこの世界には存在しないらしく、結局押し切られてCM入りメタクソ映画を抱《だ》き合わせ上映することになっていた。

ちなみにSOS団なる団体は文化祭実行委員的にはないことになっているので、文化祭のプログラムのどこを見ても『朝比奈ミクルの冒険《ぼうけん》』なる演目は記載《きさい》されていない。人気投票ベスト1はあきらめたほうがよさそうだ。その投票分はすべて映研に行

くことになるだろうな。

さらに余談。ハルヒに撮影《さつえい》を思いつかせることになった深夜放送の映画だが、調べたところゴールデングローブ賞受賞ではなく、かなり昔のカンヌ国際映画祭に出品された「だけ」という触《ふ》れ込みのシロモノだった。あいつ、何をどう勘違《かんちが》いしてたんだ？　ためしにレンタルして観《み》てみた。最初の三十分で寝《ね》ちまった。そのため面白《おもしろ》いのかつまらないのかも解らない。返しに行くまでにもう一回くらいチャレンジしてみようと思っている。

せっかくだから一年九組の演劇も鑑賞《かんしょう》してやることにした。

古泉は終始微笑《ほほえ》みながら演技を続け、最後にマヌケな死に際《ぎわ》を迎《むか》えるというわけの解らん役柄《やくがら》で、ハルヒの映画とどっこいのアホらしさだが観客にはけっこうウケていたようだ。これは主演が古泉だったことで俺の頭に変なバイアスが出来てしまっていたからかな。古泉の演技は演技に見えず、素《す》の古泉にしか見えなかったというのも俺にとってはマイナスだ。

カーテンコールの拍手《はくしゅ》に応《こた》えて出てきた古泉は、俺に向かって片目を閉じ、薄気味《うすきみ》悪《わる》いウインクが届く前に俺は教室を出た。ついでに長門のクラスも冷やかしてやろう

としたのだが、占《うらな》い大会教室前にはすでに長蛇《ちょうだ》の列が出来ている。ちらりと覗《のぞ》いてみると、暗幕だらけの室内で暗黒衣装を身につけた女子生徒たちが何人か配置されていて、長門の無機質な白い顔もその中にあった。机に設置した水晶球《すいしょう》に手をかざして淡々《たんたん》と客に何かを告げている。失《う》せ物探しくらいにしておけよ、長門。

映画と映画にまつわるゴタゴタは、「そんなものは結局、フィクションである」ってことを解らせることで何とかなったようだ。だが、この現実世界そのものをフィクションですと言って済ませることはできない。俺やハルヒや朝比奈さんや長門や古泉はちゃんとここにいて、「実はそんな奴《やつ》いない」で終わらせるわけにはいかない。いずれ全員が散り散りバラバラになってしまうのかもしれないが、少なくとも今ここにはSOS団は存在し、団長も団員も揃《そろ》っているんだ。俺の知っているこの世界ではそうなっているのだからな。つまり長門ふうに言えば、「俺にとっては」

ま、何て言うかね、もしかしたらすべては大嘘《おおうそ》なのかもしれないと思うことだってあるわけだ。ハルヒには何の力もなく、朝比奈さんと長門と古泉が壮大《そうだい》な嘘八百を俺に見せているだけの、白い鳩《はと》はただペンキ塗《ぬ》り立てで、シャミセンは腹話術か内蔵マイクで、秋の桜もミラクルミクルアイ攻撃《こうげき》も全部、仕込みに過ぎなかったのかもしれ

ない、なんてことをな。

だとしても、だからそれがどうしたとしか思えない話でもあるけど。

「そりゃねーか」

いずれにしたってそんなの今はどうだっていいことだ。ハルヒと二人でどこかに閉じこめられて俺だけ困るよりも、みんなで困っているほうが一人頭の負担は軽減されるのは計算するまでもない。不幸中の幸いにしてSOS団団員は俺だけじゃないんだからな。

まともな人間は俺だけだが。

一年五組と同じく、単なる休憩所《きゆうけい》になっている教室の時計が目に入った。

おっと、こうしている場合ではない。そろそろ約束の時間である。せっかくの割引券を使わない手はないだろう。どんな衣装《いしよう》なのかも気になるし。

朝比奈さんの待つ焼きそば喫茶店《きつさてん》に出向くため、俺は谷口と国木田との待ち合わせ場所へ急いだ。

ハルヒが私に教えてくれた

松村沙友理（乃木坂46）

小・中学生の頃、ライトノベルをたくさん読んでいました。学校の図書館にもラノベが置いてあったので、いろんな作品を読むことができたのです。きっと、とっても流行《はや》っていたからでしょうね。

『キノの旅』『ブギーポップは笑わない』『半分の月がのぼる空』……お気に入りのタイトルを挙げ始めるときりがないほど、ずっとラノベを読んでいるような日々でした。

谷川流《たにがわながる》先生の御本に出会ったのも、ちょうどその頃のことです。最初に読んだ『学校を出よう！』がすっごくおもしろかったので、続けて出た『涼宮ハルヒの憂鬱』も手に取ったのですが、これがもう最高。

同じ谷川先生のお話でも『学校を出よう！』はどちらかというと特別な能力がある人たちが集まった世界です。でも、ハルヒの方は、キョンみたいな普通の人がいて、日常的な学園生活も描かれているから、とても身近に感じられたのです。

だから、「私が気づいてないだけで、もしかしたら私の周りにも宇宙人、未来人、異世界人、超能力者が潜んでいるのかも」と思えて、妄想好きの私にはたまりませんでした。

すっかりハマってしまい、友達にも布教したくって貸しまくっていましたし、各キャラクターの決め台詞《ぜりふ》を日常会話に混ぜ込んだりして遊んでいるうちに、テレビでアニメが始まりました。

そうしたら、一気に人気が爆発したではありませんか。

もうびっくりでした。

私自身、もっとハルヒが広がってほしいとがんばっていたものの、単純に谷川先生の作品がおもしろくって読んでいた身だったので、アニメ主題歌の「ハレ晴レユカイ」が流行って、それの「踊ってみた」が流行って、もう世の中がハルヒ現象みたいなブームになるとは思ってもおらず。

「ハレ晴レユカイ」は、私ももちろん踊りました。学校の授業以外だと、人生で初めて練習したダンスがこれです。

世間では、それ以前からモーニング娘。さんなどの楽曲で踊るのが流行っていましたが「ハレ晴レユカイ」だけは、自分でもやってみようという気になって、姉と二人で一生懸命練習をしたのです。当時、大阪の日本橋《にっぽんばし》という電気街の路上で、街に流れ

る音楽に合わせてみんなで急に踊り出すのが流行っていたのだけれど、それに参加してみたりもしました。

本当に楽しい思い出です。

でも、まさかそれから約十年後、平野《ひらの》綾《あや》さんご本人と一緒に「ハレ晴レユカイ」をみくるちゃん位置で踊り、あまつさえ地上波で皆さんに見ていただくことになろうとは……。

当日はもう感激で胸がいっぱいで、みんなにも自慢しまくりました。アニオタの頂点を極めた気分でした。

できることなら、中高時代の自分に、あの日の私の勇姿（？）を見せてやりたいです。ほら、きちんと振りを教えてもらって、アイドルとしてやると、こんなにちゃんと踊れるんだよ、って。

そんなわけで、ハルヒは小説もアニメも大好きだし、涼宮ハルヒというキャラクターには大きな憧《あこが》れを感じていました。

でも、「私はハルヒにはなれない」とも思っていました。

日本橋の路上で踊っていた、なんて告白しておいて何ですが、元々、恥ずかしがり屋で、どちらかというと内向的なタイプ。友だちと喋《しゃべ》るのも好きだけど、外で遊ぶよ

りはお家《うち》で本を読んでいる方がいいと感じる人間で、行動よりも妄想の方が得意です。

キョンもみくるちゃんも長門《ながと》も古泉《こいずみ》もハルヒに巻き込まれて大変そうだけど、私もSOS団に入って一緒に巻き込まれてみたい。ハルヒみたいな行動力の塊の子が側にいたらどんなに楽しいだろう、と考えてはいました。でも、考えるだけでした。

あの頃の私は、好きなラノベや漫画、アニメを見て妄想するのが一番楽しくて、想像の世界で遊んでいられたらそれで十分だと思っていたのでした。

それなのに、今は乃木坂46の一員としてアイドルをやっているのだから、自分でもなんだか不思議な気がします。

別に、突然積極的な性格に変わったわけでもありません。本当のところ、乃木坂のオーディションを受けたのだって、どういう気持ちで応募したのかあんまり覚えていないんです。合格したときも、舞い上がったりせず、妙に淡々としていました。

そして、あんまりよくわかっていないうちに乃木坂46に入っていて、気づいたら人生が百八十度変わっていた。そんな感じでした。

でも、いざ自分の意志で動くようになると、想像しているだけでは知ることができなかった楽しさがいっぱいあることに気づきました。昔の私ならやる前から「自分には無理かも」と諦《あきら》めていたようなことでも、やってみたら意外にできちゃったり、想像外の新しい世界が見えてきたり。

そうしているうちに、やっぱりハルヒのように自分から動かないと、本当に楽しいことはできないのかなと思うようになってきたのです。

何でもやってみるのは大切だし、自分一人でやるより、誰かと一緒にやる方が達成感も喜びも倍になる。個人主義者だった私が、みんなで喜びを共有するうれしさに気づいたのは、ものすごく大きな変化だったと思います。人生ずっと長門タイプで来ていたのだけど、乃木坂という私にとっての「SOS団」に入ったことで、内面が少しずつ変わっていったようです。

二〇一四年に乃木坂46内グループの「さゆりんご軍団」を結成したのだって、そんな変化があってこそだったのかもしれません。二期生、三期生が入ってきたことで、自分がリーダーになってみる決心がついたのです。

後輩の中にアニメが好きな子たちがいたのですが、彼女たちは私と同じくちょっと個人主義的なところがあって、よく一緒に仕事するのにあんまり仲良くなれない時期が続いていました。

でも、どうせなら仲良くしたいし、一緒に遊んだりしたかったので、それならもう団だ、団を作りましょう！　と、強制的に「私たちはもう仲間です！」感を出してみることにしました。

気分は完全にハルヒです。

周りの反応も、初期のSOS団のようでした。みんなきょとんとして、それこそキョンやみくるちゃんみたいに「えっ、えっ、何の話」「それ何ですか」みたいに戸惑うばかり。でも、やっているうちに、みんな順応していくんです。

「今度こういうことやるから！」と宣言したら「あっ、はい、わかりました」とすんなり受け入れる。こんなところもまるっきりSOS団。そういうのが、なんだかおもしろくて……。

そんなわけで、私の人生は涼宮ハルヒからの影響が大、なのです。

やらないよりはやった方が、絶対おもしろくなる。

それが、ハルヒが私に教えてくれたこと。ハルヒはすごくわがままでやりたい放題だから、「こんなにやっちゃってもいいんだ」って、心のリミッターを外してくれるんですよね。ハルヒの大胆さに比べたら、この現実で一歩を踏み出す勇気なんて、そう大したことじゃありません。

未だにちょっと面倒くさがり屋さんなところは変わらないけれども、これからも心の中にハルヒに住んでもらって、パワーをもらいながら、エネルギッシュに生きていけたらいいなと思っています。

構成・門賀美央子

本書は、二〇〇三年十月に角川スニーカー文庫
より刊行された作品を再文庫化したものです。

涼宮《すずみや》ハルヒの溜息《ためいき》

谷川《たにがわ》 流《ながる》

平成31年 1月25日 初版発行

発行者●郡司 聡

発行●株式会社KADOKAWA
〒102-8177 東京都千代田区富士見2-13-3
電話 0570-002-301（ナビダイヤル）

角川文庫 21399

印刷所●株式会社暁印刷
製本所●株式会社ビルディング・ブックセンター

表紙画●和田三造

ISBN 978-4-04-106771-0 C0193

商業美術の発達は広告宣伝のメディアであるポスターから始まった。その中でもシャンパンのポスターは多くの画家が参加した。

ピエール・ボナールの『フランス＝シャンパーニュ』のポスターは有名。

マリー・アントワネット妃の乳房をもとに作ったと言われるクープグラスの原型（パトリック・フォルブス『シャンパン』表紙カバー）。ワインとシャンパン用のグラスは、始めは縦長のものがほとんど。そのうち横型で平たいクープグラスが流行するようになった。その人気に拍車をかけたのがこのグラス。現在このオリジナルグラスが三つ残っている。

ルミアージュの作業工程。瓶内熟成させたシャンパンを、壜口が下になるよう立てる。壜口のところに澱を貯めて揺さぶる。

シャンパーニュ地方のあちこちにある巨大地下蔵。ランス市の地下にはローマ時代につくられた巨大な洞窟が多い。白亜を取るためだが、現在はシャンパン熟成用に利用されている。

伝統的な垂直式のぶどう圧縮器。ワイン造りでブドウをつぶす圧縮器はタテ型ズンドウの桶状のもの。シャンパンの場合は早く圧縮するため平らで浅いものが使われる。

ランスの大聖堂はパリのノートルダムと並ぶゴシック建築の粋。ステンドグラスにはワイン造りの光景もある。突き当たり奥のシャガールのもの（レミの戴冠式）は有名。手前にあるのはジャンヌダルク像。

モンターニュ・ド・ランスのヴェルズネ村に残る風車とぶどう畑。村の東端に小高い丘があり、そこからの平野の眺望は素晴しい。そのため軍隊の偵察所として利用され、いくつかの風車があった。そのうちのひとつ。

映画『カサブランカ』の名場面。イングリッド・バーグマンとハンフリー・ボガードがシャンパングラスを交わす。そして言ったセリフが「君の瞳に乾杯！」。
©Photo12/amanaimages

シャンパン大全

その華麗なワインと造り手たち

山本 博

nbb

日経ビジネス人文庫

はじめに

近頃は、世界をあげて「泡ものブーム」。第二次大戦後から二〇世紀にかけて世界中でワインが普及し、二一世紀に入って拍車がかかっている。ことにワインの中でもスパークリングワインの急成長がめざましい。世界のどこのワイン生産地でもスパークリングを造らないところがなくなったくらいである。

なぜ、そうした現象が生じたかという原因はさておいて、数多のニューフェイスのスパークリングが出現しても、どうしても追いつき追い越せないのがシャンパンである。

ワインの王国フランスでは、全国各地でスパークリング造りに取り組んでいる。名産地のブルゴーニュでも発泡ワインの「クレマン・ド・ブルゴーニュ」造りに力を入れ、なかなか良いものも出すようになったが、どうしてもシャンパンを追い抜けない。

イタリアは「スプマンテ」という名前の発泡ワインを造る伝統を持ち、実に魅力的だが、どうしてもシャンパンに太刀打ちできない。ドイツも「ゼクト」という伝統的

な発泡ワインを造っている。精妙だが、シャンパンの持つ迫力に欠ける。

近年ではスペインの「カバ」が急成長。生産量ではシャンパンに次ぐ世界第二位になったが、肝心の味のほうになると似て然らざるの感がある。

日本で言うと、各地方のワイン生産者が発泡ワイン造りに挑戦し、なかなか良いものが顔を出すようになった。日本ではひと昔前まで、シャンパンと言えば結婚式とか会社の新役員就任パーティなどの定番的な存在だった。ただそれも平べったいクープグラスで一杯だけ出される、乾杯用の飾り物的ワインだった。ところが、二〇一六年以降の統計で見ると、シャンパンの輸入量は世界第二位に迫りつつある。はじめはソムリエ諸君がアペリティフのシェリーの代わりにシャンパンを使い出したからだったが、日本人がシャンパンの本当の良さに気づき出したのだ。しかし、まだシャンパンというと、普通のワインと違って、お祝いに飲むワインを考えている人が多い。

シャンパンは同じ発泡ワインでありながら、並みいるスパークリングと一線を画すところがある。また、普通のワインと違って泡が立つ点だけでなく、特有の味わいを持っているのが尋常ではない。日本でシャンパンの輸入量が増えたと言っても、シャ

ンパンを飲んでいる人たちが、どこまでシャンパンというワインの特色、特異性を理解しているだろうか？　もちろん難しいことまで知らなくても、おいしくて楽しいワインだというところには気がついているだろう。

しかし、どうせ飲むならば、その特異性について一足踏み込んで知れば、シャンパンに対する接し方も違ってくるはずである。その点も浮き彫りにしてみたのが本書である。

目次

はじめに 3

第1章 シャンパンは人生を輝かせる酒……………………17

1 シャンパンの魅力と健康効果……18
2 シャンパンが登場する映画・小説……28
3 ワインとしての特異性……37
なぜ泡立つのか／シャンパンはブレンドのワイン／呼称をめぐって
4 シャンパンの主要生産地……51
モンターニュ・ド・ランス Montagne de Reims／コート・デ・ブラン Côte des Blancs／ヴァレ・ド・ラ・マルヌ Vallée de la Marne／オーブ地区とその他 Bar-sur-Aubois, Côte de Sézanne

第2章　シャンパンの挿話史《エピソード》……………………………63

1　ローマ時代……64
太古／早くからワインの生産地だったシャンパーニュ
2　初期フランス王朝時代……68
フン族が襲ったシャンパーニュ地方／カロリング朝とシャルルマーニュ大帝／ノルマン人の侵攻とカペー朝
3　中世からルネッサンス……73
修道院とワイン／シャンパーニュの大市／百年戦争とジャンヌ・ダルク／フランスルネッサンスと当時のシャンパン／アンリ四世の好物はシャンパン
4　ドン・ペリニヨン——泡立つワインの成功……89
泡を壜に閉じ込めた大恩人／ロンドンでの流行／上流階級を魅了したシャンパン／フランス摂政時代のシャンパン／シャンパン・ビジネスの確立
5　一九世紀の黄金時代……101

シャンパンを欧州に広めたナポレオン軍／飲み手は貴族からブルジョアへ／シャンパン産業を変えた技術革新／新天地アメリカへの進出／フィロキセラと害虫駆除組合／嗜好は甘口から辛口へ

6 苦悩の時代――第一次世界大戦と戦間期……117

繁栄のかげり／シャンパーニュの暴動／CIVCの設立

7 第二次世界大戦と戦後の大衆化……125

シャンパンを救ったパットン将軍／シャンパンの大衆化

第3章 シャンパンメーカー・シャンパンハウス事典……129

アグラパール・エ・フィス AGRAPART ET FILS RM 135

アラン・ロベール ALAIN ROBERT RM 136

アレクサンドル・ボネ ALEXANDRE BONNET RM 137

アルフレッド・グラティアン ALFRED GRATIEN NM 139

アンドレ・ボーフォール ANDRÉ BEAUFORT RM 140

アヤラ *AYALA* GM 141
バランクール *BARANCOURT* RM 144
バロン・ド・ロスチャイルド *BARONS DE ROTHCHILD* NM 145
ボーモン・デ・クレイエール *BEAUMONT DES CRAYÉRES* CM 146
ベセラ・ド・ベルフォン *BESSERAT DE BELLEFON* GM 147
ビルカール・サルモン *BILLECART-SALMON* GM 149
ボワゼル *BOIZEL* NM 152
ボランジェ *BOLLINGER* GM 153
ブリクー *BRICOUT* NM 156
ブリュノ・パイヤール *BRUNO PAILLARD* NM 158
キャティア *CATTIER* NM 160
カナール・デュシェーヌ *CANARD-DUCHÊNE* GM 161
シャノワーヌ・フレール *CHANOINE FRÈRES* GM 163
シャルボー *CHARBAUT* NM 164
シャルル・エイドシック *CHARLES HEIDSIECK* GM 167

クリストフ・ミニョン CHRISTOPHE MIGNON RM 171
コント・ド・ダンピエール COMTE DE DAMPIERRE NM 172
ダヴィッド・レクラパール DAVID LÉCLAPART RM 173
ド・カントナール DE CANTENEUR NM 175
ド・カステランヌ DE CASTELLANE GM 176
ドラモット DELAMOTTE NM 180
ド・スーザ DE SOUSA RM 181
ドウーツ DEUTZ GM 183
ド・ヴノージュ DE VENOGE GM 185
ドラピエ DRAPPIER RM 189
デュヴァル・ルロワ DUVAL-LEROY GM 190
エドモン・バルノー EDMOND BARNAUT RM 192
エグリ・ウーリエ EGLY-OURIET RM 194
エンクリ ENCRY RM 195
フルーリー FLEURY PER ET FILS RM 196

フランソワーズ・ベデル *FRANÇOISE BÉDEL* RM 198
フランソワ・スゴンデ *FRANCOIS SECONDÉ* RM 200
ガルデ（ジョルジュ） *GARDET (Georges)* RM 202
ガティノワ *GATINOIS* RM 203
G・H・マム *G. H. MUMM* GM 205
ジェルマン *GERMAIN* GM 208
ゴネ *GONET* RM 211
ゴネ・メドヴィル *GONET-MEDEVILLE* RM 212
ゴセ *GOSSET* GM 214
ゴセ・ブラバン *GOSSET-BRABANT* RM 217
ギー・シャルルマーニュ *GUY CHARLEMAGNE* RM 218
ギー・ラルマンディエ *GUY LARMANDIER* RM 220
エイドシック・モノポール *HEIDSIECK & CO. MONOPOLE* GM 222
アンリ・グートルブ *HENRI GOUTORBE* RM 226
アンリ・ジロー *HENRI GIRAUD* GM 227

アンリオ *HENRIOT* GM 228

ジャカール *JACQUART (CRVC)* CM 231

ジャック・セロス *JACQUES SELOSSE* RM 235

ジャクソン *JACQUESSON* GM 236

ジャン・ラルマン・エ・フィス *JEAN LALLEMEN ET FILS* RM 239

ジャンメール *JEANMAIRE* GM 240

ジェローム・プレヴォー *JEROMIE PREVOST* RM 243

J・M・グルミエ *J. M. GREMILLET* RM 245

ジョセフ・ペリエ *JOSEPH PERRIER* GM 246

ジュール・ラッサール *JULES LASSALLE* RM 249

クリュッグ *KRUG* GM 250

ラミアブル *LAMIABLE* RM 254

ランスロ・ロワイエ *LANCELOT ROYER* RM 256

ランソン *LANSON* GM 257

ラルマンディエ・ベルニエ *LARMANDIER BERNIER* RM 261

ローノワ *LAUNOIS* RM 262
ローラン・ペリエ *LAURENT-PERRIER* GM 264
ルクレール・ブリアン *LECLERC BRIANT* NM 268
ルグラ *LEGRAS* GM 270
ルイ・ロデレール *LOUIS ROEDERER* GM 272
M・マイヤール *M. MAILLART* RM 275
マイィ *MAILLY* CM 276
マリー・ノエル・レドリュ *MARIE NOËLLE LEDRU* RM 280
マリー・スチュアート *MARIE STUART* NM 282
マルキ・ド・サド *MARQUIS DE SADE*
ミシェル・ゴネ *MICHEL GONNET* RM 285
モエ・エ・シャンドン *MOËT ET CHANDON* GM 287
ニコラ・フィアット *NICOLAS FEUILLATTE* CM ND 293
ポール・バラ *PAUL BARA* RM 293
ペリエ・ジュエ *PERRIER-JOUËT* GM 297

フィリッポナ *PHILIPPONNAT* GM 300
パイパー・エイドシック *PIPER-HEIDSIECK* GM 303
ポール・ロジェ *POL ROGER* GM 307
ポメリー *POMMERY* GM 311
ルネ・ジョフロワ *RENÉ GEOFFROY* RM 315
リュイナール *RUINART* GM 319
サロン *SALON* GM 323
セルジュ・マチュー *SERGE MATHIEU* RM 326
スーティラン（AとP） *SOUTIRAN (A&P)* RM 327
テタンジェ *TAITTINGER* GM 329
タルラン *TARLANT* RM 335
ヴーヴ・A・ドゥヴォ *VEUVE A DEVAUX* CM 337
ヴーヴ・クリコ・ポンサルダン *VEUVE CLICQUOT PONSARDIN* GM 339

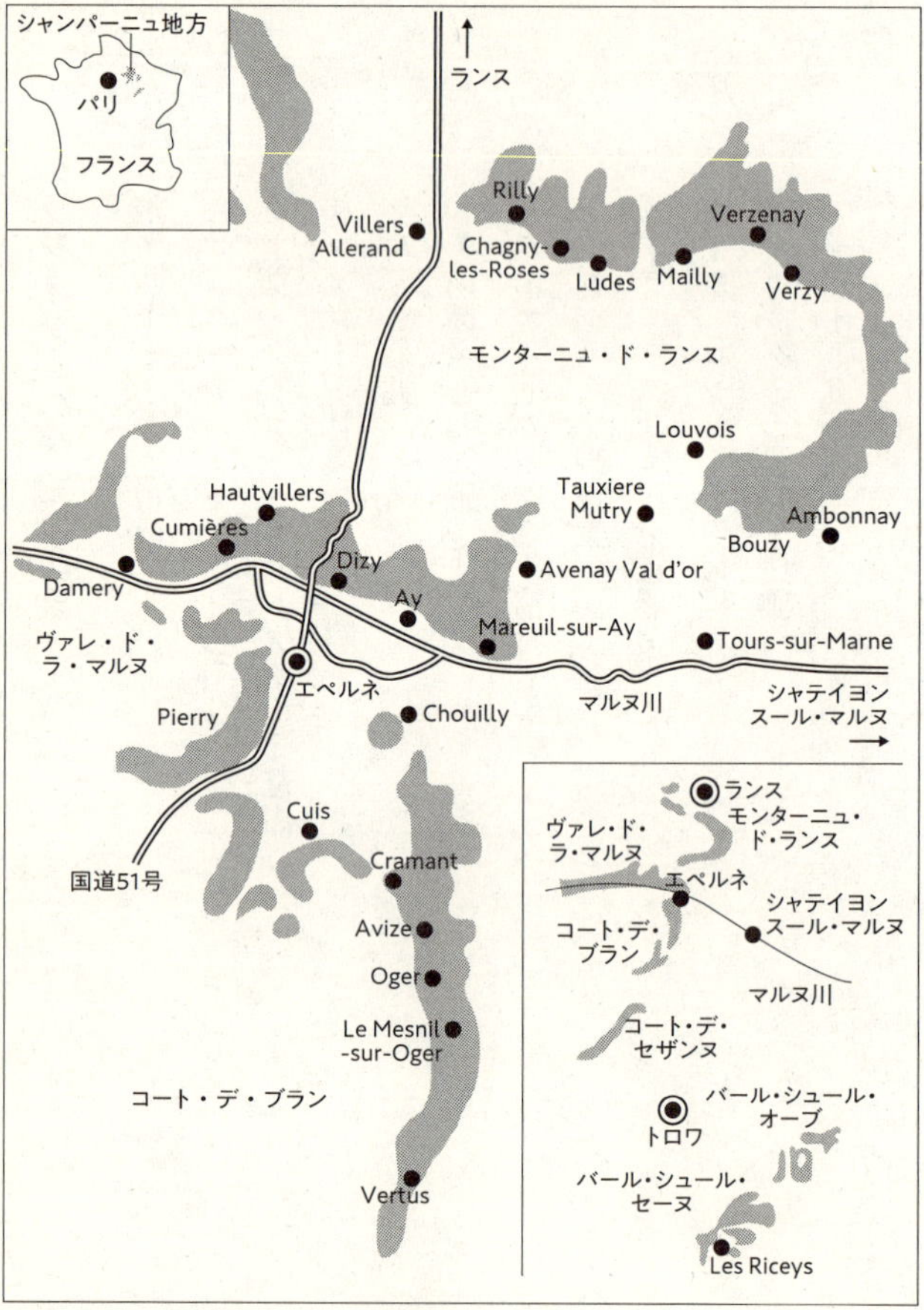

シャンパーニュ地方のぶどうの産地

グランメゾンの味覚の印象

ポメリー……万人指向
モエ・エ・シャンドン……優等生
ヴーヴ・クリコ・ポンサルダン……魅力
ランソン……甘美
マム……柔肌
テタンジェ……気品
ピペ・エイドシック……清楚
ボランジェ……野性美
ローラン・ペリエ……官能美
ポール・ロジェ……男の世界
クリュッグ……豊麗・典雅
アンリオ……瀟洒

第1章

シャンパンは人生を輝かせる酒

1　シャンパンの魅力と健康効果

ひと口に言ってしまえば、シャンパンは「強い」ワインである。強いと言っても、頑強という意味ではなく、味わいがしたたかで、濃く、飲むとすぐ酔いが体中に回るという意味である。

酔いが身体中を駆け巡る気分になるのは、泡のせいである。だから気分が高揚し、疲れや悩みが消え、陽気で楽しくなる。宴会やお祝いに使うのはこのためである。それだけでなく、世界の醜さが見えなくなり、美しく（ことに女性が）見える。また、この世のわずらわしくやっかいなもろもろの恐ろしさや掟が、どうでもよくなる。

例えば、戦場では怖くなくなり、勇気が出てくるし、平和時でも難局や難関に怖気づかなくなる。ナポレオンが言ったという「シャンパンは勝った時は飲む価値があり、敗けた時は飲む必要がある」という言葉は、シャンパンのこうしたハードな面をうまく把えている。

シャンパンのもう一方のソフトの面は、「不謹慎」と叱られそうなので恐る恐る言

わせてもらうが、女性が美しく見えることだ。異性に対して臆病か慎み深くて、本心をなかなか打ち明けられず、思い切った態度に出られない者でも、積極的に行動する決断力が出るという不思議な魔力がある。

人の心の動きをリアリスティックに把えるモーパッサンの小品『かるはずみ』（『モーパッサン短編集II』所収、新潮文庫）は、真面目な夫人がシャンパンを飲んだ時の心の動きを微妙・正確に把えている。シャンパンは「愛の酒」とも言われる。シャンパンが威力を発揮するのは、女性に対してだけでなく、中年を過ぎた男性に生きる精力を与えてくれる。その意味では、シャンパンは老人向きの精力剤でもある。

酔いという心理的、肉体的、社会的現象を科学的に観察すると、身体や血液の中にアルコールが何％入ったかという無味乾燥なものになるが、同じ酔いであっても、実に多種多様である。

平均的な日本人の感覚で言うと重症は、何がなんだかわからなくなったと翌日弁解するような、別次元の世界に迷いこんだ記憶しか残らない現象である。

それより軽度のものは、学校の授業で教わったニュートンの重力理論が脳のしわから消え去り、人間は空中や雲の上を歩けると信じ込む心理現象である。

さらにもう少し軽いと、マイクを前にした自分の声が素晴らしく麗しい声になり、調子を上げても周りの人は喜ぶに違いないと信じる時間に浸ることである。

これは第三者が見る酔いの現象だが、舌の感覚、脳細胞のしびれという点からは、もう少し情緒的な説明ができる。

まず、ワインの酔いというのは独特であり、それに何かをプラスアルファしたのが、シャンパンの酔いである。同じお酒の酔いでもウイスキーの酔いとは純然と区別できる。

硬い麦粒から造ったウイスキーの酔いはハードであり、柔らかいぶどうから造ったワインの酔いはソフトである。小指の先が暖まるようなけだるい感覚である。ワインの肌ざわりの柔らかさが胃袋の細胞をうっとりさせて警戒心を骨抜きにし、あっという間に胃袋の壁を通り抜け、血管のすみずみまで浸み渡る、と喝破した医学博士がいる。それに加えて、心が浮き立つというのが、シャンパンの酔いたるところである。

この世のいやらしいこと、人々の見苦しいこと、我が家の狭いこと、無茶苦茶な忙しさというような類いのものに悩まされ、心身ともにヘトヘトになり、新米の大工が逆カンナをかけた板のように感情がささくれ立った時、目の前のシャンパンが注がれ

たグラスを眺めてみるといい。

落ち着きを取り戻した心でグラスを見れば、淡い黄金色に輝くワインの中に細かい泡が昇り続ける。その活気がこちらの心に移る。はかない身分の泡でさえこれだけ元気がいいのに、なぜ俺がくよくよ落ち込まなければならないのかという気になる。

次に耳をグラスに近づけると、実に可愛らしいささやきが聞こえてくる。鼻を出すと柔らかく甘美な芳香がしばしば時を忘れさせる。口に含めば泡が口の中でプチプチと弾けるように舌をくすぐる。酸味と炭酸ガスが舌から口の奥にかけて刺戟を与え、喉にさっと暖かみを残して消えていく。

その爽やかさは言いようがない。頭の中の邪念がシャンパンのお祓いで清められていく。普通のワインではこうはならない。〝世の中の憂いを払う玉箒《たまははき》〟という賞賛を捧げられるお酒があるとすれば、それはまさしくシャンパンなのである。

シャンパンは女性やヤングたちだけのためにこの世に現れたのではない。シャンパンは一時的な疲労回復だけでなく、総体に体力が衰えた人種、つまり老人に若さを取り戻させてくれる不思議な力を持っている。

人生の黄昏がちらほら先に見えてくるロマンスグレイ氏とか、四八歳の抵抗期を過

ぎておのが体力の衰えの兆しが現れ出したのを自覚するような年代に入った人は、すべからくシャンパンを友にすべきなのである。

今までの人生でエネルギーを使い果たし、中古ないしはガタガタなポンコツ的存在になった人でも、シャンパンを飲めばしばし昔の青春に戻った気持ちになれる。その意味でシャンパンは年寄りのための酒なのであって、若い連中専用のものではない。若い時代のように大勢でエネルギーを発散し大騒ぎするのが無理と悟った男性にとって、決して裏切ることがなく、いつも心温かく迎えてくれる親友が晩年の人生に現れたのと同じである。どんなに人を信じられなくなっても、シャンパンだけは失望させられることがない。

俺も年を取ったなというような気持ちは放り投げて、誰もいなくて一人だけでもいい。グラスに注いだシャンパンの泡を眺めながら、ゆっくりとちびりちびりすすってみたまえ。バラ色の人生がよみがえったとまで言えないが、いぶし銀のような美しい世界が身の回りを包んでくれるはずである。

日本ではあまり知られていないが、ダフ・クーパーと言えば、英国陸相そして海相までになり、チェンバレンの宥和外交に反対して離職、チャーチル挙国一致内閣の情

報相になるなど、波乱に富んだ人生を送った政治家である。しかし、政治の世界だけでなく、歴史家・文筆家でもあった。

有名な『タレイラン評論』などは、資料的・文化的にも価値の高いことは一度読んでみれば敬服せざるを得ない。その回顧録『故旧は忘る』などは、どこかの国の政治家の自己宣伝出版物とわけが違って、文学的レベルも高い。

その中に、ある日やりきれないほど意気消沈して、ロンドン市内のクラブで極上のシャンパンを注文するくだりがある。やがて酒の効き目が彼の沈んだ気分を散らし始める。そのところが次のように実に素晴らしい。まさにシャンパン讃歌なのだ……。

「ここで私は、あの発酵したぶどうの果汁を口にすれば、いつも、かならず心に安らぎを得ることができた、ということを認めておかねばならない。六四歳という老齢に達してこうした文章を綴りつつ思うことだが、分別年齢に入ってからこのかた、大方の人びとからお前は少し飲みすぎるぞとたしなめられるぐらい、私は終始一貫して飲み続けてきている。しかも私はそのことを後悔してはいないのである。私にとってワインは常に変わらぬ友であり、また賢明な相談相手であった。しばしばワ

インのおかげで、私は物事を正しい遠近感において見ることができたし、また魔法の杖でひと撫でしたかのように、大きな災厄を値引して些細な支障にしてもらったこともあった。ワインは私の心を照らして文学への眼を開いてくれたし、この人生において凡俗なるものの中にひそむロマンスを教えてくれもした。ワインは私を大胆にしてくれたが、愚鈍にはしなかった。ばかばかしいことを放言させはしたが、それを実行させるようなことはなかった。酔ったあまりに、言わなければよかったことをつい言ってしまったり、出さなければよかった手紙を書いてしまったことも再三ありはした。だが、もしもそうした些細な無分別が、ワインの勘定書の借方欄に記入された莫大な売上げ金額を比較してみた場合、それらはほとんど問題にならなくなってしまうだろう……」

（「メン・プライズ・オブ・ワイン」増野正衛訳『故旧を忘る』）

シャンパンと人生についての文学は、後に節をあらためて紹介するが、この節の締めくくりに冒険物の大家ジャック・ヒギンズの『地獄の季節』（早川書房）のひとつのくだりを引用しておこう。

この中で女主人公に、さる老人が「シャンパンをどうぞ。シャンパンこそ今のあなたに必要なものです。お見受けしたところ、今日はあなたにとってあまりいい日と言えなかったようだから」とノン・ヴィンテージのクリュッグを勧める情景がある。しかし、彼女は遠慮する。そこでその老人（実はマフィアのボス）は、無理にグラスを持たせ、こう勧めるのである。

「シャンパンに飽きたということは、それは人生に飽きたということです」

シャンパンを飲むと元気になり、活気がつくことは、飲んだ人なら誰でも知っている。ヘトヘトになるまで働いた時にシャンパンを飲むと、疲れがふっとんでしまうから、疲労回復剤になることは確かだ。

普通のワインと比べても、シャンパンはアルコールが少し強いぐらいで泡が出る点が違うだけなのだ。なぜこんな力があるのか不思議だ。この原因を調べたお医者さんと学者がいる。

古いところでは一九世紀にワイマール大公爵の侍医だったローベンスタイン博士が、

医学治療におけるシャンパンの使用についてという研究を発表している。そうした難しい医学書を読まなくても、フランソワ・ボネルの『Le Livre d'or du Champagne』という本の最終章「シャンパンと健康」に詳しく書いてある。

シャンパーニュ地方は統計上リウマチ患者が少ない。また疲労回復に効くのは、その糖分が血液中の血糖を高め、カリウム塩が筋肉組織に活力を与えるからである。また、シャンパンは普通のワインと違って身体的だけでなく精神的な酔いも与え、炭酸ガスを含んでいるから、過度のアルカリ化を防いでバランスをとってくれる……云々。

シャンパン中のアルコールは一g当たり七kcal、脂肪が九kcal、糖分が四kcalになる。これだけを見ると高カロリーだが、他の栄養素と違って体内に蓄積されず、短時間で燃焼される一過性のカロリーだから、肥満の原因にはならない（おデブさんののんべえには耳寄りの話だろう）。

また、シャンパンを飲んでも、悪酔い・二日酔いをしない。普通の赤ワインだとヒスタミンの含有量（mg／ℓ）が三〇・三〇とか三〇・二一になるが、シャンパンでは平均して〇・一しかない。

普通のワインにヒスタミンが含まれるのは、それがぶどうの果皮と種子にあるから

だが、醸造過程ではぶどうの果皮や種を果汁に浸積している時にそれが流出する。シャンパンの場合は、果皮浸積をしないから果汁に流出しないし、圧搾器のプレスの仕方が違うので流出が少なくなる。ことに初搾りしか使わない高級品は、なおさらということになる。

ワインと健康についてはパリ大学医学部のモーリィ博士（Dr. E.A. Maury）の『Soignez-Vous par Le Vin』があり、実にいろいろなことが詳説されているが、訳書に『葡萄酒と健康』（中村耕三訳、紀伊國屋書店）があるから、興味と関心のある方はどうぞ。ワインの効用がベタ褒めに書いてあるが、要するに博士の説いていることろは「すべては節度の問題で飲みすぎてはいけない」で締めくくられており、そんなことは本を読まなくてもわかる。

ついでに言うと大昔からワインは傷口の応急処置に使われていた。人類が経験上に知ったのだろうが、現代医学の実験によれば一cc中のチフス菌、コレラ菌、大腸菌を九九％まで殺すことが実証されている。また、昔からパリやロンドンで「牡蠣にシャブリ」ということわざがあるが、生牡蠣の鮮度が悪かった時代、シャブリをがぶ飲みしていれば中毒にならないと信じられていたからである。

2　シャンパンが登場する映画・小説

シャンパンはワインである。だが、ワインとしては変わり種。なぜ変わったワインが生まれるかという理由は、後で説明しよう。だが、その前に異色であり、特有の魔力ともいえる性質を秘めていることに気がつき、普通のワインと同じには取り扱いたくないと考える人が出てくる。こうしたことから、シャンパンは小説そして映画でも、状況設定によく使われる。

まず、映画から見ると、人気のトップは『カサブランカ』。独軍がアフリカを占領した時代、ハンフリー・ボガート演じる主人公、リックの店が舞台。対独レジスタンスやアフリカからの脱出を狙う難民の巣になっている。

ある日、レジスタンスの大物が、逃亡のつてを求めて訪ねてくる。同伴した美貌の妻イルザを演じるのは、イングリッド・バーグマン。なんと、独軍パリ侵攻の時に姿を隠したリックの恋人だ。かつて彼女と出会ったとたん、一目惚れし、シャンパンを飲み、「君の瞳に乾杯!」と口説いたことは忘れられない想い出。イルザの涙で誤解

を解いたリックは、再びシャンパングラスを出し、「君の瞳に乾杯！」。さて、イルザはどうしただろうか？

少し古いが、白黒映画時代、名優シャルル・ボワイエ主演の『歴史は夜作られる』。題はお堅いが、実はラブストーリー。嫉妬深い夫を嫌って逃げてきた人妻（ジーン・アーサァ）が運転手に乱暴されそうになったのを助けたのが、ボワイエ演じる隣室の男。そこへ夫が訪ねてきたので、ボワイエは自分も強盗に化けて彼女を連れ出す。身の置きどころがなく困惑し動揺している彼女に、ボワイエが言う台詞は「パリで最高のシャンパンを飲ませるところを知っている！」。連れて行ったのはなじみのレストランだったが、店の親爺とバンドマンたちは店仕舞いして帰るところ。それをひきとめるためにボワイエが使った手段は、「みんなとシャンパンで祝おうと思ったんだ」。それにつられて皆でシャンパンを酌み交わし、酔っ払ったバンドで朝まで踊り明かす。

同じく古いところでは『ニノチカ』。ロシア共産党政権の初期、革命で貴族から没収した宝石をパリに売りにきた使節団のお目付け役だったのは、共産主義思想にコチコチだったグレタ・ガルボ演じるニノチカ。これに惚れ込んだのがフランス貴族。ロ

説きの手段はシャンパン。飲ませる台詞は「幸せを祈るときはシャンパンで乾杯！」。はじめ一口飲んだ時はいつも飲んでいるビールと味が違うので顔をしかめるが、二杯三杯飲むうちにオイシイ！　そのうち生まれてはじめてのキス……。

コチコチのロシアと言えば、007シリーズの『ロシアより愛をこめて』。秘密警察《スメルシュ》の本部でおっかない女親分が、まだ純情なタチアナにジェームズ・ボンドを誘惑するように命じた。その際、タチアナの気分をほぐすためにシャンパンを飲ませている。ボンドが美女を口説く時、いや口説く必要がない時でも、美女と一緒の時はしょっちゅうシャンパンを飲むことは情報で知っていたからだ。

濃艶《セクシー》な美女のシンボルと言えば、なんといってもマリリン・モンロー。となると、シャンパンは絶好な組み合わせ。『お熱いのがお好き』では、大金持ちに化けたジャック・レモンと、デラックスヨットの中で、化かし合いごっこをする時に飲むのがシャンパン。いやシャンパンでなければ様にならないだろう。

地下鉄からの風でスカートが巻き上がったシーンで観客を動員したのが、『七年目の浮気』。その中で恐妻家のリチャード（トム・イーウェル）が、妻と子供が避暑に出かけて留守になった時、同じアパートの2階に引っ越してきた美女（モンロー）を

誘惑しようと奮発したのがシャンパン。

こんなユーモレスクでなく、深刻《シリアス》なものもある。アレック・ウォーの作品が原作の『逢いびき』。アレックは酒類界でも活躍し、有名な『イン・プライズ・オブ・ワイン』(邦題『わいん』)を書いているが、純文学の部門で書いたのが『つかの間の出会い』(邦題『逢いびき』)で、それを映画化したものだ。円満な家庭を持つ人妻が地区の相談所でボランティア活動をするようになった時、通勤列車で知り合った医師と恋に落ちる物語。

まだ若かった頃のソフィア・ローレンが、こうした立場に陥った女性の揺れ動く心理を可憐に演じている。二人が逢うために借りた部屋でシャンパンを飲むシーンが美しい。結局行きずりの恋ははかなく消えてしまうのだ。その想い出をシャンパンに託すところが実にいい。

「玄関での最初の感激の一瞬が、シャンパンを抜こうと並んで座った時のあの身内に突き上げてくる高揚感が、最後のシャンパンに口をつけかけた時のあの期待感が……」

同じように人妻を主人公にしたもので、貞淑な主婦が昼間は家を抜け出して町の娼

婦になるというセンセーショナルな映画が、『昼顔』だった。ケッセルの原作が一九二七年にフランスで出版された時、轟々たる世論を巻き起こした作品である。

原作は女性の霊と肉体との間の異常な乖離を扱った純文学作品だが、映画というメディアでは、主人公の複雑な心理状態を描くのは無理なようだった。ただ、ヒロインになったカトリーヌ・ドヌーヴがそうした店につきもののシャンパンを飲むシーンの放心した表情は、ところによってシャンパンも罪つくりな飲み物になることを物語っていた。

やっぱりシャンパンは陽気で洒落た物語のほうが楽しい。その代表が『昼下りの情事』。主題歌も忘れられないものだったが、オードリー・ヘップバーンが名うてのプレイボーイをきりきり舞いさせるところが楽しかった。その小道具に使われたのが、シャンパンのドン・ペリニヨン。

シャンパンのようなユニークな飲み物を、小説や映画が取り扱わないはずがない。ひと昔前、西尾忠久さんと小説に出てくるシャンパンを調べてみようとしたが、いざ取り掛かってみるとその数はおびただしく、終わる前に西尾さんは故人になってしまった。その中でも面白いものを紹介しよう。

ジェフリー・アーチャーは小説家というより小説を地で行ったような人物で、実際に国会議員にまでなりながら、ある詐欺に引っかかって一旦は政界から引退し、その経験を生かして『百万ドルをとり返せ！』（新潮文庫）と、『めざせダウニング街10番地』（同）を書いている。

前者は悪徳銀行家が北海油田を種に大掛かりな詐欺をたくらみ、その詐欺に引っかかった四人の被害者が一ペニーも多くなく、一ペニーも少なくなく、その回収をする同盟を結び、見事成功するミステリー物。

後者は、サッチャー政権誕生を巡る英国政界を舞台にしたフィクション。アーチャー自身がシャンパン好きらしく、ことにクリュッグ六四年が好きらしい。書くものは英国の政界を背景にしているため、英国の上流階級がどんなシャンパンの飲み方をしているかがよくわかる。

保守党党首の議員食堂、アスコット競馬場におけるプライベートボックスの昼食、法廷弁護士事務所の祝賀パーティ、国務相に指名された議員の家庭。シャンパンがぶ飲みの結婚式、子供の洗礼式のあと、法務長官から判事就任を受けた後の夫婦水いらずの夕食などなど。英国がシャンパンの大消費国であるはずである。

詐欺に引っかかったわけでないが、何人かでお金儲けを考えるのが、ロジャー・ピアドウッドの『一〇〇万ドルゲーム連盟』(文春文庫)。金融のスペシャリストの男女四名が自分たちだけの力で金儲けをしようと、国際投資市場を舞台にマネーゲームを始めるストーリー。登場人物はバリバリの実業家だから、シャンパンを飲むシーンが一冊の中で二〇回も出てくる。

クリュッグの極上物一本槍だとか、カクテルパーティの安物のシャンパンが我慢できないと言って、クリュッグ五九年物で飲み直すとか、ドンペリが愛飲酒だとか、ドンペリとクリュッグとどちらがうまいかを決めるのが人生の楽しみのひとつだとか、ロールスロイスのシートの中に冷蔵庫があって、インペリアル・パイント・サイズのシャンパンがしまってあるとか、その飲み方はかなりキザである。

サラ・パレツキーの「シカゴシリーズ」(ハヤカワ文庫)は、弁護士生活に嫌気が差した女主人公が私立探偵として活躍するが、暴力団と大立ち回りをしてヘトヘトになると、熱いシャワーを浴び、ジョニ黒を飲む。『レイクサイド・ストーリー』では、依頼者の船主夫の自宅に招待され、湖を見渡すテラスでシャンパンを御馳走になる素敵なシーンがある。

ロバート・パーカーのスペンサー探偵物の中で異色な作品が『初秋』。自閉症の子供を預かることになったスペンサーは、キンプル湖畔で山小屋作りに取り組む。穴掘り、コンクリート流し、木組みと自力で小屋を作り上げる。初秋の静寂な景色の中で、プラスチックのカップでシャンパンを飲む。硬い心がほぐれた少年に初めてシャンパンを飲ませるが、その話のやりとりにはミステリー中毒になっている僕でも心が本当にジーンとさせられる。

ハードボイルドのミステリーのはしりはレイモンド・チャンドラー。男がしびれるような酒をとりまく情景や台詞が出てくるが、マティーニやギムレットだけでなく、シャンパンも出てくる。代表作の『長いお別れ』（ハヤカワ文庫）の最後のほう、マーロウの自宅へリンダが訪れるが、しまっておいたコルドン・ルージュ（マム社のシャンパン）を開けようと誘う。

なんのためにしまっておいたのと尋ねられると、「君のためにさ」。いいねえ。同じくロバート・パーカーのスペンサーシリーズでも、シャンパンの使い方と恋の口説き方を心得抜いている。女友達から恋人同士になってスーザンと初めて会う時、ドン・ペリニヨンを奮発している（『誘惑』）。

ところが、彼女のほうもアメリカ産でないものをちゃんと買って用意していたところが憎い。二本も軽く平らげ、君が大好きだと言えば、あなたはロマンチックな愚か者ね、詩人じゃない、とのやりとりがあった後、結局スペンサーが「愛の言葉はもう充分だ」と、そして……。

『約束の地』になると二人の仲は深くなる。一旦別れるが、それがかえって二人の愛を深める。

『キャッツキルの鷲』では、窮地に陥ったスーザンをスペンサーが救ってアパートに戻ってきた時、妹のそれとは違う接吻をして、ドメーヌ・シャンドンのブラン・ド・ノワールの栓を抜く。スーザンのグラスが空になったので、スペンサーはシャンパンの泡がこぼれないように慎重に注ぐ。

それを見ていたスーザンは「非常に慎重に注がなければならない。私たちの愛の行為と同じよ。慎重に、優しく、繊細に、溢れないように気をつけて……」。野暮ったいはずのアメリカの私立探偵たちだってこんな粋なシャンパンを飲む作法を知っている。日本ではどうなのだろうか？

3　ワインとしての特異性

シャンパンはいろいろな点で特異なワインである。どこが普通のワインと違うのかその特徴をまとめておこう。

なぜ泡立つのか

そんなことはわかっている。泡が立つからシャンパンなんじゃないかと言われそうである。ところが、そう簡単ではない。そもそもワインなるものが生まれたのは、ブドウの中に含まれている糖分が、ワイン酵母の働きでアルコールと炭酸ガスに分解したからである。

この炭酸ガスのほうは貯蔵の過程で発散してしまうから、アルコールだけが残って人を酔わすアルコール飲料となる。これが普通のワインなのである。この発散する炭酸ガスを壜の中に閉じ込めたのがシャンパンなのだ。では、どうやったら泡を壜の中に閉じ込めることができるか？　ワインの中に人工的に泡を注入するのは邪道。イミ

テーションシャンパンである。

その鍵は第二次発酵である。つまりシャンパンは二回発酵させられたワインなのである。まず普通のワインを造る。出来上がったところでとりあえず壜に詰める。その時に少量の糖分と酵母を加えて栓をしてそのまま地下蔵に寝かせる。大体短くて二年くらいである。その間は新しく加えられた糖分と酵母でもう一度発酵を起こす。

この第二次発酵は壜の中で起きるから、発生した炭酸ガスが泡になって立ち上るわけである。ここまでは別に難しいことはないが、ひとつ難問が残る。壜内で第二次発酵が終わった時、酵母の屍骸などが澱《おり》になって壜内に溜まる。これをどうやって抜き取るかである。あれこれ考えた末、開発された方法があり、これが現在は一般に行われている。

その方法とは、それまで横に寝かしてあった壜を壜口が下になるように立て、何回かゆすって澱を壜口に溜める。澱が溜まった壜の首の部分だけ冷やして壜口のワインを氷結させる。澱入り氷結ワインの部分は栓を抜くと壜内の気圧のため外に飛び出る。そこにすばやく新しいコルク栓を打ち込むわけである。これで発泡ワインの出来上がり。

ただ、澱を溜めるルミュアージュと呼ばれる工程を行うために、特殊な道具ができている。鎹《かすがい》で上部を留めた二枚の板を逆V字型に立てるが、その板に穴を開けてある。そこに壜口を突っ込んで壜をさかさまに立てる。その壜を何回かゆすって澱を壜口に落とし溜めるのである。

溜めた澱を抜き取る工程をデゴルジュマンと呼ぶ。この際、ひとつ特別の作業がある。氷結した澱入りワインを抜き取るとき、どんなに素早くやっても、少量のワインが吹きこぼれる。その分だけワインを注ぎ足してやらなければならない。言うまでもなく、注ぎ足すワインは壜内のワインと同じものでなければならないところだが、そこをひと工夫した。注ぎ足すワインに糖分を入れるが、その糖分の量によってワインの甘さを変えられるのだ。

シャンパンの甘辛度はこれで人為的に操作できる。だからシャンパンにはかなり甘口のものから辛口のものまである。ただ、昔と違って今は辛口嗜好だから糖分添加をあまりしないものが流行である。この辛口物をブリュット（生一本の意味）と呼び、ラベルにそのことが表記されている。

今の日本人は、シャンパンを辛口の飲み物と思い込んでいる。かつてのフランスで

は甘口だった。普通のワインは食事とともに飲むものとして発達してきた。しかし、シャンパンは時とところを選ばず、いつどんなところで飲んでもかまわないものだった。

それが食前（アペリティフ）か、食後（ディジェスティフ）に飲むものになり、食事とともに飲むようになってきた。また辛口に変わってきたのは、実は英国のおかげである。英国では辛口物を飲んでいた。これに目をつけたのがマダム・ポメリーだ。辛口のシャンパンを英国に売り込んで大成功。そして、フランス国内でも流行させ、ポメリー社をシャンパンの大メーカーにまで発展させたのである。

今でもフランスでは甘口のシャンパンを飲む人が多いのは、そうした歴史的事情からである。日本でもそうした飲み方をすると楽しいのだが、探しても甘口を揃えている酒販店は少ない。一度探して甘口物も飲んでみたらいい。意外に楽しいものであることに気がつくだろう。

シャンパンはブレンドのワイン

シャンパンは調合ワインであり、それがシャンパンのシャンパンたるゆえんで、普

通のワインと違う。しかも、三つの特徴がある。

第一に赤と白のブレンド。シャンパンは赤ワイン用のブドウとして有名なピノ・ノワールと白ワインを生むブドウとして今では世界中で栽培されているシャルドネとのブレンドである。

スタンダード物、つまり普通のシャンパンは赤白の比率が六対四くらい。各社によって比率にヴァリエーションがあるし、赤ワイン用のピノ・ムニエを使うところもある。昔は、ムニエはピノ・ノワールに比べて劣るものとされ、もっぱら安物に使われていた。しかし、いろいろ研究した人がいて、ムニエはムニエなりの良さがあることが着目され、これを使うところが増えてきた。名酒造りのトップ、クリュッグ社でもムニエを使っているのだ。

シャンパンは白ワインなのに、なぜ赤ブドウのピノ・ノワールを、と不思議に思う人がいるかもしれない。使う理由はいろいろあるが、ひとつは歴史的事情で昔からシャンパーニュ地方はピノ・ノワールを栽培していて、非発泡（スティル）の赤ワインが有名だった。泡の立つワインに切り替えた後でも、ピノを使うと泡の立つものになることに気がついたのである。

赤（正確には黒い黒皮）ブドウからどうして白ワインが生まれるのか？　理由は簡単だが、実際にやるのは簡単ではない。赤ワインが赤ブドウからできるのは、赤ブドウの果皮細胞に含まれている色素が、ブドウの果実を破砕・圧搾して発酵させることで、果皮細胞が破れて流出するからである。

赤ブドウであっても、果肉と果汁には色がついていない。果実を破砕・圧搾したら、素早く果皮と果汁を分離して抜き取ればよい。

普通のワインの圧搾器は縦型桶状だが、シャンパンの場合は大きくて平たく、深くない。圧搾器を使って急速にプレスし、色がつかないうちに果汁を流出させる（現代では急速に果汁が抜き取れる装置のモダンプレスが開発されている）。そうすると赤ブドウから色のつかない果汁が取れるから、それを発酵させる。普通のワイン造りでは果汁と果肉を一緒に発酵させるが、それをしない。

さらに、白ブドウのシャルドネだけを使うことを考えた生産者がいて、「白の白（ブラン・ド・ブラン）」と名づけて売るようになった。このブラン・ド・ブランは二日酔いをしないという迷信が生じて一時はかなり流行した。シャンパン生産地区の中でもっぱらシャルドネを栽培しているコード・デ・ブラン地区では、ブラン・ド・ブラ

ンを造る生産者が多い。

世の中にはどこでも変人というのがいるもので、この逆をやったら面白いだろうと考えた生産者がいる。つまり赤ブドウのピノ・ノワールだけでシャンパンを造る。名づけて「赤の白（ブラン・ド・ノワール）」。こちらは少し変わった味になるので、物好きな連中が愛飲している。

ブレンド問題に関係して重要な話がまだ残っている。それはロゼのシャンパン。見た目も奇麗だし、愛のシチュエーションで雰囲気づくりに役立つ。高く売れたからか業者は売り込みに熱心。ロゼというのは薔薇色の意味だ。しかし、薔薇には白から紫まであるから本当はおかしい。

ピンク・ワインと呼ぶべきだろうが、日本ではピンクというと品の良くない意味を持つから、仕方がないかもしれない。そんなことよりも、本当のロゼワインは、赤ワイン造りと同じやり方で仕込み、赤色が濃くならない前に止めるという方法で造る。

赤と白のワインをブレンドするのは御法度で、そんなやり方をして造ったワインは正式にはロゼワインとは呼べないイミテーションということになる。ところが、いろいろな事情があり（多分業者の陰謀）、赤白ブレンド物が王道闊歩している。

ただ、本来のロゼ造りの方法を頑なに遵守している健気な（良心的な）業者もいる。クリュッグなどはそうである。クリュッグの場合、特殊なシャンパン造り（古樽発酵）をしているのだから、これは結構難しいのだが、がんばっている。製法の違いで味が変わるかどうかも問題だが、私はロゼのシャンパンをめったに飲まないから何とも言えない。

二番目の特徴は「ノン・ヴィンテージ」。普通のワインは、ブドウを収穫した年のものだけを使って造る。だから、収穫した年のブドウの出来不出来によってワインの性格が決まってくる。当たり年のワインは優れたものになるし、不作年のワインは出来栄えが悪い（最も豊作・不作と言っても、質の良否と量の多寡とは別で、量産できたが質のほうはたいしたことがなかった年と、生産量こそは少なかったが、質のほうは良かったという年もある）。

だから安物でないワインは、必ずと言ってよいほどラベルに収穫年（ヴィンテージ、フランス語はミレジム）の表示がある。シャンパーニュ地方はブドウ栽培の北限に近く、寒さのため不作になることが多い。そこで、良かった年のワインを全部出荷しないで取っておいて貯蔵し、不作の年のワインにブレンドして手直しする方法を考え出

した。

シャンパーニュ地方のワイン生産が大手中心だったのは、この大量ストックという問題が零細農家・生産者にはできない相談だったからである。こうしたことからシャンパンは複数年のワインのブレンドが主流になっている。当然収穫年の表示はできない。そのため普通のシャンパンにはしばしばNV（ノン・ヴィンテージ）の字が表示されている（ラベルに収穫年〈ヴィンテージ〉が書かれていなかったらNVである）。

この「ヴィンテージ」という言葉が他のワインと違って特別の意味を持つのは、シャンパンとポートワインである。とても素晴らしいブドウが収穫された年に、極上のもの造りを指向するメーカーが、その年のブドウだけを使って最上のシャンパンを造ることを考えた。そしてそのことをはっきりさせるために、収穫年をラベルに書くことにした。それが「ヴィンテージ・シャンパン」なのである。

この年代表示はその壜のシャンパンが特別に手をかけて造られたものであり、メーカーとしては最上のものであることを誇示する栄称なのである。だからヴィンテージの表示があるシャンパンなら悪いはずがないし、同時にお値段のほうも割高になっている。

第三は、複数地区のブレンド。言うまでもなくワインはブドウから造る。そしてブドウは果物だから、それが生まれた地方の地区の土質や気象の影響がはっきり出る(その点がビールや日本酒の原料になるお米や麦のような穀物とどうしても違ってくる)。

だからワインの場合、ブドウが育った場所つまり原産地呼称が重要であり、多種のワインを識別する手がかりになっている。地方・広域地区・村・区画畑とはっきり峻別され、それぞれ格付けの対象になっている(例えばブルゴーニュ、コート・デュ・ローヌ、コート・ド・ニュイ、ジュヴレイ・シャンベルタン、シャンベルタンというように)。

シャンパーニュ地方はブルゴーニュのお隣の生産地とも言えるのだが、その点で全く違う。生産方法が違うからである、ブルゴーニュは、生産者の規模が小さく、中小零細農家・生産者が自分の小さな畑にしがみつき、各々が自分なりの方法でワインを造り、出荷している。

ところがシャンパーニュ地方では歴史的事情もあって、大メーカーの大規模生産が主流である。シャンパンの生産地区も全体としてはかなり広く、地区も五地区に分か

れている（後述）。メーカーとしてはそうした広汎な地区の各所に自分が必要とするだけの畑を持てるわけがない。

大メーカーはほとんど農家からブドウ（またはワイン）を買い取り、自分のところでは第二次発酵以後の工程を行うことになっている。つまり、最近までシャンパン造りの主流は、大手メーカーが自分の畑でブドウを栽培し、醸造を行うのでなく、各地区の多種多様な中小生産者のブドウまたはワインを買い取り、それらをブレンドしてシャンパンに仕立てあげることだった（後述のレコルタン・マニピュタンの激増は以前からのシャンパンの製法に激変が起きたことを物語っている）。

巨大な量のシャンパンを売る大メーカーは、実に多様な中小メーカーのワインを買い取り、それをブレンドしてストックする。そのためにはワインの品質の均一性を保つためにも、優れたブレンド技術を持つことが不可欠な条件だった。

ところで、このブレンドという工程の必然性から、シャンパンには二つの特有な現象が起きた。ひとつは「格付け」である。シャンパンでも格付けがある。しかし、ブルゴーニュのように数多い個々の区画畑まで格付けされ、グラン・クリュ、第一級（プルミエ・クリュ）というように分けられているのではない。

いろいろ問題はあったが、「村」を対象にして特級、第一級というように分けた。その目的はメーカーの買い取り価格を決めるためだった。なにしろ量が多いから、買い取りにあたっていちいち交渉して買値を決めるとなったら大変である。そこで、年一回収穫期になるとメーカー側代表と農家側代表が団体交渉をしてグラン・クリュ村の買い取り価格を決める。それを基準にして第一級、第二級の価格がスライド的に決まるという方法をとったのである（一九〇〇年にこの方式が廃止されることになった時は大騒動だった）。

だから、あるシャンパンがグラン・クリュと麗々しく表示されていても、ブルゴーニュワインの場合のような意味を持たない。せいぜいグラン・クリュ村のブドウを使っているということだけである。

もうひとつは味の決定。ブルゴーニュの場合は基本的には使われたブドウの生まれた村と畑、それと生産者の腕でワインの個性や味が決まってくる。しかし、シャンパンはブレンドワインだから、メーカーの考え方とブレンダーの腕で決まる。というより人為的に決められる。

各メーカーはどんな味わいが飲み手に喜ばれるかを考え、その上で自分のところの

シャンパンのスタイルや味わいを決めるのである。その結果、飲み手のほうは、メーカーごとに、このメーカーのシャンパンはこんな味、あそこの味はあんな味だったというふうに覚えておけば、自然と自分の好きなシャンパンが決まる。プロでなくてもできる仕事である。ある意味ではこれもシャンパンの特質、便利な長所だろう。何本かのシャンパンを飲み比べてみればいい。必ずこれが私のシャンパンと言えるものに出会えるはずである。

呼称をめぐって

シャンパンは、複雑な工程によって造りあげられたワインで、そのため世界に雄飛している。シャンパンのめざましい成功を見て、真似してみようという者がどうしても出てくる。

だからシャンパン業者はイミテーション物には結構神経質だし、その防止に力を入れている。いろいろ歴史上のいきさつがあったが、とにかく現在のところ、「シャンパン」と名乗るワインを出せる地区は法律で厳しく限定されている。

シャンパーニュ地方以外で出す発泡ワインは、ヴァン・ムスー（泡のワイン）とし

か名乗れない。昔からロワール地方ではかなり発泡ワインを出していて、安いものだから結構飲まれていた。ただ、貧乏人のシャンパンと呼ばれ馬鹿にされていた。ロワールの名誉のために言っておくが、現在ロワールの発泡ワインはソーミュールを中心に努力を重ねて品質はとみに向上し、決して捨てたものではない。また、ブルゴーニュもシャンパーニュが羨ましくて発泡ワイン造りに力を入れ、政府から「クレマン・ド・ブルゴーニュ」と名乗ることが認められ張り切っている。

スペインでも発泡ワイン造りに目をつけた人がいて、バルセロナ地区でシャンパンと名乗るワインを大掛かりで造って売り始めた。頭にきたシャンパン業界の人たちが英国で訴訟を起こした。この事件もいろいろ成り行きがあったが、結局スペイン側が兜を脱いでシャンパンの呼称を使うのを止め、「カバ」(cave、地下蔵の意味)と名乗ることにして決着がついた。現在スペインのカバは大成功、売上はシャンパンに次ぐ第二位である。

アメリカ人はシャンパンが大好きでフランスから大量に輸入していたが、カリフォルニアでのワイン造りが成功すると、発泡ワインに手を伸ばし、「カリフォルニア・シャンパン」と名乗って売りまくっていた。この防止に本書の著者も弁護士として働

き、現在日本市場からは姿を消している。

シャンパンは既に説明したように特殊な製造工程（壜内第二次発酵）で造る。シャンパーニュ地方以外でも、人工的なガス注入でなく、シャンパンと同じ製法で発泡ワインを造った生産者が世界各地にいる。その努力を誇示するためにラベルに「シャンパン方式」と表示した。これにもシャンパーニュ地方がクレームをつけたため、現在は「伝統的製法」と書くことに切り換えた。だからラベルに「METHOD TRADITIONAL」の字が書いてあれば、壜内第二次発酵方式で造ったワインなのである。

4　シャンパンの主要生産地

シャンパンを生むシャンパーニュ地方は、パリの東、北緯四九度半あたりにあり（戦前の樺太の日・ロ境界線）、ブドウ栽培の北限に近い。北東はルクセンブルク、北はベルギー（フランダース）になる。フランス国内で見れば東はアルデンヌとメッツとベルダン、そして北はパリになる。

北部のアルデンヌ高原は第二次世界大戦の初めにヒットラーが攻め込んだところだし、第一次世界大戦時、シャンパーニュは激戦地区だった。もっと古い話をすれば、ランスの東の平原は蒙古のアッチラ王とヨーロッパ連合軍との最終激戦地だった。

シャンパーニュ地方生まれだからシャンパンと呼ばれたわけだが、一般呼称のシャンパーニュ地方とAC（原産地呼称規制）法上のシャンパンと名乗れるワインを出せる地区は厳しく限定されている（近頃シャンパンをシャンパーニュと呼ぶ人が出ているが、フランスでは飲むシャンパンは男性の定冠詞 Le Champagne。地方名としてのシャンパーニュは女性定冠詞の La Champagne になってはっきり区別できる。日本語には定冠詞がないから、ただシャンパーニュと呼んでもワインと地方名の区別がつかない）。

県としてはマルヌ、オーブ、オート・マルヌ、アルデンヌなどにまたがっている。現在、シャンパンと名乗れるワインを出せる地区は約二万一〇〇〇haで、そのうち七五％がマルヌ地区、一七％がオーブ地区、八％がエーヌとセーヌ・エ・マルヌ地区にある。だから、シャンパンについて語る場合マルヌ県を頭におけばいい。

もっとわかりやすく言うと、表玄関に当たるランスと裏玄関に当たるエペルネ市の

間の高原の東側のへりの斜面にある「モンターニュ・ド・ランス地区」と、エペルネからずっと南へ延びる丘陵の東斜面の「コート・デ・ブラン地区」、そしてエペルネから西へ流れるマルヌ川沿いの「マルヌ流域地区」が、シャンパン生産の代表的中心地区になる。だから生産地区分が話題にあがった時はこの三地区を頭におけばいい。ただずっと南に離れた飛び地の「バール・シュール・オーブ地区」と「バール・シュール・セーヌ地区」はブレンド用ワインの重要な供給地であり、最近頭角を現した優れたメーカーが散在する。このことも覚えておいたらいい。

モンターニュ・ド・ランス　Montagne de Reims

ランスとエペルネの間はフォレ・ド・モンターニュと呼ばれる丘陵になっている。一部は耕作されているが、ほとんどは森林である。野生のイノシシが棲息しているが、第二次大戦時その姿を消し、戦争が終わるとどこからかまた出てきたそうだ。この高台の東側の半円状のへりは斜面になっていて、その斜面と裾の平野がぶどう畑になっている。ここがシャンパン揺籃の地なのである。

ランスからエペルネへ向かう「国道51号」線を南へ行くと、ヴィレール・アルラン

のところでこの斜面に突き当たるが、そこを左折して斜面の裾の田舎道（県道二六号線）に入ると、この道は丘の裾をぐるっと半円状に回って、エペルネへ向かう。道の左右には明らかにワイン生産者らしき民家が並んでいる。こここそ、まさしくシャンパン街道（ルート・ド・シャンパン）である。

めぼしい村はマイィ Mailly、ヴェルズネイ Verzenay、ヴェルジィ Verzy で、いずれも格付け一〇〇％のグラン・クリュ。これらの村は地図の上では北面になるが、丘陵の裾からごくなだらかな起伏がぶどう畑になっていて、放射状に広がっている。そのため北向きになっているが、日当たりはいい。

ヴェルズネの村に小高い丘があり、風車がある。昔はこのあたりに風車が多くあったが役に立たず、取り壊されてしまった。一軒だけ大事に持ち続けていて、後に、エイドシック・モノポール社に売って大儲けしたそうである。

このあたりに来て驚かされるのは畑の土質である。表面を薄く覆っている堆肥や枯葉、砂や粘土などを取り除いてみると、下は真っ白である。そのまま黒板にチョークとして使えそうな岩がゴロゴロしている。これこそクレー・ア・ベレムニトと呼ばれる特殊なベレムナイト糸白亜質で、世界に類なきシャンパンを生む鍵なのだ。

シャンパン街道はヴィレール・マルメリィのところで向きを変えて、西へ向かう。畑は西から南向きに変わる。そこに控えているのはいずれもグラン・クリュの畑の村アンボネイ Ambonnay、ブージィ Bouzy、ルーボォア Louvois で、そこでシャンパン街道は終わる。ここまでのモンターニュ・ド・ランス地区で植えられているのはピノ・ノワールである。そのうちブージィの村は土質のせいか、昔からピノ・ノワールの赤で有名だった。そのためかこの村は小さいが、小粋で豊かな雰囲気がある。

一八三二年の大不況時代、農家が汗を流して収穫したぶどうを大手のハウスやネゴシャンが買わず、農家が困りぬいているのを見た村長のバラ家の当主（現在のポールの先代）が、見るに見かねてぶどうを買い取り、地下にセラーを掘って、自分で第二次発酵を行い、シャンパン造りに本腰を入れた。現在、シャンパン市場を激しく動かしているレコルタン・マニピュランの輩出の先鞭をつける元祖的存在になったのである。

この村の自慢がひとつある。それは泡の立たないシャンパーニュ地方のワインである。飲んでみたいと思う人は多いだろうが、日本ではなかなか手に入らない。しかし、日常生活に必要だからか、現在もちゃんと造っている。

ただ、この手の非発泡（スティル）ワインは「コトー・シャンプノワ」という、他所者にはわからないような呼称をつけている。この手の、つまり泡の立たないピノ・ノワールの赤を出しているのは、ブージィがトップなのだ。

なお、モンターニュ・ド・ランスの一番外れになるルーヴォア村には、ルイ一四世時代にフランス軍を拡大・充実させたミシェル・ル・テリエ（息子がルーヴォア）のシャトーがある。ルイ一五世の娘のものになった関係でフランス革命時に壊されてしまったが、立派な庭園跡が残っている。

コート・デ・ブラン　Côte des Blancs

シャンパーニュ地方の中でも、他のところとちょっと毛並みが違うという顔をしているのが、この地区である。地勢も変わっているだけでなく、その名（白の丘陵の意味）の通り、白（シャルドネ）に専念しているからである。ここから取れる白ワインはランスのメーカーがどうしてもブレンド用に手に入れなければならなくなっている。また「ブラン・ド・ブラン」が旗印になっている産地でもある。

地理的・地勢的に見れば、エペルネ市から南に細長く丘陵沿いに延びている場所で

ある。いくつかの村があるが、グラン・クリュ畑になっているのは北半分にあるクラマン Cramant、アヴィーズ Avize、オジェ Oger、ル・メニル・シュール・オジェ Le Mesnil sur-Oger。南半分は第一級で、その南端近くにあるのが、ヴェルチュ Vertus。

面積で言えば、アヴィーズが一番大きく、その次がクラマン。この二つの村はシャンパンファンの中でよく知られている。村落の大きさでは一歩譲るが、畑の点ではル・メニルも負けてはいない。

クリュッグ社の虎の子の秀逸単独畑クロ・デュ・メニル Clos du Mesnil はこの村にあるし、酒通が賞賛してやまないミニ・メーカーの「サロン」もここにあるのだ。また、レコルタン・マニピュランのローノワ家のミニ・ミュージアムもある。

コート・デ・ブランの生産量はたいしたもので、ランスやエペルネのようなグラン・マルクの大会社はないが、シュウイィ Chouilly にシャンパーニュ地方きっての大協同組合のサントル・ヴィニコール・ド・ラ・シャンパーニュがある。アヴィーズには協同組合のユニオン・シャンパーニュがあり、その最新施設や設備、醸造器具や技術はフランスの協同組合でもトップクラスの存在である。

コート・デ・ブランでも最南端で名酒造りの後尾を務めているヴェルチュ村は、場

所こそランスからはるかに離れて孤立しているが、デュヴァル・ルロワのように無視できない存在（年産四三〇万円、一九八九年の販売実績で業界第七位）もあり、したたかな腕でしっかりしたシャンパンを出している。また、ギー・ラルマンディエやアルマンディコ・ベルニエなどが〝白い気炎〟をはいている。

ヴァレ・ド・ラ・マルヌ Vallée de la Marne

シャンパーニュ地方を東から西へ横切って流れ、エペルネ市の町のすぐ横を通るのがマルヌ川である。その流域の中で大都市シャロン（エン・シャンパン）にはシャンパン造りでは老舗になるジョセフ・ペリエがあるが、普通「マルヌ溪谷のシャンパン」と言えば、エペルネ市の東、少し上流のビスイユあたりから、エペルネの横を抜けてずっと下流のシャトー・ティエリーの町（パリとランスを結ぶ国道三一号線の途中）の少し上流あたりまでを指す。

その流域はかなり長いから、栽培面積までいえば三六〇〇haで、モンターニュ・ド・ランス三二〇〇ha、コート・デ・ブランの二四〇〇haを抜いてトップである。しかし、畑の格付けでみると、エペルネ対岸キュミエールが九三％クリュ、その次のダムリィ

が八九％クリュだが、その先のヴァントゥイユ以西はプルミエ・クリュにならず、八五％以下になってしまう。

その理由は優れた生産者がいなかったことと、何と言っても育てていたぶどうが主にピノ・ムニエだったからである。どこのメーカーもほとんどムニエを原料に使っていたのだが、そのことは隠していた。ムニエとは、葉の裏が白かったので、粉屋（ムニエ）にたとえたのである。

なにしろ、生産量が多いし、コストも安いから、どこも使っていたのだが、このぶどうなりの良い点、長所（ワインがソフトになる）が解明され、クリュッグのようなところでも使っていることがわかると、次第に見直されるようになってきている。

また、マルヌ流域でもレコルタン・マニピュランが現れ、良いシャンパンを出すようになったし、中にはタルラン社のような傑出したシャンパン・メーカーも出てきているから、将来はマルヌのワインの地盤が向上するに違いない。

マルヌ溪谷のワインについて話をする場合、アイAIのことに触れないのは不公平というものだろう。アイの村の畑はエペルネ市の対岸真向かい、マルヌ川を見下ろす河岸の斜面にある。最南に向いた急斜面のため日当たりが良く、シャンパンが発泡ワ

インになるはるか以前から、アイのワインの名声はヨーロッパの諸侯に知られ、多くの諸侯がここにぶどう畑を持ちたがったくらいである。

そうした歴史的いきさつやエペルネ市の目の前にある関係から、シャンパン生産地の地区区分が行われた際、アイは本来マルヌ渓谷に入れられるべきだったにもかかわらず、モンターニュ・ド・ランスに仲間入りをさせられてしまったのである。だから、アイの畑の真下の河岸には建物が建ち並び、その中には名門ボランジェ、ゴセ、アヤラが含まれている。これらはすべてマルヌ渓谷ワイン扱いの待遇を受けてよかったのである。

オーブ地区とその他　Bar-sur-Aubois, Côte de Sézanne

シャンパンの生産地は何と言っても今まで述べてきたマルヌ県が中心だが、それ以外に、ヴィニヨブル・マルジノー、小モラン地区、エーヌ県地区がある。しかし、無視できない質と量を出すのはコート・セザンヌ地区（コート・デ・ブランの南端ヴェルチュの南西）と、オーブ地区だろう。

オーブ地区は、これでもシャンパーニュ地方かと思うほどランスやエペルネから離

れた飛び地である。ランスから南東二〇〇kmも離れているのだ。有名なトロワ市の東にバール・シュール・オーブの町があり、その南西にあるバール・シュール・セーヌの町を結んだ地帯である。

シャンパン生産地域としては南限になり、このすぐ先にブルゴーニュのシャブリがある。名前でわかるように、セーヌ川の上流になる。オーブ地区は生産量が多く、長い間、ランスやエペルネのシャンパン製造の原料供給地に甘んじていた。この地区のシャンパン造り参入に際してはひと騒動まで起きた。

現在はここには有力な協同組合があり、中小栽培家がおびただしい数の自家製シャンパンを直販した。最近ではこの地区のブドウ（ことにピノ）がなかなか良いことがわかってきたし（なにしろ寒いランスより南だから）、特有の個性を持つことに着目しユニークなシャンパン造りに挑戦する生産者も出てきた。

なにしろ、レコルタン・マニピュラン激増の新時代である。これからの発展に目を離せなくなっている。なお、ここは非発泡白ワインも出しているし、リセの村のロゼは出色の逸品である。騙されたと思って、ここのロゼを飲んでみるといい。

第2章

シャンパンの挿話史《エピソード》

1　ローマ時代

太古

エペルネの南西、セザンヌの町付近で、ぶどうの葉の化石が発見された。少なくとも六〇〇〇万年以前のもの。ワインの発祥地は小アジアとされているが、少なくともぶどうに関してはヨーロッパにも原産種があったたし、シャンパーニュ地方にも茂っていたはず。ただし、ぶどうはあったとしても、それでワインを造ったかという点になると学者は否定的である。

早くからワインの生産地だったシャンパーニュ

太古の謎はさておいて、シャンパーニュ地方でワインが飲まれ始めたのはかなり古い。一九五三年、シャチヨン・シュール・セーヌのヴィクス村で、紀元前四世紀の女王の墳墓からの出土品はヨーロッパを驚かせた。その中に巨大な青銅の壺があった。完璧な均整のとれた形態、精妙な浮彫装飾を持つこの壺は、超一流の芸術品というだ

けでなく、明らかにギリシア製だった。なんとこの壺がクラテル（ワイン水割り器）だった。発掘場所のヴィクスは、今日のブルゴーニュの白ワインの名産地シャブリのすぐ北で、シャンパーニュ地方から見ればその南西端に当たる。

シャンパーニュ地方に住みついていたガリア人はレミ族で、しばしばローマに対するガリア人の反乱が起きた中でもローマに忠実だった。ネロ帝の没後、ローマの支配がゆるんだ時、バターウイ族がガリアの徴兵部隊を味方につけ、ライン川を中心とする王国の樹立をはかった。

ガリアの諸族の代表がシャンパーニュ地方の中心ランスに集まり、ローマの支配と独立運動のどちらを選ぶかの討論が行われた。この中でランスのレミ族の長は、ローマの力と平和の恩恵を説いて血気にはやる人々を引き止めた。この名演説で反乱はまもなくおさまり、以後ガリアは一世紀以上にわたり、ローマの平和を楽しむことになる。

パックス・ロマーナ時代に、シャンパーニュ地方でも、本格的にぶどう栽培とワイン造りが始まった。ローマ軍兵の糧食に、ワインが不可欠だったからである。シャンパンの名前もローマ語からきている。これはカンパーニュ Campagne つまり平原の

意味で、当時この地方は広々とした草原だったのだろう。ヨーロッパでも一一世紀の大開墾時代が始まるまでは、至るところドイツの有名な〝黒い森〟のような厚い森林に覆われていたので、開けたところがそうあったわけでないのだ。

いずれにしても、シャンパーニュ地方は、ぶどう栽培の北限に近い北方地帯でありながら、その特有の石灰系土質が良いワインを生み出すのに向いていたため、ローマ時代、すでにワイン名産地として名をあげるようになった。ローマの歴史学者プリニウスは、フランスのワインは王室の食卓を飾るのにふさわしいと、その『博物誌』に書き残している。

ローマ時代のガリアのワインについての大事件は、西暦九二年のドミティアヌス帝の勅令である。ガリアのワイン造りを禁止し、ぶどうの木をすべて引き抜くことを命じた。ガリア人が穀物の生産よりワイン造りに熱中しすぎたのを、ローマの計画経済を維持する上で心配したとされている。勅令は西暦二八二年にプロブス帝が廃止するまで効力を持っていた。もっともこの勅令の実効性については、疑問視する学者も多い。

ローマ軍の進駐と退役兵士たちの定住は、フランスの至るところでワイン造りを定

着させ、今日のフランスワインの繁栄の基礎を作ったが、シャンパーニュ地方にも恩恵を残してくれた。と言うのは〝すべての道はローマに通ず〟と言われるくらい、ローマ人は道路作りに精を出した。始終あちこちで反乱しがちなガリアの諸族を支配下に置き続けるために、ローマ軍は主要都市に駐屯軍を配置し、そこから道路を広げ、一旦緩急あればすぐに兵隊がおっとり刀で反乱地の鎮圧に駆けつけられるようにした。

ローマ人の作った道は、舗装道路のはしりで、その技術はなかなか立派なものだ。都市周辺では切石を敷いたが、それ以外のところも一m以上掘り下げ、底部に大きな石を敷き、その上に小石や砂を数層にわたって重ねて舗装した。これを安定させ固めるために石灰岩や白亜を使っている。

この道路敷設のために必要な大量の白亜をランス市周辺で調達した。露天掘りでも良さそうなものだが、地下深くの洞窟から掘り出した。地下の深いところの白亜が良質だったのだろう。現在ランス市の地下に残っている広大な洞窟を掘りめぐらせたのである。冬の気候の厳しいこの地方にとって、ワインの絶好の貯蔵庫になっている。この洞窟なかりせば、果たして今日のシャンパンの繁栄が生まれたかどうかは疑問である。

2　初期フランス王朝時代

フン族が襲ったシャンパーニュ地方

シャンパーニュ地方は、ヨーロッパにおけるその位置と、平坦地という地勢から、いつも戦場になる宿命を負っていた。アッチラ王率いるフン族を撃滅した世界史上の大戦が行われたのは、シャンパーニュ地方だった。

紀元四世紀末、ドナウ河ダキア辺境に姿を現したフン族は、獰猛《どうもう》精悍な好戦的騎馬族で、ことにアッチラを大王にいただいて以後、その馬蹄の跡には草も生えないというほど、征服と略奪の目をヨーロッパに向けた。

フランスでは、メッツ、ランスの諸都市が焼き払われた。ローマ皇帝は、元ガリアの総督、名将アエティウスに救援を命じた。少数のローマ軍団と運命を共にすることを決めたのは、西ゴート族、フランク族、ブルグント族、その他アラン族、ブルトン族などゲルマン諸族の混成軍。

〝民族の関が原決戦〟が行われたのは、四五一年の秋、シャロン・シュール・マルヌ

の北東カタラウヌムの平原。戦いは凄惨を極め、川は死傷者の血潮で水かさが増し、夜は戦死者の死霊がさまよい、戦い合ったとのことである。

さて、この戦いの後、ゲルマン民族の中で頭角を現すようになったのが、フランク族である。メロヴェック王の頃からこの一族が台頭し、首長のクローヴィスがロワールまで散らばっていたフランクの各王をまとめ、反対する者は平定した。そして、ローマ将軍アエティウスの子供シアグリウスを破り、アレマン（アルマーニ）族をラインの彼方に追い払って今日のフランスの基礎を作った。「メロヴィング朝」の誕生である（追い払われたアルマーニュ族は今日のドイツ人だから、今でもフランス語ではドイツをアルマーニュと呼んでいる）。

カロリング朝とシャルルマーニュ大帝

メロヴィング朝が衰退し、七三二年、ポワチエの決戦でアラブ＝サラセン軍を破ったシャルル・マルテルのカロリング朝に舞台が移り、英雄シャルルマーニュ大帝が出現する。シャルルマーニュはヨーロッパ中を戦い回って平定し、ドイツはラインガウでヨハネスベルクの名ぶどう園を開いたり、フランスのブルゴーニュでは、今でも白

のコルトン・シャルルマーニュにその名を残している。

赤ワインだと髭が染まるから、白ワインを飲んだという伝説があるし、ぶどう園荒らしを厳罰に処する法令を作った。清潔にこだわったからか、ぶどうを裸足で潰すのを禁じたりしている。実際は、本人は節酒を自分に強いていたし、ワインより林檎酒のほうが好物だったらしい。シャルルマーニュの没後、いわゆるヴェルダンの条約（八四三年）で、ヨーロッパは東は今日のドイツ及びイタリア、西はフランス、その中間地帯のルターリウズ（一部が後のブルゴーニュ）に三分割されたが、シャンパーニュ地方はシャルル禿頭王の王国、つまりフランスに編入された。

ノルマン人の侵攻とカペー朝

八二〇年以降、ヴァイキングが堰を切ったように侵攻してきた。ユトレヒトをはじめ、アントワープ、ルーアン、ナント、さらに内陸ケルン、ボン、王国の首都アーヘンまで略奪される。ヴァイキングは大酒飲みで、蜂蜜酒や麦酒《ビール》をがぶ飲みしていたが、新鮮な野菜に乏しい彼らにとって、ワインはあこがれの的だった。

ヨーロッパの名酒の産地が狙われたのも当然で、ドイツはモーゼルワインの名産地

トリール、フランスはロワールのオルレアンとトゥール、ブルゴーニュ、ボルドー、そして南仏やスペインのカジス（シェリーの産地）まで荒らされている。シャンパーニュも毒牙にかかったはずだが、詳しいことはわからない。

ブルゴーニュ辺境警備隊長、強者ロベールがまずヴァイキングを被って、フランス各地の守備軍を勇気づけるが、その息子パリ伯ウードはヴァイキングの大軍からパリを守り抜いて名をあげる。弱腰だったシャルル肥満帝に代わって、彼が後継者に指名され、その死後、ロベール家系のユーグ・カペーが王位に担ぎあげられる。「カペー朝」の誕生である（九八七年）。

こうした王位決定にイニシアティブをとったのは、いわゆる〝六人の世俗大貴族〟だった。その中にはシャンパーニュ伯と、ランスの大司教が入っていたくらいだから、その頃シャンパーニュ地方とその首都ランスが、社会経済的に発達し、それを支配する貴族たちがフランスでも重要な地位を占めるようになってきたことを物語っている。

この頃の貴族や大領主たちは、旅人や同盟者たちの歓待、復活祭などのお祭り、諸会議の際は豪勢な饗宴をはったものだった。鹿、猪、熊などの焼き肉料理には胡椒、生姜、丁子《クローブ》、ナツメグなどの香料をふんだんに使うことが贅沢のあかしだったし、富

と権力の象徴だった。

それだけでなく、一緒にがぶ飲みするワインのほうにも、香料を放り込んでいた。ワインに香料を入れるのは、中世を通して貴族や金持ちの奢りだった。一般にワインの質がそう良かったわけでなく、樽詰めのワインは春過ぎて夏近くなると、すえてきて味が悪くなったためでもある。

ワインはほとんどが一年物だったから、新酒の出るのを誰もが待ちかねていた。戦乱が続き、領主の直接的権力が自分の荘園に限られている時代に、ワインを長く貯蔵したり、酒質の向上を研究したりすることはできない相談だった。それができたのは人手と時間が余り、知識の集積ができ、戦火にあまりあらされない修道院くらいだった。優れたワインを生み出す地域は限られていたし、ワインを遠隔地まで運ぶというのはそう簡単なことでなかった。

ただ現在と違うのは、北フランス一帯でもぶどうが栽培され、ワイン造りが広く普及していた。近世に入ってくると諸々の事情が重なって北フランスのぶどう畑は姿を消すようになり、シャンパーニュ地方だけが残ることになるのである。

いずれにしても、一〇世紀から一一世紀の大開墾時代を通してシャンパーニュ地方

は発展を遂げてくる。ランスの大聖堂の建立が始まったのは一〇一五年頃だが、これはこの地方の財力の充実を意味しているし、ワイン造りの充実も意味する。

3　中世からルネッサンス

修道院とワイン

フランスのワインの発達に貢献したのは修道院だった。ことにブルゴーニュ地方はその影響を強く受け、今日のブルゴーニュワインの秀逸はその多くを修道院に負っている。九一〇年、マコンの西にクリュニーの修道院が建立されて以来、ここを中心にこの修道会はヨーロッパ各地に分院を持ち、ヨーロッパ中世の精神界を支配した。本拠であるサン・ピエール寺院は、ローマにバチカンのサン・ピエトロ大寺院ができるまで、ヨーロッパ最大の建築物だった。ここは一大都市の観を呈し、修道僧たちは本来の戒律を忘れ奢侈な食生活にふけったために、しばしば非難の対象になり、一〇七五年には厳格な戒律を守るシトー派の分派が生まれたほどであった。

その贅沢の中にはワインのがぶ飲みも入っていた。シャンパーニュ地方は、隣のブ

ルゴーニュほどクリュニーの堕落には染まらなかったらしい。クリュニーの修道僧たちを「食事の後食卓を立つが、浴びるほどのぶどう酒で頭は重苦しくなっている。もし眠るためでないとすれば、なぜこんなことをするのか」と弾劾した聖ベルナールの修道院はクレルボーにあり、これはシャンパーニュ地方の南端にあたるから、その威光の下につつしんでいたのかもしれない。

修道院でない通常の寺院のほうは、もともと世俗的には領地を持っていて、それで運営されていた。教会が拡大されこの世俗的権力が強大になり、封権領主並みの地位を持つようになると、ローマとの関係が微妙になってくる。カロリング朝のピピンは、王権強化の狙いから司教区はできる限り世俗支配に帰するようにはかったし、司教職が同一家族に継承されるように努めた。

それができない場合には、司教存命中に後継者を決定し叙任した。また、多数の司教区を一人の手中に統合するようにはかった。

王室との結び付きが強かったランスはその良い例だったから、その継承を巡っての争いが起きないはずがなかった。ピピンの息子のシャルル・マルテルは、この点でのやり方も厳しく、自分の気に入らない司教は容赦なく左遷した。ランスの司教カリゴ

ベルトは、かつて彼に洗礼を施したこともある司教だったが、後に罷免している。同じようにセーヌ川近くのコルンバヌス派の有名な修道院サン・ヴァントリルは、やはりマルテルの圧力でランスの司教ランドーのものにされている。

こうした紛争の的になったというのは、それだけ巨大な領地を持ち、経済的にも富んでいたことを意味している。ユーグ・カペーの即位を決めた貴族のグループにランスの司教が入っていたというのもそうした関係からである。

後述するようにシャンパーニュ地方の経済的発展に伴って、ランスの司教の座の力がフランスでも有数のものに発達していったからこそ、一二世紀に入ってフランス屈指のゴシック教会を建てるだけの力を持つようになったのである。この領土の中にもちろんぶどう畑が含まれていたのだが、ワインが売れる商品になることによって、その生産量がこの地方の経済力の源泉になった。しかしワインの酒質に関しては当時の教会が貢献したとはあまり思えない。シャンパンの酒質を高めたのは、ブルゴーニュと違ってむしろ商人層であった。

シャンパーニュの大市

シャンパーニュ地方は、中世ヨーロッパの中で特殊な地位を占めている。〝シャンパーニュの大定期市〟である。一一世紀の大開拓と人口激増に伴って、ヨーロッパは北部で商業の中心になる都市が次第に発展してくる。初期の商業はいわゆる遍歴商業が中心だったが、この頃の独創的な慣行のひとつは、商人とりわけ卸商人が定期的に集合する大市の開催である。

西欧で一番重要な大市はシャンパーニュとブリー地方で開かれていた。シャンパーニュは商品の巨大な流通網が縦横に走る中心地になった。定期市は外国商人を効果的な保障（市場の平和や特権など）で巧みに釣ったシャンパーニュ伯の手で一二世紀に再び大開花する。

市は春から冬の初めにかけて六回、トロア、バール・シュール・オーブなどの町を中心に数週間にわたって行われた。そのため、このあたりは巨大な人口密集地帯を形成したし、一三世紀には全ヨーロッパにとって商業上の要衝になった。北フランスやライン地方のあらゆる貿易商人が、イタリア商人と出会っていたのはここである。

つまり、ヨーロッパ貿易の重要な二つの流れ、香料を輸入するアルプス越え商人と、

フランドル地方のラシャをさばくブローカーとの間の重要な接点だった。西ヨーロッパ世界で最も巨大な取引が行われていたために、多くの信用状の支払い場所に指定された。これは当時のヨーロッパの悩みの種だった貨幣の不足を補っただけでなく、重い貨幣を危険な道中に運ばなくてもすむ手形交換所の機能を果たした。言うなれば国際金融市場センターだったのである。

この大市は、パリの経済的役割が発展するにつれて次第に衰退していくが、いくつかの遺産を残す。一つはワインの商品化である。領主の飲み分と地域の消費分だけを生産していた時代にワインを搬出、輸出できるのは河川沿いの地域だけだった。しかし膨大な人の密集、ことに貨幣を持つ商人は大量にワインを消費したし、それを商品として専業で取り扱う商人を生んだ。また景気のいい商人は気前が良く、都市やギルドのメンバーが集まる宴会において、ワインがますます盛大に飲まれただけでなく、ワインの質も気にするようになった。

また大市は、ラシャ工業を勃興させることになり、巨大資産家としての商人を生むことになる。この資産家たち、ことにその長男以外の息子たちが後にワイン事業に転向するようになって、多大な資金の投入を必要とするシャンパン製造業を発達させる

ことになり、フランスの他のワイン生産地帯と異なる様相を帯びることになった。

百年戦争とジャンヌ・ダルク

百年戦争でシャンパーニュ地方は微妙な立場にあった。この戦争自体、毛織物生産地フランドルと、ワインの生産地のシャンパーニュの支配をめぐる英仏両王朝の鞘当てから始まった。前期の戦いは、クレシーやポワチエの大戦にしてもフランス西北と西南部で行われ、シャンパーニュ地方が戦場になることはなかった。ただ災難は、個々の合戦で被った戦禍よりも、休戦時に失職した傭兵たちが野盗化し、町や村を略奪と虐殺で荒らし回ったことのほうが大きかった。この時代、野盗群の難を免れたのは、巨大な城壁で守られた大都市だけだった。

また、戦争継続のための領主の苛税と、領主権の弱体化という傾向は、大規模な農民の反乱を招いた。ことに、一三五八年に爆発したジャクリーヌの乱には、シャンパーニュ地方も巻き込まれた。この反乱は残虐な処刑をもって徹底的に鎮圧されてしまう。さらに一三四八年にフランスの人口の三分の一から五分の一が失われた黒死病の病害が加わり、シャンパーニュ地方も一時期疲弊したことは、他と変わらない。

シャルル五世のおかげで小康を得たフランスも、この名君の死亡とその長子シャルル六世の発狂によって後期百年戦争に入る。フランスが三勢力に分裂した時期、シャンパーニュ地方は親英・仏国王の叔父ベドフォード公ジョンの支配下にあったし、ヘンリー五世の再侵攻の時も戦場にはならなかった。狂気の王に替わって三人摂政が政権を握ることになると、ブルゴーニュ公の勢力台頭でシャンパーニュ地方はブルゴーニュ派に組み入れられる。

ジャン無畏公が、一旦は英国との同盟を破棄して王太子派との和解をはかるが、モントローの橋で虐殺される。復讐心に燃えた息子の善良公は、英国と再び同盟をし、アルマニャック＝フランス勢を打倒することを目的とするトロワの条約を締結する。

この条約がここで締結されたのは、トロワがシャンパーニュ地方の旧都市だったからである。またパリの宮廷と国王、王妃つまり行政、裁判機関などの公権力が避難していたシャンパーニュ地方を支配していたのは善良公だったのである。

ブルゴーニュ対アルマニャックの争いは、英国は前者、王太子シャルル七世は後者と結びついたから、シャンパーニュは英・ブルゴーニュ派の中心に取り込まれ、王太子とは敵対関係になってしまった。

後期百年戦争の終末を彩るのが、ジャンヌ・ダルク。オルレアンで勝利をおさめた彼女がやってのけた壮挙がある。敵中横断何百里をものともせず、渋る王太子を励まして、オルレアンからシャンパーニュのランスまでたどりつくことだった。

麻のように乱れたフランスで一番必要だったのは、何をおいても統合の象徴を打ち立て、フランス人の心を一つにまとめることだった。ひどい話だが、実母のイザボー王妃が、王太子が父のシャルル六世の実の子であることを否定していた。ジャンヌがシノン城で初めて王太子に謁見した時、召使に化けた王太子を直ちに見破ったという挿話は有名である。王太子の正統性を支持派の貴族や側近に信じさせ、王太子自身にも自信を持たせる上でこうした奇跡的出来事が不可欠だった。

しかしそれだけでは内輪話にすぎないから、フランス中にも知らせる必要があった。それが聖地であるランス行きだった。クローヴィスの戴冠式以来、ランスの大聖堂で聖別された戴冠式をあげることがフランス王の正統性の条件であり、伝統だったからである。

フランスルネッサンスと当時のシャンパン

フランスのルネッサンスは、ロワール川を中心に開花した。その後の宗教戦争、フランス各地の農民一揆、フロンドの乱などもパリ、ロワールを中心に舞台が繰り広げられた。シャンパーニュ地方はしばらく歴史の表舞台から姿を消す。そこで、ルイ一四世のヴェルサイユの宮廷で華麗な文化の華が開くまでのフランスにおいて、シャンパーニュのワインがどのように評価されていたかに目を転じてみよう。

シャンパーニュのワインのうち「モンターニュ・ド・ランス」と、「ラ・リヴィエール」（マルヌ川岸のもの）を区別することは、早くも九世紀頃からの記述に現れてくるし、良いワインを出す各村の名前も次第に知られるようになる。

ところで中世のフランスにおける各地のワインを取り巻く状況を教えてくれる面白い資料がある。アンリ・ダンデリの『葡萄酒戦争』という本で、フランス王がフランス各地の七〇以上のワインを集め、公平を期すためにイギリス人の司祭を審判官にしてその優劣をつけさせ、王の名にふさわしいワインを決めさせたという物語である。その中でダンデリは、優秀賞を競った全ヨーロッパのワインの中で最も上質のものとして、シャンパーニュ地方のエペルネ、ランス、オーヴィレールのワインをあげてい

る。

ランスのワインは一般に王の戴冠式用として特別の威信を持っていたが、そのうちにオーヴィレールのヴェネディクト派の修道院（後のドン・ペリニヨン師の本拠）のワインと、マルヌ川北岸で南面する斜面を持つアイのワインが、まず頭角を現してくる。

ウルバヌス二世といえば、「カノッサの屈辱」とか、フランス王フィリップ一世を破門したり、さらにはクレルモンで宗教会議を開いて第一次十字軍遠征を提唱したりしたことで知られている。この威勢のいい教皇、つまり中世の精神界の偉人が、この世の中でアイのワインに勝るものはないと断言した（実はこの人はシャンパーニュ生まれだ）。そのためかどうか、彼の後継者のレオ一〇世（免罪符を乱発し、宗教改革の近因となった）も、フィレンツェ生まれにもかかわらず、アイにぶどう畑を持っていた。

初めはシャンパーニュ地方に旅行する商人や軍人たちに飲まれていたワインも、シャンパーニュの大市などを通して次第にヨーロッパ各地へ輸出されるようになった。ことに大口の得意先は英国だった。しかし、東欧あたりまでその名声が伝わっていた。

一三九七年、ボヘミア国王がシャルル六世と教皇問題について談判するためにランスまで出かけてきた時に、念願のシャンパーニュワインを浴びるほど飲み、ぐでんぐでんに酔っ払ったそうである。ヨーロッパの支配をめぐり一六世紀の歴史を彩った三人の王様、スペインのカルロス一世、イングランドのヘンリー八世、そしてフランスのフランソワ一世らは、それぞれアイの町に代理人を駐在させ、最上のワインを確保したと伝えられている。

フランソワ一世といえば、シャンボール城やアンボワーズ城でフランスルネッサンスの中心になった王。一五三五年に、アイのワインを献上されたことが記録に残っている。一五三七年六月、ハンガリーの太后がフランスを訪問した時、王は太后に宮殿に滞在するように懇願し、そのためには優れたワインが必要と考えてアイのワインを大量に購入している。

コニャック生まれのこの王様も、ロワールのシャトーまではるばるこのワインを運ばせて飲んだわけで、かのレオナルド・ダ・ヴィンチも晩年はロワール川岸のシャトーに住んでいたから、モナリザを描きながらシャンパーニュワインを飲んだかもしれない。

英国でいえば、ヘンリー八世の治世中、シャンパーニュのワインが英国に送られた記録が残っている。これは一五一八年のもので、フランスのボニヴェ海軍提督がウールジィにアイのワイン二〇樽を送ったという案内状である。この話は、日本人はたいしたことはないと思うかもしれない。

ヘンリー八世といえば、六歳も年上の兄嫁キャサリン・オブ・アラゴンと結婚し、六人もの子供を作ったが（そのうちの一人が血まみれマリー《ブラッディ》）、男の子がいなかったため、屁理屈をつけて離婚。漆黒の瞳に惚れ込んでアン・ブーリンと結婚したものの、男の子に恵まれず（その一人娘がエリザベス一世）、でっちあげの密通を理由にロンドン塔で断頭するなど、取り替えた王妃が六人、トマス・モアや宰相三人、人名辞典にも登場する貴族、聖職者など五人を処刑した。破門をものともせず、取り潰した修道院が大小合わせて五七六、それで得た収入でしたい放題、反面イギリスの宗教改革を断行し新しい王制を育てた王として毀誉褒貶《きよほうへん》相半ばする人物である。

豪華な宴会が好きだったから、ワインも奢ったものを飲んだに違いない。ウールジィは、イプスウィッチの富裕な肉屋の伜で、ヘンリーに取り入って寵臣かつ枢機官に成り上がり、位人臣を極めて権力を縦《ほしいまま》にした、日本でいえば平清盛のような人物。

外交が趣味で得手だったものの、王とキャサリンとの離婚で失脚の憂き目にあった男である。一五一八年といえば、ウールジィが、大法官（宰相）になって三年目、そのロンドン公邸に五〇〇人の使用人がいて、二五〇の寝室があり、高官貴族がご機嫌うかがいに門前にひしめいていたという権力絶頂の時期である。だからシャンパンびいきの人なら、この時期にすでにシャンパーニュワインが英国に輸入され始めたという資料は嬉しい話なのである。

もう一人の王様、スペインのカルロス一世が、シャンパーニュに畑を持っていたというと奇異に思える。しかしカスティリアでは一世、皇帝としては五世になるこの王の生い立ちを知れば、疑問は氷解する。

スペインを統一してこの国の近代史の幕を開けたフェルナンドとイサベルの息女フアナは、ハプスブルク家に嫁いだが、その王子はブルゴーニュのシャルルと呼ばれ、ネーデルラントで育った（カスティリアの女王イサベルが死ぬと、フェルナンドがその王位を継いだが、シャルルを王位継承者に選んで死んだ）。シャルルは祖父のアラゴン、祖母のカスティリアの王位を継ぎ、さらに（母方祖父から）神聖ローマ帝国とその保護領を継いだ。つまり世界的規模の帝国の王となり、「ハプスブルク朝」の開

祖になる。

当時の世界で最も強い権力を持つことになったこの王は、一五一七年に出生地のネーデルランドをあとにしてスペインの母国イベリアの地に赴き、スペインの王座に落ちつく。しかし、その政権で主要な地位を占めたのはブルゴーニュの家臣たちだった。また、王自身も四〇年の治世のうち、イベリア半島にいたのはわずか一六年でしかなかった。

メキシコとペルーから収奪した金が生んだ、巨大な王室財産を背景とする絶対王権の下に官僚、貴族政治を打ちたて、王も貴族も豪壮な建物を建てた時代の王室の宴席が豪華だったことは想像に難くない。ただ、もともとブルゴーニュ王領でのワインになじんだ舌には、スペインのワインは粗野で口に合わなかったのだろう。当時の名酒ブルゴーニュと並んで、シャンパーニュのワインが食卓に現れたのだ。

ただ、アイ村のワインの名が知られていたといっても、一部の王侯貴族の間だけだった。シャンパーニュ地方の近隣にもワインの産地はあったし、他にもシャンパーニュ地方より良いと思われているワインがいくらでもあったのだ。

パリにしても、昔のパリジャンの飲んでいたワインは、パリ市内のワイン（市内に

も畑があった。今でもモンマルトルのサクレクール寺院の裏、有名なシャンソン酒場ラパン・アジールの前にその名残の畑が残っている）と、パリ周辺のイル・ド・フランス地方のワインに限られていた。昔はフランスワインといえば、イル・ド・フランスのワインを指していたくらいである。今日、イル・ド・フランスでぶどう畑を見かけるのはちょっと難しいが、その昔かなりの畑があった。領主ごとの国内税、販売についての封建法上の既得権、それに今日と違う輸送の困難さなどがあって、パリ市内に他の地区のワインが入り込むのは難しかった。

シャンパーニュ地方を流れるマルヌ川はパリに通じてはいたものの、もっと便利のいいセーヌ川があり、セーヌの上流とその支流のヨンヌ川は、ブルゴーニュだった。牡蠣との取り合わせで有名なシャブリのワインは、現在ブルゴーニュ地方の中で、一カ所だけ離れ島のように北部の孤立した地区になっているが、昔はこのあたりからパリにかけて広大なワインの産地（バー・ブルゴーニュと呼ばれた）があった。

一九世紀末のフィロキセラ禍の時に壊滅し、二度と復活することのなかったこの地方のワインは、かつてはもっぱらパリジャンの胃袋におさまっていた。とにかく一七世紀の初頭まで、パリの市民は他の地方のワインを滅多に飲めなかったから、シャン

パンを含め他地方のワインがパリに流れ込むようになると、まずシャンパーニュのワインの強敵はブルゴーニュのワインだった。

アンリ四世の好物はシャンパン

「一六四八年にル・テリエとコルベールが紹介するまで、パリでは誰もがシャンパーニュのワインを知らなかった」と、ボーヌの医者が書いている。一六四八年といえば、まだ若かったルイ一四世を母后アンヌ・ドートリッュが摂政として補佐し、その愛人ともいわれたマザラン宰相の政権壟断に、他の貴族たちがクーデターを起こしたフロンドの乱の起きた年である。

ル・テリエは『ダルタニアン物語』で有名なリシュリュー宰相の治下に陸軍大臣だった人物。テリエ家はその息子と、孫のバルブジュと三代がかりで、フランスの陸軍の軍制整備拡充に努め、ヨーロッパ第一陸軍に仕立てあげた。これに対するコルベールはフランス海軍の生みの親的存在。マザランの後を継ぎ、ルイ一四世治下、王権確立をはかるため採った重商主義政策はコルベール主義という名称になって残っている。いずれにしてもこの二人はシャンパーニュ出身だったから、フランス宮廷にシャンパ

ーニュのワインを紹介したことは確かだろう。

しかし、フランスの宮廷にシャンパンを紹介し、さらに最初にフランス国外にも宣伝したシャンパンの恩人ともいうべき人物は、意外にもアンリ四世なのである。新教徒からカトリックへと一八〇度の宗旨替えをやってのけて王座につき、「ナントの勅令」でフランスの宗教戦争の幕を閉じ、数限りない浮名を流して〝伊達男《ヴェール・ギャラン》〟の愛称でシテ島の銅像におさまっている。生まれた時に口にニンニクとワインをこすられて産声をあげたこの王は、美食家かつ愛飲家だった。彼の主戦場＝領土はパリ、ロワール南西部だったが、好物のワインはシャンパーニュだったのである。

4　ドン・ペリニヨン――泡立つワインの成功

泡を壜に閉じ込めた大恩人

ドン・ペリニヨンはシャンパンの発明者、つまり〝泡を壜に閉じ込めた大恩人〟としてこの地方のワインの守護聖人であり、極上シャンパンの名前にもなって世界中で名を知られている。この点についてはは若干のコメントが必要であろう。

一六三九年に生まれたドン・ペリニヨンは、一九歳でヴェネディクト派の僧籍に入り、一六六八年に二九歳でオーヴィレール修道院の酒庫係に任命され、一七一五年に死ぬまで四七年間その仕事を務めた。太陽王の栄光と同時代の人といってよい。

師は生来鋭い味覚と記憶力に恵まれ、老齢になって視覚を失ってから特にその感覚が研ぎ澄まされた。彼は持ち前の嗅覚と記憶力を駆使して、ぶどうを一口含んでどこの畑のものかを当てた。それぞれ異なった畑のワインを混ぜ合わせることによって、品質と味を優れたものにした。つまり今日のシャンパンをシャンパンたらしめているブレンド技術の先駆者だった。

一六六〇年当時、シャンパーニュにおいて珍しいワインだった白ワインにも着目した。当時の技術では少しピンクがかったり、オレンジ色がかったりしたものを今日のような澄んだ本当の白ワインに造り上げた。

ドン・ペリニヨンが発泡性のワインを初めて造ったのは一六八〇年頃だとされているが、当初は泡を意識的に壜に閉じ込めることを思いついたわけではないだろう。たまたまスペインからの旅行僧が水筒にコルク栓を使っているのに着目し、それまで使っていた油を染みこませた麻布の代わりにコルクを使うことも考えついたようである。

シャンパーニュ地方は寒いため、秋に仕込んだワインが冬の寒さで発酵を一旦中止し、春になると再発酵を始める現象は、早くから知られていた。だから早く壜詰めしてコルクで栓をすれば、泡の出るワインができるわけである。ただ泡の出るワインは一般に失敗品と考えられていたから、これを意図的に行うには発想の転換を必要とする。意外なことに、これを最初にやったのはフランスではなく、英国はロンドンだった。

ロンドンでの流行

一六六〇年といえば、清教徒革命のクロムウェルの死後、亡命中のチャールズ二世の王政復古が成立した年である。この、二、三年後、つまりドン・ペリニヨンが酒庫長に就任する五年も前に、ロンドンでは泡の立つワインが流行し始めた。

これにはいくつかの偶然の理由が結び付いた。まず、当時英国ではガラス産業が発達し、ガラス壜が普及していた（ガラス製造のため木材が乱伐され、海軍の船材不足のおそれが生じたので一六一五年にはガラス製造の燃料に木材を使うことを禁止し、石炭の使用を義務づける法律までできた。結果的にはこれが幸いし、石炭の使用で英

国のガラス産業はコマーシャル・ベースに乗るようになった）。

また、スペインやポルトガルと交易していた関係から、早くもメアリ女王（一五五三〜一五五八年在位）時代からコルクが使われていた。

コルクの使用が普及していたことは、シェークスピアの『お気に召すまま』のロザリンドの台詞に出てくるくらいである（三幕第二場・一五九九年）。それだけでなく、泡が取り柄のエールを壜詰めしてコルクを糸でからげることまで、早くからやっていた（フランスでは良い壜を作る産業が起きていなかったし、コルクもなかった）。

チャールズ二世は、ルイ一四世の宮廷に亡命してその庇護を受けていたから、当然のことながらフランスワインのファンだったが、それに加えて有力な仕掛け人が現れた。サン・エヴェルモンである。チャールズ二世の王政復古に祝辞を述べるため、一六六〇年、ロンドンに派遣されたソワッソン伯爵に随行した人物だが、ルイ一四世の不興を買ったことを知り、そのままロンドンに居ついてフランスへ帰らなかった。

この人は博識で、才気煥発、かつ非常に魅力的な人柄だったので、チャールズ二世に重用され、その寵臣となった。人付き合いも良かったのであっという間にロンドン社交界の寵児となり、バッキンガム公をはじめ多くの上流階級の人々と親交を持った。

何しろ当時の文化の粋ヴェルサイユ仕込みの洒落男だったから、あれやこれや流行の先端をロンドンに持ち込んで、それでなくても浮かれ気味のチャールズ二世の宮廷を中心とするロンドンに大きな影響を与えた。

このサン・エヴェルモンは、大のシャンパーニュワイン党で〝オルドル・デ・コトー〟の創立メンバーの一人だった。このオルドルは究極の美食を追求するグルメの会だった。当時のシャンパンのトップ銘柄を出す三つの丘《コトー》、（アイ、オーヴィレール、アヴネイ）にちなんだ名前をつけ、飲むワインといえば、言うまでもなく、この三つのコトーのワインだった。

その創立者の三人のメンバーのうちの一人が、有名なシルリー伯爵で、もう一人もシャンパーニュ地方の有力者ドロン伯爵だった。エヴェルモンは、ロンドンに住みついてから、こうした旧友に頼んで飛び切りのシャンパーニュのワインを送ってもらい、ロンドンの美食家たちに紹介したり売りつけたりした。この際、現地から送ってもらった壜詰めワインをロンドンでガラス瓶に詰め替え、コルクで栓をして紐でからげて泡が立つようにしたのである。

上流階級を魅了したシャンパン

チャールズ二世といえば、真面目な堅物の父のチャールズ一世とはうってかわった道楽者で、〝陽気な王様〟と呼ばれ、公認の愛人だけで一三人いたというくらい放蕩の限りを尽くした。クロムウェルの陰気な堅苦しい時代の反動として、英国の貴族たちはこの王を戴いて飲めや騒げの陽気な時代を過ごしたのである。

王政復古から一〇年くらいの間に、チャールズ王の宮廷とロンドンの上流階級の中ではシャンパンが最も流行するワインになり、これを飲むのが贅沢、気取りの象徴となった。そしてそのことが一般大衆の発泡ワインに対するあこがれを刺激することになった。

当初名声を博していたのはシルリー伯爵のシャンパンだったが、一七世紀の末期になると、ドン・ペリニヨンが造った本物のシャンパンまでがロンドンへ輸入されるようになっただけでなく、かなりいい加減な発泡酒までがあの手この手で造られるようになった。

高価なるがゆえにシャンパンが英国で一流のワインとしていかに喜ばれたかは、その愛飲家の顔ぶれを見てもわかる。まず筆頭はチャールズ二世、その美しい恋人マザ

ラン公妃、そしてジョージ二世とバッキンガム公。チェスターフィールド伯、サンドウィッチ卿、初代ブリストル伯、ウォルポール卿、ベッドフォード伯、クロフト卿。貴族以外では筆頭がかのヴォルテール（英国に亡命中）、そして当時の桂冠詩人サミュエル・バトラー。英国以外ではオランダのウィリアム三世、ポーランド王スタニスラス、プロシアのフレデリック大王などである。

フランス摂政時代のシャンパン

さて舞台は戻ってフランスである。王の権威を守るために厳格で、どちらかといえば堅苦しい人物であったルイ一四世が七七歳で亡くなると、それに続くオルレアン公の摂政時代になる。

太陽王存命時代から自由奔放なふるまいのために王から疎んじられたフィリップは、たがが外れたように放逸な私生活を繰り広げる。太陽王の強圧的な政治、ことに晩年の重苦しい雰囲気から解放された貴族たちは打って変わった華やかな雰囲気の生活を始める。「摂政時代《レジャンス》」（一七一五〜一七二三年）である。レジャンスは、日本ではレストランの名前になった。

この時代の宮廷で繰り広げられた乱痴気騒ぎはフィクションかと思わせるほどで、ことに女性が宮廷で暗躍し、まさに女権時代だった。これに続く、ルイ一五世の時代については言うまでもない。

これを待ち構えていたシャンパーニュの人々は、英国で成功し流行の先端になっていた泡立つシャンパンで失地回復をしようと売り込み攻撃に着手する。ことにすでにドン・ペリニヨン師のワインが相当な評判をとっていた。

摂政はのんべえで、素面《しらふ》では寝床に入らなかったくらいだ。王は宮廷で率先してシャンパンを飲んでいた。ルイ一五世が貞淑な王妃からマイィ夫人にその寵愛を移した事件は、フランス宮廷で女性が実権を持ったことを意味するが、このマイィ夫人もミュレットのシャトーで発泡性のシャンパンを王と飲み合った。

また少し時代は下る話だが、かのマダム・ポンパドゥールが宮廷を牛耳るようになった時代、マダムがブルゴーニュのロマネの畑を手に入れるのにコンティ公と競争し、結局コンティ公が勝って畑にその名を残したのは有名なエピソードだ。ロマネ・コンティを手に入れ損なったこの寵妃に、それに代わるワインを売り込んだらいいだろうとは誰もが思い付くところ。ボルドーに左遷されたリシュリュー公が、シャトー・ラ

フィットの良さをマダムに売り込み、以来ラフィットがフランス宮廷の食事の華となった（これには異説もある）。

同じことを考えた人はシャンパーニュ地方にもいたはずで、そのせいかどうかはわからないが、ポンパドゥールといえば、シャンパンにとってこれ以上効果的なコマーシャルはないといえる言葉を残してくれた。曰く、「女性が飲んで、その美しさを失わせないのは、シャンパンだけです！」と。

かくてシャンパンは、英国についでフランス宮廷のワインにのし上がった。パイパー・エイドシックが、その秘蔵のシャンパン〝フローレンス〟をアントワネット妃に献じた立派な絵画が今でも同社の玄関を飾っている。フランス宮廷はヨーロッパ上流階級のお手本だったから、ロシアを始め諸外国の貴族や貴紳とそれを取り巻く女性たちの愛飲酒になっていたのである。

シャンパン・ビジネスの確立

こうしたシャンパンの成功に励まされてか、この時代から今日の大手シャンパンハウスの何軒かの祖先がシャンパンの販売と輸出を専業ビジネスとして始めるようにな

る。一番古いのはリュイナール社で、創業が一七二九年である。ドン・ペリニヨンと同時代、オーヴィレールには修道僧ドン・ティエリ・リュイナールがいた。その甥にあたるニコラ・リュイナールは服地商を営んでいたが、ぶどう畑を持っていたので服地の得意先に自分のワインも売っていた。ところが服地のほうは成績が下がり、シャンパンのほうが伸びてきた。

一七六四年なると、息子のクロードがシャンパンの製造販売を専業にやるようになり、一七六九年、ニコラの死亡とともにクロードは独立して事務所をランスに移したが、これが今日のリュイナール・ペール・エ・フィス社である。

二番目がモエ・エ・シャンドン。創業一七四三年、クロード・ルイ・ニコラ・モエがエペルネの周辺に多くの畑を持ち、発泡、非発泡のシャンパンをフランスのみならず、外国にも売るのに生涯大奮闘した。一七九二年、息子のジャン・レミが継ぎ、エペルネの市長にもなったが、その時期にナポレオンを接待している。その後、息子と娘の夫ピエール・ガブリエル・シャンドンが事業を引き継ぎ、シャンドンの名前が加わるようになった。

三番目が一七五〇年にフランソワ・デルモットとランソンによって設立された会社

で、一八三八年にデルモットが引退、死亡してランソン社になった。これに次いで有名なのがヴーヴ・クリコ。一七七二年、クリコがランスに会社を興し、一七九六年に死んだ後、未亡人《ヴーヴ》ポンサルダンが亡夫の事業を継いで発展させ、その名声を世界に広めた。

彼女の父はナポレオン時代にランスの市長を務めた名士で、その協力もあったが、彼女の片腕となったのがドイツ人のウエッツラーで、その後に帰化してランスの市長、商工会議所の会頭、国会議員にもなり、マダムの死後、同社を継いだ。

女性経営者と言えばクリコのほか、マダム・ポメリー（ポメリー・エ・グレノ社は一八三六年創立）、マダム・ボランジェ（ボランジェは一八二九年創立）も有名である。

ウエッツラーの例にみられるように、シャンパーニュ地方には多くのドイツ人が移住してきた。フランス人は外国語が苦手だが、ドイツ人は外国語が喋れて几帳面だったから、外国貿易の事務を扱うのに有能だった。シャンパーニュの居心地が良くて居つくと、自分たちで商売を始めた者も少なくない。フローレンツ・エイドシックが事業を始めたのが一七八五年で、これが後のモノポールとパイパーとシャルルの三つのエイドシック社になる。

シャンパーニュ地方のランスは、中世の大市の伝統を継ぎ、木綿産業の中心地だった。大手織物業者の息子たちはワイン事業の将来に着目し、転業した者も多かった。それだけでなく当初から外国貿易に対する視野が開けていたし、資本的にも恵まれていた。それが大きな資本を必要とするシャンパン事業を興隆させる遠因になったのである。

こうしたシャンパンハウスが一九世紀の後半に既に名声を築いていたことは、ロンドンのクリスティのオークションリストなどに見ることができる。一八四二年のマムやモエ、四六年のペリエ・ジュエやルイ・ロデレール、五七年のヴーヴ・クリコ・ポンサルダンが、それぞれ一八五五年から六五年のヴィンテージ・シャンパンのリストに出てくる。また、一八七九年の著名シャンパンの卸価格リストなどには、右のハウスの外に、アヤラ、ボランジェ、デルベック、クリュッグ、パイパー・エイドシック、ポール・ロジェ、リュイナールなどの名前が残っている。

こうした業者が、一八世紀の半ばから後半にかけてフランス国内だけでなく外国への輸出を伸ばしていった。輸出先はドイツ、英国を筆頭に、デンマーク、ベルギー、オランダ、ノルウェー、ロシア、スウェーデン、イタリア、スイス、スペイン、ポル

トガルに及んでいる。一七九〇年には、ニューヨークで、ジョージ・ワシントンもシャンパンを飲んでいる。

一九世紀の初頭のシャンパーニュ地方は、マルヌ地区だけでぶどう畑は二万haに及び、年平均六三万hlのワインを生産し、そのうち二五万hlだけが地元消費だったから、それ以外が外国を含める他の地方に売りさばかれていた。

5　一九世紀の黄金時代

シャンパンを欧州に広めたナポレオン軍

一八世紀の後半から事業として確立してきたシャンパンの製造販売は、フランス革命で崩壊したり、大きな影響を受けることがなかった。それと違ってお隣りのブルゴーニュ地方は、優れた畑が寺院の所有になっていたため、革命時に競売で細分化され、それがその後大きな影響を残した。

もちろん、革命の嵐はシャンパーニュ地方にも吹きまくった。多くの僧侶が地下窟に隠れたり、後のヴーヴ・クリコになるクリコ夫人の結婚式は寺院でできなくて地下

窟で挙げたくらいだった。由緒あるドン・ペリニヨンの寺院を買い取っていたが、革命時に没収されてしまったモエ社のようなところもあった。

市民の暴動、戦時特別税、外国軍隊の侵入や占領、革命政府のアッシニア貨による通貨の混乱とか、いろいろな困難が襲いかかった。しかし、多くのシャンパンハウスやシャンパン産業は、全体としてこれを乗り切ったのである。

面白いのは、血なまぐさい革命の舞台を繰り広げた多くの革命家たちが、シャンパンをがぶ飲みしていたことである。ダントンはシャンパン風呂に入ったし、ナポレオンは「シャンパンがエチケットを追放してしまった」と皮肉ったほどだった。

ナポレオンといえば、二人のナポレオンはシャンパンの大恩人である。ナポレオン一世は国内産業の振興をはかったが、シャンパンについては、その産業としての重要さに目を付け、しばしばシャンパーニュ地方を訪れて各メーカーを激励している。

もっとも、コルシカ生まれの一世は、本来粗食家、かつガツガツの早飯食いで、シャンベルタンの愛飲家ということになっているが、実際はどうもあやしい。シャンパンについても、当人はそう豪飲したわけではない。しかし、彼を取り巻く幕僚が皆シャンパン党だったので、彼の赴くところに常にシャンパンが付いて回った。

華やかな宴会にも必要だったし、戦争の真っ最中もシャンパンを切らさなかった。シャンパンメーカーの中には、ナポレオンの軍隊に付いて回ってシャンパンを売り込み、業績をのばしたところもある。ヨーロッパ各国の貴族社会は、当時の文化の象徴だったヴェルサイユ宮殿の絢爛と豪華ぶりをこぞって取り入れたから、そこでの食生活も大きな影響を受けた。ことにロシアの宮廷は、フランスのミニ・コピーだった。そのため、早くからロシアの宮廷ではシャンパンが飲まれていたし、ここにシャンパンを売り込んで社業を拡大させたメーカーは少なくない。ナポレオンのモスクワ遠征時には、仏露双方の上流社会や陣営がシャンパンを飲み合っていたことは、トルストイの『戦争と平和』にも描かれている。

ナポレオンのヨーロッパ諸国への侵略と敗退も、結果的にシャンパンの販路を拡大させた。ことにロシアがそうだった。露・墺・普の大軍隊を率いてフランスに攻め込んだブリュッハア将軍は、シャンパンが飲みたくてフランスに攻め込んだと言われているし、皇帝《ツァー》もヴェルチュに陣取って大演習をしたくらいである。その後、ロシアはシャンパンの大得意先となった。

ナポレオンをエルバ島に流した後のウィーン会議は、戦後のヨーロッパの保守秩序

の再編成と諸国間の利害の調整を目的としたものだった。しかし、会議を牛耳るつもりでいたオーストリアの名宰相メッテルニヒの威力をもってしても、「会議は踊る、されど進まず」だった。

この会議の舞台裏で辣腕をふるったのがフランスの奇人外相タレイランだが、その攻略手段はもっぱら美食外交だった。名コック、アントナン・カレームが腕をふるった料理とともにふんだんに振舞われたのが、シャンパンである。

会議はうやむやのうちに終わり、漁夫の利を占めたのがフランスだった。会議を不成功にさせるのに一役買ったのがシャンパンだったと同時に、会議の結果、大勝利をおさめたのもシャンパンだった。

なにしろ、ヨーロッパ中の代表団がフランス料理の素晴らしさとシャンパンの味を覚えたし、祝宴にはシャンパンを出すものだと思い込んで帰ってくれたのだ。世界の祝宴でシャンパンがつきものになったのは、この会議以降なのである。

飲み手は貴族からブルジョアへ

このようなナポレオン時代とウィーン会議や神聖同盟の時代はシャンパンの得意先

を広げてくれた。亡命、反動のアルトワ伯がシャルル一〇世になる戴冠式は、なんとランスで行われた。七月革命も栄光の三日で終わり、ルイ・フィリップの七月王政として、形の上でこそ王様と亡命貴族が返り咲いたが、実際の世の中の実権は既にブルジョアに移る時代だった。

血なまぐさい二月革命と第二共和政があったものの、その後に訪れたのはナポレオン三世と華やかなベルエポックの時代である。フランス革命から一八〇〇年代の終わりまで、フランスの政治体制こそめまぐるしい変動をみせ、貴族からブルジョアへとシャンパンの飲み手は変わったが、シャンパンの需要は変わらなかった。

ナポレオン三世のほうも、一世に負けず国内産業の振興に力を入れた。ワインに関していえば、一八五五年のパリ万国博覧会に際して、その目玉商品としてフランスの高級ワインを展示することを思いつき、ボルドーの商工会議所にフランスの華ともいうべきワインを勢揃いさせて出品することを命令した。その結果誕生したのが有名な「メドックとソーテルヌの一八五五年の格付け」で、これが今日に至るまでボルドーワインの牽引役を果たしている。この格付けがあまりに有名になった関係で、フランスの他のワイン産地からやっかまれているが、実はこの博覧会で最高の恩恵を受けた

のはシャンパンだった。

世界各国からパリに訪れた観光客は博覧会の会場でこそボルドーワインの展示に目を見張ったが、これは見るだけで、見物が済んだ後のホテルやレストランで飲んだのは、もっぱらシャンパンのほうだった。これで味を覚えた多くの人々が、世界中に口コミで宣伝してくれたのである。

シャンパン産業を変えた技術革新

この時代に、シャンパン産業をその内部において変質させる重大な技術革命が起きる。まずナポレオンの農務大臣だったシャプタルは、ワイン製造工程で、発酵果汁への糖分添加を推奨した。

また、フランスへジャガイモの導入を成功させ、フランス人の食生活を変えさせたパルマンチエはぶどうのシロップ（濃縮ジュース）の添加によるワインの品質向上を提案した。シャプタルの提案は歓迎され、北の国シャンパーニュにとっての力強い味方になった。

パルマンチエの提案は産業振興の面では誰もが理論的には納得したが、実務的には

いんぎんに無視された。つまり総論賛成、各論反対だった。ただ、この二つの提案が契機になって発酵果汁への補糖と第二次発酵を促進させる補糖とが真剣に取り上げられ、それが当時あらゆる分野で開花しだした科学技術への関心と結び付いた。

その結果、品質が劣っていて二級のワインとみられていた〝ヴァン・ド・ヴィニュロン〟が見直されたり、日照不足の未熟ぶどうから造られた酸っぱい〝グリーンワイン〟が後を絶つことになる。そして第二次発酵のための補糖をどの程度にするかという問題が残った。

ワインの「含有糖分」は、シャンパン産業にとって事業の命運を決定する重大な問題だった。日照に恵まれ完熟したぶどうから造られたワインほど、炭酸ガスが多すぎて、壜詰めした後で壜の破裂する率が高かった。ドン・ペリニヨンの時代から、糖分が多ければ多いほどアルコール度数は高くなり、炭酸ガスも多くなることはわかっていた。しかし、どの程度加糖すればよいかは科学的根拠がなく、安易に加糖をしすぎればかえって壜の破裂を誘発する。

ドン・ペリニヨン以来一五〇年もの間、シャンパン造りの人々は単に勘だけを頼りにしていた。壜の破裂は多く、一〇％以下はむしろまれで、時には八〇％にも達する

ことがあった。地下蔵に入る時に危険防止に野球のキャッチャーマスクのようなものをかぶったほどだった。これがシャンパンの高価の原因になっていたし、シャンパン製造を確固たる産業に成長させるための最大の癌になっていた。

問題は、壜詰め後に壜に破損を生じさせない程度の糖分の量を、正確に測定することにあった。一八三六年、シャロン・シュール・マルヌの科学者フランソワが壜詰めの前のワイン残留糖分を検査し、壜内の再発酵のため発生する炭酸ガスの量を測定する方法、そのための便利な〝フランソワ比重計〟を発明した。これによって初めてシャンパン産業は安定した経済基盤の上に成長することが可能になった。

これに先立つ一七二九年頃、リュイナール社のニコラが、ローマ時代の白亜坑をワインの熟成、貯蔵に活用することを考えついていた。シャンパン産業が拡大するにつれ、シャンパーニュの人たちは、この大昔の遺跡が自分たちの産業を拡大するためのこの上なく恵まれた遺産であると気づき、古い洞穴の開発と利用に熱中した。また、ヴーヴ・クリコのマダム・クリコは、今日普通になっている「澱落とし」の技法を開発してシャンパンの製造上の難問を克服した。

新天地アメリカへの進出

このようにして今日のシャンパン産業発展の基石は築かれ、ロシアと英国という大得意先を中心とするヨーロッパ諸国に加えて、アメリカという新興国がシャンパンにとって新しい開拓地として出現した。もともと、シャンパンは上流階級の飲み物として発達し、それを飲むのがプレステージのシンボルだった。

アメリカでもリンカーン大統領の時代、ボストン、ニューヨーク、フィラデルフィアの上流階級には愛飲されていた。一八四〇年代のカリフォルニアのゴールドラッシュ時代に一攫千金をつかんだ新興成金も、これを飲んで羽振りの良さを見せびらかしたものだった。エネルギーの満ちたこの国は、シャンパンと相性が良かったらしい。しかも貴族社会でなく民衆の国だった。

お金を貯めた連中がシャンパンに目を付けないはずがない。ヨーロッパで既製メーカーのシェアに割り込めなかった新興シャンパンメーカーは、この新天地に活路を見出した。この頃のアメリカへのシャンパンの売り込み合戦は華やかなもので、大ヒットしたミュージカル『シャンパン・チャーリー』がその雰囲気を物語っている。

南北戦争の始まる以前、既にアメリカ南部のフランス領で大成功をおさめ大市場を

形成していたが、戦後は北部の諸都市でもシャンパンを抜くのが流行になった。消費者が一部の特権階級だけでなくなったから、その消費量は巨大なものになっていった。

フィロキセラと害虫駆除組合

一八〇〇年代の後半、ことに一八八九年から一九〇八年にかけての二〇年間、シャンパーニュ地方は非常な好気象に恵まれ、シャンパーニュ地方の人たちがその前にも後にも見られなかった繁栄を謳歌した黄金時代が到来する。ことにシャンパンにとって幸運だったのは、フィロキセラ禍の問題である。一九世紀後半のワインの黄金時代にこのワインの凶敵がヨーロッパを襲って各地のぶどう畑を壊滅させ、フランスだけでもその被害は普仏戦争の損害に相当したが、シャンパーニュ地方においてはそれほどの被害を与えなかった。

フィロキセラ・ヴァスタトリックスと呼ばれるアメリカから渡来したこの害虫（日本ではぶどう根あぶら虫と呼んでいるが、根じらみと呼んだほうがわかりやすいかもしれない。奇妙な生態環を持ち、飛翔して伝播するだけでなく、根にこぶを作り、ぶどうの木を枯死させた）は、初め南仏に発生し、やがてボルドーを襲った。

シャンパーニュに初めて姿を現したのは一八九〇年で、目に見える被害が出だしたのは一八九四年になってである。シャンパーニュが寒冷な気候であったためかこの害虫の伝播が遅く、ボルドーで発見されてから二〇年以上後だったから、その被害の恐ろしさが十分認識されていたし、その対策を練る時間の猶予があった。一八九一年にはいち早く知事がぶどう栽培業者を集め、駆除のためのあらゆる対策を講じることを要請した。

ただちに〝サンジカ・ド・デファンス〟（害虫駆除組合）が結成され、他の地方の経験が見習われた。当初の対策は負け戦であったが、この虫に免疫性を持つアメリカ産の台木にフランスの枝木を接ぐ方法が採用されてから次第にその対策は効果を上げるようになってきた。

ただ残念なことに、九六〇〇haほどのぶどう畑を持つ大地主はサンジカに加入したが、六〇〇haほどの畑を持つ一万二〇〇〇名ほどの小地主たちは深刻な事態に目をつぶり、加入しなかった。害虫駆除のための二酸化炭素購入費の支払いを拒否し、害虫駆除に奮闘する隣人の畑に自分が迷惑をかけることを考えなかったのである。彼らは、後の第一次大戦時に手痛いつけを払わされることになる。

嗜好は甘口から辛口へ

一九世紀の終わりの頃は活気に満ちた時代だった。世の中は平和で生活は豊かになった。まだシャンパーニュ地方の労賃は安かったので、シャンパンはそう高くなく、フランスではがぶ飲みしていたし、ロンドン、ニューヨーク、ブエノスアイレス、ウィーン、そしてモスクワでも景気は良かった。自動車が実用化され飛行機も発明された（一九〇九年、ランスで第一回国際飛行機展示会が行われ、初飛行を祝福してシャンパンがかけられた）。

新しいレジャー時代が幕を開け、ことに女性が再びシャンパン愛好者として新需要層になった。昔からある職業のグループ、つまりキャバレーやクラブでシャンパンを飲んで男性と浮かれ騒いでくれる女性たちに加えて、いわゆるスマートなレディたちが現れた。

パリやロンドンの大ホテルやレストランの新しい社交場へ、昔の貴族、大会社の重役、大金持ちたちがその妻や姉妹や娘たちを同伴して現れるようになると、ここでもシャンパンは欠かせないものになってきた。

ウーマンリブのアメリカでもシャンパンは女性のお気に入りになった。ただ、シャ

ンパンを飲むとゲップが出るというおかしな迷信があったので、レディたちは泡を飛ばすためガラス棒でかき回したうえで飲んだ。

一九世紀の後半から二〇世紀前半にかけて、シャンパンの普及化、大衆化に大きな役割を果たしたものはポスターである。印刷技術が発達し、商業美術の効用に目を付けた人たちが、斬新かつ美しいポスターでパリを飾るようになった。多くの画家が起用されたが、ロートレックやミュシャはあまりにも有名である。

当初これを使ったのは劇場やキャバレーだったが、シャンパン業者も目を付けた。酒類の中でシャンパンほど派手な宣伝合戦を繰り広げたものはないが、とりわけポスターの活用は各社とも熱心だった。その意味で、シャンパンのポスターは現代商業美術のはしりで、古いものから新しいものを比べてみると、商業美術の流れがよくわかる。

シャンパンの味でいえば、一八〇〇年代の後半から新しい傾向が生まれてくる。英国から始まった辛口嗜好である。シャンパンは、初めはほとんどが甘口で、それもかなり甘いものだった。フランスでは当初から第二次大戦に至る百数十年間、この甘いシャンパンは食事の終わりのデザートコースに飲んだり、食事とは別に飲まれたりし

たが、少なくとも食前に出されることはなかった。

ところが、英国では、食後用の飲み物としてポート、シェリー、マデイラがあり、コニャックも飲まれていた。特に良いポートのヴィンテージ物が出回るようになって、食後にはこれが好まれるようになってくると、食後のシャンパンは論外ということになった。そのためシャンパンは食前か、食事が魚介類や白身の肉の場合は食事中にも飲むようになった。そうなると甘いシャンパンより、辛口のほうがいいということになる。

当初はこの辛口のシャンパンというものがなかなか理解されず、ことにフランスの造る側がそうだった。英国における辛口シャンパンの開拓者の一人であるバーン・ターナー商会の重役が、一八四八年に辛口シャンパン（現在のブリュット）を試飲したところ、大変具合がいいのでペリエ・ジュエ社に発注した。ところが、ペリエ氏が納得しなかったし、一八五〇年にルイ・ロデレールに頼んだが、にべもなく断りをくったという話が残っている。

他の英国の酒商も辛口のものに目を付けだしたため、シャンパンの醸造家たちも、一八五〇年代の末期から六〇年にかけて、フランス国内や他の欧州諸国に出すものに

比べ甘味の少ない〝英国キュヴェ〟物をぼつぼつ出すようになった。

クリコ社とエイドシック社は一八五七年、ボランジェとアヤラ社も一八六五年のヴィンテージ物に〝ドライ〟と名付けた。プリンス・オブ・ウェールズが、学友と会食するオックスフォードのブリンドンクラブで、このドライ・シャンパンを愛飲していることが噂になると、このドライ嗜好に拍車がかけられるようになった。たしかにドライなシャンパンは、一度味がわかるとこのほうが具合がいい。ことにヴィンテージ・シャンパンは辛口を長く寝かせると素晴らしい品質に成長することがわかり、シャンパンの逸品として高価になってきた。

ポメリー社のマダム・ポメリーはこうした英国の辛口嗜好に目を付け、またブリュットがシャンパンとして最高の状態であることも考え、社内の反対を押し切ってブリュットに力を入れ、大成功をおさめた。マダム・ポメリーが初めて出した一八七四年のブリュットは、一八八〇年のフランス港渡しで一ダース七一シリングだった。これが一八八二年の卸売りでは一一〇シリングになり、さらに五年後のクリスティのオークションでは二七〇シリングという高値になった。

一八七〇年代になると、英国では辛口党が圧倒的優位に立ち、ヴィンテージ物では

甘口が後を絶った。しかしフランス側もなかなか頑固で、英国の酒仙セインツベリー教授の書いたワインブックのはしり『酒庫覚え書』（『Notes on a Celler Book』、初版一九二〇年）の中で、「転換期は来たものの、本書を書き始めた当時はまだ完了していなかった。大メーカーのロデレールのご当主ですら、もっと後になってでも、彼の目の黒いうちは自分の酒庫の辛口シャンパンというような邪神には頭を下げないと公言したくらいである」と書かれている。

この英国での辛口シャンパンの大当たりは、さすがの頭の固いフランス人の目をも覚まさせることになる。なにしろフランスでは一八五〇年代の売上と一八九〇年がほぼ同じで横這い状態だった。ところが英国ではシャンパンの消費量が年平均三〇〇万本から九〇〇万本と三倍にはね上がったのである。

この黄金時代の二〇年を通してシャンパンの売上は急増し、年平均が二八〇〇万本に達し、そのうち約二〇〇〇万本が輸出され、約八〇〇万本が国内消費に当てられたというのであるから、いかにシャンパンの輸出が大きかったかがわかる。

6　苦悩の時代——第一次世界大戦と戦間期

繁栄のかげり

豊作が続いたシャンパンは、一九〇九年に寒い気候と多雨にたたられ、翌一九一〇年になって最悪の不作に直面した。それを追いかけるように一九一四年に第一次大戦が勃発した。同年八月シャンパーニュ地方はパリへ進撃するドイツ軍の軍靴によって踏みにじられた。ドイツ軍はマルヌの激戦でようやく食い止められ、九月にはランスの先へ撃退された。エペルネも九月四日から一〇日までドイツ軍に占領された。

この時期はあたかもぶどうの収穫期だった。鉄道はもとより郵便も途絶え、前線近くだったので民間人は電話の使用も禁止された。銀行も閉まり、メーカーが最前線を走り回ってぶどうを買い付けに行くのには危険すぎた。ぶどう栽培家は摘み手に賃金を支払うこともできず、大切な樽も不足した。この時の英雄は、エペルネ市長ポール・ロジェだった（言うまでもなくポール・ロジェの社長）。

町中のお偉方や役人、銀行家がパリに避難したのに市内に留まり、占領軍の諸要求

を一人でさばき、志願者を募って乗馬隊を組織し、ぶどう栽培者たちの指揮をとって収穫の危機を乗り切ったのである。戦火によってぶどう畑が荒らされた被害は場所によって程度の差があったが、強敵は別のほうにあった。かのフィロキセラが蔓延し、戦時中その駆除策がとれないまま放置されていた。

その結果、開戦時の一九一四年に一八四〇haほどあったモンターニュ・ド・ランス北部の村々の畑は、一九一八年には一〇四〇haにまで減少してしまった。結局四割を超す畑のぶどうを根こそぎ引き抜き、アメリカ産の台木で植え直さなければならなくなった。南部の村も害虫駆除の農薬や肥料の欠乏で戦前の二〇四〇haが一三六〇haと三〇%減になった。

第一次大戦の直接的な被害は莫大なものだったが、シャンパーニュの人々の必死の努力でなんとか回復した。ところが、シャンパンの海外市場の三分の二が失われてしまったのである。

ロシアの宮廷は革命政府に代わり、ウィーンやワルソーの上流社会の饗宴は開かれなかった。大得意のアメリカは禁酒法が施行されるという最悪の状態になった。おまけに最大の得意先の英国では、シャンパンの愛好者であるはずのチャーチルが、従価

関税率の実施というシャンパンにとって悪夢のような税制を強行したのである。

第一次大戦によって世界経済が打撃を受け、大戦は終わったもののフランスでも大多数の人々は生活必需品しか買えず、ましてシャンパンを飲んで楽しむという余裕はなくなった。戦後の混乱も一段落して、経済も復興し始めてやれやれと思った矢先、まさに泣きっ面に蜂というように、一九二九年の世界大恐慌が起きてしまったのである。

皮肉にも、天は戦時中の損害を保障でもしてくれるかのように、一九二〇年代に自然の恵みを与えてくれた(一九二〇、一九二一、一九二八、一九二九年は世紀の大ヴィンテージ、一九二三、一九二六年も大豊作だった)。しかし良いシャンパンが大量に造られ、売れることは売れたが、価格低下と金繰りに苦しまなければならなかった。一九三〇年の最初の三年はこれに追い討ちをかけるような不作で、ぶどう栽培業者の大部分は借金で首が回らず、倒産寸前だった。メーカーのほうは売れるだけ売りさばけばよく、買い付けと生産を控えればよかったのでまだ苦労は少なかった。シャンパーニュ地方の栽培者たちは苦境を切り抜けるために二つの手段をとった。

一つは自分たちの造ったワインをシャンパンにするのをあきらめ、テーブルワイン

としてそのまま売った。もう一つは協同組合を作ってそこへ自分のぶどうを持ち込むことだった。シャンパン造りに必要な設備や機械を整え、ストックするのは個々の農家の資力を超える問題だったからである。ほとんどの村で協同組合が作られ、以来着実な発展を遂げ、今日では大手メーカーにとって最大の強敵になりつつある。

一九三四年になって、シャンパーニュ地方を覆う暗雲が払われた。前年にアメリカの禁酒法が廃止されたからである。シャンパーニュの業者は競って海を渡りアメリカに売り込み、ありとあらゆる宣伝使節によるキャンペーンを開始した。そのおかげで一九三五年には七八五万本、一九三八年には一一九五万本にまで輸出がのびて、やっと一息つくことができたのである。

しかし、それも束の間、一九三九年のぶどうの収穫期が始まる頃、世界は第二次大戦に突入してしまったのである。

シャンパーニュの暴動

この第一次大戦と第二次大戦の間に、シャンパンにとって画期的な局面が生じた。ことの起こりはぶどう栽培農家の大暴動だった。黄金時代のシャンパン産業の繁栄は、

多くの事業家や投資家の目をこの産業に引き付けたが、当然のことながら金儲けだけをねらう投機師だとか、利益さえ入ればなりふり構わない悪徳業者をも引き付けることになった。

彼らは、安酒をシャンパーニュ地方以外から仕入れて、シャンパンの壜とラベルで売り出した。一九〇八年に、地元の良心的な業者とぶどう栽培家の強い要求で、これを規制する法令が誕生したものの、悪徳業者の不正手段を完全に阻止するにはまだまだ不十分だった。一九〇八年の税務署に対する申告では、マルヌ県産の生産高一六〇〇万本に対し、シャンパンの総販売数は三四〇〇万本にものぼっていたのである。

一九〇九年は多雨でぶどうの出来が悪く、作ったぶどうの引き取り手がなく、翌一〇年も夏の冷温多雨がぶどう栽培者たちの期待を砕いてしまった。一九一〇年一〇月一六日、エペルネに集まった一万人の栽培者たちは、他の地方からのワイン移入禁止を陳情する決議をした。そのうち、これらの群衆が他の地方からのワイン運搬車をピケで止めたり、メーカー酒庫を襲ってワインを川に流したりと、暴徒化した。とても警察の手に負えなくなって、鎮圧のための軍隊が出動した。

翌一一年二月六日、シャンパンと他の地方のワインを同一酒庫内に置くことを禁止

する法案が通り（これで移入ワインがチェックできる）、地元の人たちは大喜び、引き上げる軍隊は歓呼の声で送られた。ところがこの成り行きに不満だったのは、オーブ県の栽培者たちだった。トロワの近く、シャンパーニュ地方としては南端にあたるこの地区のワインが一九〇八年法でシャンパンと名乗ることを禁止されたので、このデリミタション法（生産地区限定法）の撤回を求め、その法案が同県の代議士によって国会に上程された。

この報道に怒り狂った地元のマルヌ県の栽培農家たちが決起し、暴徒化した群衆は各メーカーの酒庫を襲い荒れ狂った。再び軍隊が出動したが、とんだ災難にあったのはアヤラ社やドウーツ社である。これらの会社はもともとまがい物のワインを買っていなかったため、暴徒に襲われないだろうと当人たちも思ったし、軍隊も守っていなかった。ところが血迷って、というより酔っぱらった暴徒たちは、こうした守りの手薄だったメーカーを襲って事務所や醸造所を壊して放火してしまったのだ。

結局一九一一年七月一七日、デリミタションを確認する新法が通り（マルヌ県以外のところは二級シャンパン生産地として認める妥協案も盛り込まれた）、事態は決着した。その後、法制の整備が進められたが、第一次大戦が勃発したため法案化が遅れ、

一九二七年に完全な法律として制定され、これが今日までシャンパンの生産地域を限定する法として生きている(一九三四年以降四二年まで数回の改正がある)。

CIVCの設立

世界的な不況や、シャンパン市場の喪失で、困ったのは農家だけではなかった。大量の在庫を抱え込んだ業者のほうも大変で、なんとか窮状を打開する必要があった。一九三五年に販売促進を目的とする業者団体が結成され、ドイツのやり方を見習おうとした。前述の栽培農家たちの暴動に端を発したデリミタション法の改正の流れの中で、この組織を公的なものにすることが考えられ、一九四一年四月一二日に新しい法案が作られた。

これはシャンパーニュ地方のぶどう関連業者(ぶどう栽培業者、ネゴシャン、仲買人、銀行家、コルク・壜・ラベルの製造業者を含む)が委員会を設置し、シャンパンの販売促進だけでなく、生産量の規制から不正シャンパンの販売監視、ぶどう栽培業者に支払う賃金の公正化、苦情の円滑な処理まで行うことを目的とするものであった。

このシャンパーニュ地方ワイン生産同業者委員会は、正式名称がComité

Interprofessionnel du Vin de Champagne、略してCIVCと呼ばれている。当初の目的に従って、今日でもシャンパーニュ地方の権威ある委員会として活躍しているが、ことにその目的の中にぶどう栽培業者に支払われる賃金の公正化という問題が含まれていた関係から、他の地方にみられない発展を遂げることになった。

つまり、このCIVCを仲介にして、毎年シャンパンメーカー側と、ぶどう栽培業者側の代表が集まり、その年のぶどう購入価格について、いわば団体交渉を行うようになったのである。シャンパーニュ地方の〝格付け制度〟が他の地方と違っているのも、こうした背景があるからで、毎年ぶどうの収穫状況をみて代表例（つまり一〇〇%格付け畑のぶどう）について標準売買価格を決定する。すると後は、格付けに従って自動的に低い格付けの畑の値段が決まるというシステムである。

広大な地域と膨大な量のぶどうの値付けを画一的にやるということは便利でもあるが、都合の悪い面もある。また、有力な業者がその資力をバックに良いぶどうを買い占めようとする傾向もある。そのため、この制度が生まれてから、建前上、協定は守られていたが、いろいろな手口でこれをくぐり抜けようとするケースが少なくなかったし、不満は絶えなかった。

結局、一九八九年に四七年近くも続いてきたこのシステムは廃止され、ぶどうとワイン売買の自由化時代に入った。〃シャンパーニュの革命〃とも言われるわけである。といっても、その内容と実態はかなり複雑で、そう簡単に白紙になるわけでなく、今後の動向は注目を要するだろう。

7　第二次世界大戦と戦後の大衆化

シャンパンを救ったパットン将軍

第一次大戦のように直接の戦禍に見舞われることはなかったが、なんといっても場所が場所だけに第二次世界大戦でシャンパーニュ地方の受けた被害は少なくなかった。各メーカーは戦時中の人手不足と物資不足（ことに壜とコルク）に悩まされた。またドイツ占領時代のドイツ軍の統制と徴発は厳しく、時には到底応じきれないものまであった（ドイツ軍の要求は、毎週四〇万本という無茶なものだった）。もっともそこはフランス人のことだから、軍の目をかすめたエピソードは少なくなかったし、レジスタンスも行われた。

言うまでもなくその報復も厳しかった。業界代表とも言うべきロベール・ド・ヴォギュー伯爵とその部下は逮捕され、死刑の宣告まで受けたが命は助かり、終戦まで捕虜収容所暮らしをした。これに抗議、抵抗した業者は厳しい罰金を科せられた。ナン・アンド・ライヴァン・ライアンズの『シャンパン・ブルース』(角川書店)は、このレジスタンスをヒントに書かれている。戦時中の救いは、前述のCIVCが設立されたことだろう。

ドイツの敗色が濃くなり、いよいよシャンパーニュから撤退しなければならなくなると、内務大臣ヒムラーはシャンパンの地下貯蔵庫の爆破を命令した。戦後のドイツのスパークリングワイン、ゼクトを助ける目的だった。

ドイツ軍の予想に反し、一九四四年八月二八日夜、連合軍第三方面部隊がエペルネになだれ込み、間一髪のところでシャンパンを救った。これは連合軍総司令部の指示でなく、パットン将軍自身のいわば暴発的スケジュールだったが、将軍はシャンパンの大恩人ということになる。

さて、ベルリンが陥落し、連合軍総司令官アイゼンハウアーがドイツ軍の降伏調印のニュースを聞いたのはどこだっただろうか？　実はランスだった。将軍とその幕僚

たちが祝杯をあげるのに、これほど最適な地はなかっただろう。

平和が戻ってきた時、残っていたシャンパンは、もちろん隠されていた巨大なストックがあったので爆発的な売上をみせた。ことに一時落ち込んでいた英国向けの輸出が激増した。フランスは再びアメリカへの輸出国になった。アメリカへの輸出が再開し、その急増もシャンパンのみならず、フランス経済の回復に一役買ったのである。

シャンパンの大衆化

第二次大戦後の世界経済の発展と、一般大衆の購買力の上昇は、シャンパンの大衆化という現象を生んでいる。二つの大戦と経済不況という難局に面しながらも、シャンパンの消費量自体は増加しているという現象は、世界の奇蹟というほかはない。

戦後、イギリスで起きたスパニッシュ・シャンパン事件（スペイン産発泡酒のシャンパン表示を争った事件。民事裁判でフランスが勝訴し、以後のシャンパンの僭称が阻止され、スペイン産はカバと改名）、ハリウッドとシャンパン、サンフランシスコ大地震と見舞いのシャンパンなど、エピソードは数限りない。

日本でも黒船到来で大騒ぎになった時、応対に当たった幕府の役人たちが、ペルリ

提督が出したシャンパンが気に入ってベロベロになったり、勝海舟とは別に渡米した村垣淡路守などの遣米使節団はニューヨークで大歓迎を受け、シャンパンをふんだんに飲んでいる。そうした日本は二〇世紀末頃から二一世紀に入って世界第三位から二位のシャンパン輸入国にのし上がったことだけは指摘しておこう。

第3章

シャンパンメーカー・シャンパンハウス事典

シャンパーニュ地方の生産者はかなりの数にのぼる。とるに足らない量しか出さないところは別にして、年間一〇〇万本以上生産しているメーカーを、一九八八年の統計でみると、ぶどうの栽培から壜詰めまで一貫して手掛けている、いわゆるヴィニョーブル（栽培酒造業者）が約七九、ぶどうまたはワインを買って造るネゴシャン（酒造販売業者）が一六三、合計で二四二軒程度あるらしい。

これがそれぞれ違った自社なりのスタイルのシャンパンを造っているわけだが、専門家でない限りその多くを味わうという機会があるわけでない。消費者としてはどんなメーカーが有名で良いものを造っているのか知りたいところである。

一つの手がかりでいうと、英国のワイン雑誌の出版社、Decanter 社が一九八七年に出した『"Champagne"――Decanter Magazine Guide』などに大体のところが載っているので、これで一応の目星がつく。

もう少し正確なところを知りたければ、ミシェル・ドゥヴァッツの『L'encyclopédie des vins de champagne』や、トム・スティーブンソンの『Champagne』という本があり、新しいところでは『Guide Euvrard Garnier Champagne 2012』で二四四軒のメゾンが掲載されている。

ところで、シャンパーニュ地方へ行ったり、シャンパン関係の本を読むと、「グランド・マルク」（Grandes Marque）という用語によくお目にかかる。これは、単に規模が大きいというだけでなくて、質量ともに名門と目されるメーカーのことを指している。

シャンパーニュ地方の一六三社ほどのネゴシャンの中で、このグランド・マルクの組織に加盟しているのは二五社ほどである（この組織は一九九七年に解散したが、その代わりに Grandes Marques et Maisons de Champagne という組織が生まれている。加盟社数は七五社）。従って我々シャンパンファンとしては、こうした生産者を知っておけばよいということになるのだろう（シャンパーニュ地方では、酒類製造販売業者のことをメゾン、または、ハウスと呼んでいる）。

このグランド・マルクを含め、すべてを紹介するとなるとかなりの数になる（以下紹介する社名の後に、グランド・マルクはGMとつける）。

ところが二〇世紀末頃から、このワインマップについて革命的といえる激変が生じた。ささやかなりとも自分の畑を持ち、自分で造ったワインを自分のラベルで出す「レコルタン・マニピュラン」が滅茶苦茶に増えたのだ。メーカーの大儲けに指をくわえ

て眺めていた農家たちが、自分のワインを売ろうと思いたったのである。従来はストックに必要な資金もなかったし、造ったワインを売るノウハウも持っていなかった。EUによる関税障害の撤廃と流通の多様化、そしてワインジャーナリズムの発達のおかげでミニメーカーでも自分のワインを売るルートが開けてきたからだ。

その数は見当がつかないくらいである。文字通り玉石混淆。ひどくお粗末なものもあるが、品質向上に精を出して大手のシャンパンにひけをとらない高品質のものを出すところが現れてきた。今まで名前を聞いたことがない業者も多く、その実態が把めないくらいである。それらの中で出色と思われるものを本書で紹介しよう。

また、シャンパーニュ地方にはいくつかの協同組合があり、その中で組合自身が作ったラベルで出しているところもある。そのうち日本に輸入されている有名な組合も載せておく。

なお、シャンパンにはBOBという習慣がある。Buyer's own Brand の略で、要するに買い手がメーカーに頼んで自分独自の銘柄を作ってもらうやり方である。このBOB専門業者が一五〇社ほどある。これらの各社がそれぞれ多種多様なラベルのシャンパンを出しているから、それをひっくるめて全部数えると、かなりおびただしい

数の銘柄がある。こうしたBOBには、パリのいかがわしいキャバレーなどで飲まされる素性不明の代物もある。

シャンパンの高級品としては、日本ではドン・ペリニヨンがあまりにも有名である。たしかにドン・ペリニヨンは秀逸である。しかしドン・ペリニヨンだけが最高級品ではない。ことに最近では各グランド・マルクのハウスが特吟物を出して、その優秀さを競い合っている。これらを試されてみるのも、シャンパンについての新発見になるだろう。

最後に、こうした多様な業態を整理した、わかりやすく知る方法がある。業態を整理して表示する必要があるという考えから、CIVCが一九九三年からこれを八種類に分類した。そして認可済を証明する「頭文字」を表記するようにさせた。ラベルをちょっと見ただけでは気がつかないかもしれないが、次に掲げた頭文字を知っていれば、これでそのシャンパンがどんな業態のメーカーが造ったものかがわかる。

NM　*négociant-manipulateur*　ネゴシャン兼醸造業者（ぶどう、果汁、あるいは原酒を購入して、自分のところでシャンパンを製造する個人または法人）

RM *récoltant-manipulateur* ぶどう栽培業者兼醸造業者。レコルタン・マニピュラン（自分の畑で収穫したぶどうからとれた原酒だけでシャンパンを製造する者。これが急増）

RC *récoltant-coopérateur* ぶどう栽培業者兼協同組合員（加入している組合から、製造過程の原酒、または出荷の準備のできた製品を買い取る）

CM *coopérative de manipulation* 生産協同組合（自分のところで、組合員が栽培したぶどうからとれた原酒で製造する組合）

ND *négociant distributeur* ネゴシャン流通業者（壜詰めされた完成品を購入し、自社のラベルを貼る）

R *récoltant* ぶどう栽培業者（ぶどう栽培業者で、生産者でも協同組合でもないものは、自分の畑で収穫したぶどうを元にネゴシャン兼ワイン生産者にシャンパンの製造を委託することができる）

MA *marques auxiliaires* 顧客の要請で、顧客名で造るブランド（顧客のブランドというのは、レストランのプライベートブランドやファッションデザイナーのブランドなどがある）

アグラパール・エ・フィス　AGRAPART ET FILS　RM

コート・デ・ブラン地区の中心街アヴィーズでは優れたレコルタン・マニピュランが何軒か現れている。ここは一八九四年に現当主の曽祖父が創設した。持ち畑は九・六haだが、アヴィーズ・クラマン、オワリイ・オジェのグラン・クリュ畑（一〇〇％）を持っている。全部シャルドネ畑。トラクターを使わず馬を使っているから、人手へのこだわりぶりはわかろうというもの。醸造は伝統的なコカールを使って圧搾。沈殿剤を使わずに一二時間のデブルバージュ（ゴミ沈漬分離）。発酵はステンレスと古い琺瑯タンク、木樽も使っている。一部を除いてはマロラクティック発酵（乳酸菌の働きで、リンゴ酸を乳酸に変える工程）を行っている。総生産量は、年間わずか八万本。

ここについては『クラッスマン』（フランスのワイン誌『ラ・ルヴュ・デュ・ヴァン・ド・フランス』が毎年出しているフランスワインの格付本。ワイン王国社から翻訳本が出ている）に代弁させたほうが面白いだろう。「軽めで爽やかな、そして傑出したワインを好むなら、このアヴィーズの醸造元がお気に召すだろう。ここは、自分の造

るシャンパンにチャーミングさとエスプリに富んだ面、そして誰もが当てにするアペリティフの要素を与えなければならないことをわきまえている。ドザージュも常にバランスが良く、そのおかげでどのシャンパンも飲みやすく、またバランスのよい味になっている。『ヴィンテージ一九九六』は申し分のない造りで、活力にあふれ、余韻も長く、まだまだ熟成する。他のシャンパンも一様にスリムで極めて爽やかで気品に溢れている……」

アラン・ロベール *ALAIN ROBERT*

RM

コート・デ・ブラン地区で有名なのはクラマンやアヴィーズだが、専門家に高く評価されるのがル・メニル・シュール・オジェの村である。クリッグ社の虎の子ワイン「クロ・ド・メニル」はメニル村の畑である。「クラマンが繊細な味わいを出すとすればアヴィーズはしっかりした味わいが特徴。メニルはその両方の良さを備えている」というのが村人の御自慢。

この村の名門がロベール家。当主のアラン・ロベールは一〇代目。所有畑は一一ha

だが、そのうち四haはメニル村にある。ぶどうの栽培は丁寧で、ことに完熟したぶどうだけを摘むようにしている。ただ、収穫は非常に丹念にやるため、他なら一週間以内で終わる収穫作業に一五日くらいかけている。糖分添加をしない。「メニル・トラディシォン」は二〇五ℓ、「テート・ド・キュヴェ」は六〇〇ℓの樽で発酵させている。ワインはミネラル風味を持ち、樽発酵ならではの柔らかさと味の深みが出ている。総体にきめの細かい複雑さを持つシャンパン。ここのブラン・ド・ブランは、この手のワインの代表作（『ワイナート』38号参照）。

アレクサンドル・ボネ ALEXANDRE BONNET RM

シャンパンといえば、ランスとエペルネを中心とした地区で造られると思われている。ところが実際は二つほどの大きな飛び地があり、その一つがオーブ地区である。ランスからはるかに南下し、トロワの町の東を見るとバー・シュール・オーブとバー・シュール・セーヌの小さな町を見つけることができる。さらによく見ると、バー・シュール・セーヌの町（セーヌ川の上流）の南に、レ・リセの小村がある。ここがアレ

クサンドル・ボネの本拠。そのすぐ南西はシャブリの村なのだ。つまりシャンパーニュ地方といってもその南端で、ブルゴーニュ地方との境界沿いである。リセの村は小さいながら三つも教会を持っていて、そのうちの一つは長い尖塔の立派なもの。またもう一つの村の自慢は九〇〇年も前のシャトーがあるが、庭はヴェルサイユを設計したルノートルが造ったもの。

この地区のぶどう作りは受難の歴史を持っている。フィロキセラ禍や、鉄道開通による南仏ミディの安酒の奔流などがあって、かつての広大かつ栄えたぶどう畑は衰微し、おまけにシャンパン地区への仲間入りを一時期つまはじきされたりした。今では、飛び地とはいえシャンパン生産地域に指定されている。いろいろ研究した結果、現在では優雅なロゼワイン（非発泡）を造り出すのに成功し、ロゼ・デ・リセのロゼは単独でAC資格を持っている。だから、この村はロゼワインで知られているが、なにしろ生産量が少ないのでなかなか飲めない。

このリセの町で、アレクサンドル・ボネ社が奮闘している。その古い建物のたたずまいに、同家が何世代にもわたって酒造りの伝統を守り続けてきたことがよく象徴されている。ロゼワインは定評があるが、シャンパンでも結構がんばっている。持ち畑

は三〇haだが急斜面にあるのが特色で、水はけと日照条件が非常に良い。植えられているのはすべてピノ・ノワール。シャンパンを造るのに必要なシャルドネは、コート・デ・ブラン地区のものを買っている。

ワイン造りは全くの手作りで、プレスも伝統的な型を使っている。デゴルジュマン(澱抜き)の時の栓抜きも、昔ながらの手作業でやっている。

ここのシャンパンはピノ・ノワールの性格が現れ、香りと味わいに果実味がとてもよく出ている。フルボディで、しっかりしたバックボーンを持ち、なかなか飲みごたえがある。洗練さとかエレガンスという点で優れているというシャンパンではないが、いわゆるワインの持ち味がよく出ている。なんといってもシャンパーニュ地方の一番南でとれるシャンパンなのだ。花でいえばひまわりのようなシャンパン。

アルフレッド・グラティアン ALFRED GRATIEN NM

エペルネの町は、大手メーカーが君臨しているが、小ハウスがないわけでない。そのうちの名門が一八六四年創業のグラティアン。自社畑は持たず信頼のおける農家か

らぶどうを買っている。熟成だけでなく発酵も樽で行っているのはクリュッグと同じ、ルミュアージュ（動壜・澱落し）も含め全工程は手作業。頑固と言われるくらい伝統墨守主義、特醸物は「キュヴェ・バラディNV」で、グラン・クリュ畑のシャルドネ六五％、ピノ・ノワール一八％、ピノ・ムニエ一七％で造る。色は黄金色に輝き、泡はごく細かいが持続力が驚くほど長い。香りは快く優雅で、口当たりはソフト。味わいは熟成感があってまろやか。優雅さとフィネスをそなえた仕上がりは腕の良さを物語る。年生産約一八万本だから、いかに手堅くやっているかがわかる。

アンドレ・ボーフォール　ANDRÉ BEAUFORT　RM

昔のシャンパンは甘かった。その名残が甘辛の表示。セック（Sec、辛口）とあっても甘く、ことにドゥ（Doux、甘口）となるとかなり甘い。今どきこのドゥは滅多にお目にかかれない。しかし、どこにも頑固親爺がいるもので、それがアンボネイ村のアンドレ。

ここは徹底した自然農法だが、今流行のビオともちょっと違う。もとはと言えば一

九六九年、肋骨を折った時に使った鎮痛剤のため、ひどいアレルギー症状にかかった。以前から体の調子が悪いことが多かったが、それは農薬のせいだと疑い、一切の化学薬品を畑で使うのをやめた。ぶどうの大敵うどん粉病に硫黄、ベト病対策の硫酸銅の使用はどこでも不可欠とされているが、それさえ使うのをやめた。

そのかわりにナチュラルで無害なアロマテラピー用のオイルを畑に撒いて殺虫・防カビ剤にしている。ここのドザージュも他とは変わっていて、通常の砂糖を使わず、ムー（濃縮ぶどう果汁）を使っている。糖分が白で六五gだから、かなりの量だが、ピノ・ノワールの持つミネラル風味を含んでいるから甘ったるいことはない（『ワイナート』21号参照）。

アヤラ　*AYALA*

アイ！　愛！　なんて素敵な村名だろう。ここはまさにシャンパンのハートなのだ。シャンパーニュ地方でぶどう作りに一番恵まれた絶好の条件にある。前にマルヌ川を控え、背は南を向いたなだらかな丘の斜面畑が広がっている。

アイ村に、数社の名門があるが、アヤラもその一社。自社畑三〇haほどだが、ほとんど一〇〇%のグラン・クリュ。それ以外もすべてぶどうのまま買い取り、発酵から瓶詰めと出荷まですべて自社で行う「ネゴシャン・エルヴール」。つまりドメーヌ的メーカー。フランスの酒通の中では特に人気がある。

アヤラの名前はアイに似ているが、創立者エドモン・ド・アヤラの名前に由来する。コロンビアの外交官の息子が、ある時シャトー・ド・アイに訪れた。そこで出会ったマルイユ子爵の姪に一目惚れして結婚した。お嫁入り資産の中にはアイの選り抜きのぶどう畑が含まれていたから、そこでアヤラはシャンパン造りに専念し始めた。

当時のオーナー、ジャン・ミシェル・デュセリエは、シャンパーニュ生まれで、父はシャルル・エイドシックの重役。国立行政学院で法律を学んだ後、モエ・エ・シャンドン社のロベール・デ・ヴィエ氏とともにCIVC（シャンパーニュ地方ワイン生産同業者委員会）の設立に携わる。戦後、アヤラ社の社長シャイヨーの下でCIVC及び酒造協会の理事を務めていたが、その手腕を買われてアヤラ社に入社。同社の共同経営者になったが、シャイヨーの死後、事業の一切を引き継いだ。その後、ボランジェの副支配人を一五年務めたエルヴェ・オーガスタンが支配人になった。

アヤラ社はシャトー・ド・アイを所有しているほか、はるか離れたボルドーの格付け銘柄シャトー、〝ラ・ラギューヌ〟も持っている。同社のセラーも一九一一年の暴動で壊され、一九一三年に再建したもの。二・五㎞ほどの長さの地下窟は、地下二四mの深さで、階段が七六段もある。同社はアイを中心に三〇haの自社畑を持ち、これで必要量の二割を賄っている。それ以外の購入するぶどうは五〇%がいずれもグラン・クリュないしは一級のもの。平均生産量は九〇万本。貯蔵在庫は一一五万ℓ。同社の酒造りが手堅いのは業界でも定評がある。

アヤラ社のシャンパンは、スタンダード物は三分の二がピノの黒ぶどう、三分の一がシャルドネで、ピノぶどうの秀逸さをよく引き立てている。同社自慢の特吟のヴィンテージ物は、八〇%がシャルドネ、二〇%がピノ・ノワールで、いずれも格付け一〇〇%のグラン・クリュのものを使う。シャルドネだけで造るブラン・ド・ブランは、酒通の中で特に人気がある。

アヤラはいわば清流の中で銀鱗をきらめかせる若鮎のような美しさを持ったシャンパン。そのさわやかさは、濁った血を洗い流し、爽快な身体を取り戻したような気分にさせてくれる。酒質を特徴的に表現すれば、軽快、瀟洒、洗練。すっきりしたタイ

プ。泡立ちが良く、品の良い香り、よく熟成したまろやかな口当たり、それと実に見事な後味と切れ上がりを持っている。言うなれば酸味の切れが良いさわやかなスタイル。

バランクール　*BARANCOURT*　RM

モンターニュ・ド・ランスでも赤をもって知られるブージィの村。ここには名うてのぶどう作りの名手がいるし、レコルタン・マニピュランが生まれても不思議でない雰囲気である。一人ではどうも心細い、さりとてこの一〇〇%グラン・クリュの畑からとれたぶどうを他人の手に渡すのはどう考えても頭にくると考えた若者たちがいた。

そこで共同してシャンパン造りをやればいいだろうと、この村出身のブリス、マルタン、トリタンの三人が決心した。誰の名前をとっても角が立つからと、三世紀にわたって栄えたこの村の豪族が持っていた名ぶどう園、バランクールを旗印に選んだ。この三人は、若いエネルギーと並みならぬ努力であっという間に成功街道に踏み込み、過去の栄光を頼りにするシャンパーニュ地方に新風を巻き起こした。

恵まれた土壌から最高のものを引き出すための注意深い観察。伝統と近代技術それぞれの長所の導入、栽培・醸造技術向上のための切磋琢磨が積み重ねられ、今世紀の新しい精錬の象徴として著名なレストラン、パリの美食家の間で定評を勝ち取ることができたのである。

ここのシャンパンはぶどうがとれた村の個性を尊重し、そのスタンダードのブリュットについてそれぞれ Bouzy Brut、Craman Brut の名前を付けている。また赤の故郷ブージィの村だから、自分たちの真打ち物として、非発泡赤ワインの Bouzy Rouge も造っているが、これは一〇〇%ピノ・ノワール。

バロン・ド・ロスチャイルド　*BARONS DE ROTHCHILD*　NM

ボルドーの名門シャトー・ラフィットの子会社ドメーヌ・バロン・ド・ロスチャイルド、シャトー・ムートンの大衆版ワインを出すバロン・フィリップ、シャトー・クラークを経営するバロン・エドモン・ド・ロスチャイルドの三家族が合同し、ロスチャイルド家にふさわしいシャンパンを造る目的で「バロン・ド・ロスチャイルド」を

設立した。醸造所はメニル・シュル・オジェ村。設立して一五年でカーヴも大きくして一〇〇万本の壜がストックできるようにしたというのだからすごい。

同社がフラッグ・シップにするのはブラン・ド・ブランNV。オジェに加えてクラマン・アヴィーズ村とメニルの四つの村のぶどうを使う。ボルドーで培った赤ワイン造りの経験と手腕が白のシャンパン造りにどこまで生かせるかどうか？　少なくとも繊細で洗練された味わいは好評。ドンペリに追いつき追い越せる日がいつ来るか。ワインの世界における世紀のグラン・レースだろう。

ボーモン・デ・クレイエール　*BEAUMONT DES CRAYÈRES*　CM

マルヌ流域地の生産者約二四〇軒が加盟する協同組合。一九五五年設立。名前は畑名からとった。自社畑の総面積は八六ha。主な畑はヴァレ・ド・ラ・マルヌ・ド・エペルネにあるが、キュミエール、オーヴリエ・ディジェの村も含まれている。組合員の所有畑は平均一ha未満なので丁寧に栽培されている。テート・ド・キュヴェの良質なものから造る特吟物もある。本社はエペルネ。

ベセラ・ド・ベルフォン BESSERAT DE BELLEFON

GM

フランス人が大好きなのはペルノーか、リカール。このリキュールはアブサンが禁止された後その代用品として造り出され、フランスで最もポピュラーなアペリティフとなっている。これを造っているペルノー・リカール社がシャンパン業界に目をつけて買収したのがベセラ・ド・ベルフォン社。このペルノー・リカール社はフランスの企業としてはなかなか発展家。スコットランドでは古い蒸留所のエドラドウアとアベラワーを買収した。アメリカではバーボンの名門ワイルド・ターキーを買収して持っていた時期もある。

このハウスは、一八四三年にエドモン・ベセラによってアイ村に創設され、後にベルフォン夫人との結び付きがあってベセラ・ド・ベルフォン社になった。

一九七〇年、この会社はランスの郊外にウルトラ・モダンな醸造所を建てた。シャンパン製造業の拡大のためには貯蔵熟成用のセラーが不可欠だが、この会社はローマ時代の古い洞窟を頼りにすることなどはやめてランスの郊外に地を選び、地表から掘

って地下に広大なコンクリート製のセラーを作った。セラーの上にこの地方の白亜土を厚く埋め戻したからセラー内の気温は常時一一〜一二℃に保たれている。発酵槽はすべてステンレス製でコンピューターによる温度調整がされているし、澱落しもジャイロパレット式の自動装置で処理している。同社の売上は、年間二〇〇万本を超えている。この会社が外国で知名度が低いのは、ほとんどフランス国内で売りさばかれてしまっているからである。

ペルノー・リカール社は一九七六年にこの会社を買収したが、同じ酒造りといってもリキュールメーカーなのでシャンパンを造るということは全く違うことだから、当初はいろいろ苦労したらしい。しかし、敏腕のジャン・ジャック・ブアールを代表取締役にすえ、有能なルイ・ドールを醸造技術長に雇うようになって酒造りと販売の両方で大きな成功をおさめることができた。

このハウスのもう一つの特色は、発泡酒の中で泡立ちの弱いクレマン Crémant がお得意なことで総売上の四割がクレマンである。特吟物は Grand Cuvée B de B を名乗り、一九八四年から売り出した。

ベセラ・ド・ベルフォンのクレマンは、泡立ちの強い発泡酒が苦手の人に向く。こ

のハウスのシャンパンは、ざっくばらんで陽気な下町娘のようなもの。難しいことを言わなければ気軽に飲めて楽しい友達になってくれる。言うまでもなく真っ当なシャンパンで、シャンパンの持つ特色はきちんとそなえている。総体に軽く、飲みやすいタイプ。特吟物はなかなか立派である。

ビルカール・サルモン *BILLECART-SALMON* GM

フランスが文化の国であることは、美術や文学、壮麗な寺院や彫刻、そして華やかなファッションだけではない。シックなたたずまいの邸宅に住んで時流に流されず、古いものを大切にし、つつましやかに、しかし誇りをもって充実した日々を送っている人々の姿を、地方を旅行して見た時に痛感させられる。シャンパーニュ地方で、巨大なメーカーの近代醸造技術を駆使した酒造りを気にかけず、自分のペースで丹念に酒造りをしている家内工業を見た時に、やはりワインは文化の所産だと思う。アイ村の片隅でがんばっているビルカール・サルモンの美しい庭を見れば、なぜこのシャンパンが〝アイの宝石〟という愛称を付けられたのかわかる気がする。

ビルカール家の歴史は古く、一六世紀まで遡れる同家の墓が残っている。一八一八年にニコラ・フランソワ・ビルカールが家伝の畑を活用してシャンパン業を始めようと決心し、義兄のルイ・サルモンを誘ってこのハウスを興した。ニコラ・フランソワは事業精神の旺盛な人で、広く世界各地を旅行して自家のシャンパンを売り込み、ロシアで多くのお得意を勝ち取った。一九世紀時代に社業が最も繁栄したが、一九一一年に畑の大部分が分割されて規模の縮小を余儀なくされたが、選り抜きの畑だけは確保した。以来同家は、〝妥協なき品質追求〟、〝独自の手づくり製法〟、〝少量逸品主義〟をモットーにして伝統的なシャンパン造りを続けている。

先代のジャン・ロナルドは創始者の子孫。現在は、その息子アントワーヌと、エノロジストのフランソワ・ドミの二人の若者がこの古いハウスに活気を吹き込んでいる。同社のことを「品質はトップクラス、規模は中堅のグランド・マルク」と評した人もいる。

同社の持ち畑はわずか七haで、ほとんどがピノ・ノワール。そのため、足りない分はごく上質の畑（九一～九六％クリュ）を持っている栽培者と長期契約を結んだり、厳選して買っている。

酒造りは伝統的だが、現代技術を巧みに採り入れている。例えば各所から買い入れたワインを冷温で四八時間置く。すると自然酵母は死ぬ。それから、ここの醸造所の酵母を純粋培養したものを加えるという具合である。面白いのは、澱抜きをいまだにア・ラ・ヴォレー à la volée（飛び出すの意味）でやっていること。今日一般に行われるように、壜口を下にして冷水に入れ、凍った澱を抜き取るということをしないで、壜内の気圧で口の部分のワインを吹き出させ、手早く再びコルクを打ち込む手作業をやっているのだ。

現在、年間売上は五〇万本ほどだが、ストックは一六〇万本以上になる。同社の売り物もヴィンテージ物。これは特級畑のピノ・ノワールとシャルドネだけを使う。シャルドネぶどうだけを使ったブラン・ド・ブランも出しているが、ヴィンテージ物しか出さない点が他社と違う。同社のヴィンテージの特吟物はおそろしく長命。

ビルカール・サルモンのシャンパンは、冴えた日本刀にでも喩えられるような凛然とした酸味を持っている。その特徴はブラン・ド・ブランによく出ていて、ブルゴーニュ、シャブリにみられるような石灰質畑から生まれるワイン特有のフリント・フレーバーを持っている。ヴィンテージ物はことにこの辛みが冴えていて、初めてシャン

パンを飲む人にはちょっと取っ付きにくいところがあるかもしれない。香りに深みがあり、年代物であっても驚かされるような新鮮味を持っている。飲んでいるとその良さが心にしみるような味わい。

ボワゼル　*BOIZEL*　NM

シャンパンはぶどうから造るが、ぶどうを育てるのは別の話である。そのため、シャンパンのほとんどのメーカーがぶどうを買い付けていると聞くとショックを受けるし、自社畑の多いところのほうが良いシャンパンを造っていると思い込みがちである。しかし必ずしもそうは言い切れない。エペルネには、今でも家族経営を守っているシャンパンハウスが数社あるが、ボワゼルもその一つ。

一八三四年にオーギュスト・ボワゼルが興したハウスで、現在はその家系の者が経営に当たっている。

年間九五万本ほどの生産量だが、ボワゼルの他に Louis Kremmer と Camuset の商標でも売っていて、ボワゼルの名前で出すのは五〇万本くらい。このハウスの特色

は自社畑を持たない点で、ぶどうはすべて買い付けている。しかし、ピノ・ノワールはアイとブージィ村、シャルドネはグラン・クリュないしプルミエ・クリュを厳選している。酒造りは伝統的手法。ここの特吟物のJoyau de France（ジョワヨーは宝石の意味）は、すべてグラン・クリュの畑のぶどうだけを使っている。

このハウスのシャンパンは実に飲み良く、好感が持てる果実味をそなえている典型例。取り立てて優雅だとかデリカシーが際立つタイプではないが、安心して飲める真っ当なシャンパン。

ボランジェ　*BOLLINGER*　GM

家族経営で優れたシャンパン造りを守り、上位の座を確保し続けている点ではクリュッグと相並ぶ。チャールズ皇太子の結婚式の際、バッキンガム宮殿で開かれた祝宴で饗されたのは、ボランジェの「RD一九七三年」なのである。

アメリカの独立戦争をフランス軍として支援したこともあるエマニュエル・ド・ヴィラモン将軍は、王党派だった関係でフランス革命時にはロシア帝国軍に逃げ込んだ

が、ナポレオン時代、故郷のアイの村に戻ってきた。将軍は引退後、傾いた家計を建て直すために、我が家が持っているぶどう畑を活用してシャンパン業をやろうと思いつき、経営の才能のありそうな若者を雇って実務を任せることにした。

将軍のお眼鏡にかなったのが、ジャック・ボランジェとポール・ノーダンだったが、後にジャック・ボランジェが会社を取り仕切ることになった。ボランジェはドイツ人で、後には将軍の娘ルイ・シャルロットと結婚したが、澱落しの技術開発に貢献したアントニー・ミューラーの下でシャンパン製造の腕を磨いた青年だった。ジャックがボランジェの名前でシャンパンを売り出したのは一八二九年からで、事業はその息子と孫によって次第に拡大された。孫は祖父と同じジャックだったが、一九四一年に死亡した。

そこに、女傑が現れた。当時四五歳で未亡人になったエリザベス・リリィ・ボランジェは、第二次大戦とドイツ占領の難局を見事に乗り切り、ことに完璧主義といえる酒造りで今日のボランジェが誇る高度の品質の確立に成功した。自ら自転車を乗り回し、鷹のような鋭い目をしてぶどう畑を見回る彼女の姿は、今でも写真に残っている。今日、ボランジェ社は、年間一五〇〇万本を生産しているが（ストックは六〇〇〇万本）、

一二〇haのぶどう畑（平均九七％のクリュ）を所有し、自社必要量の六五％を賄っているから、シャンパンメーカーとしては自社畑所有率が非常に高い。

ボランジェのボランジェたるところは、家族経営による酒造りを守り続けている点である。また、ワインの第一次発酵を樫の小樽で行う点にもある。そのため四五〇〇ほどの樽を常備し、専従の樽職人を雇っているが、樽の中には一九三〇年頃の古いものまである。小樽での発酵で、ワインはフレーバーがよく出てしっかりしたものになるし、選酒が厳密に行えるわけだが、その手間は大変なものである。第二次発酵の熟成は五年（普通のところは三年）もかけて行い、ことにヴィンテージ物はマグナム壜で熟成させるものが多く、しかも王冠でなくコルク栓を使っているため寿命が長い。またフィルターによる濾過をしない。

同社のヴィンテージ物の中にRDと表示するものがある。これは récemment dégorgé の略で、語義そのものは、〝ごく最近に澱落しをした〟という意味だが、このRDは七年から一〇年間壜の中で澱とコンタクトを続けさせる熟成法の意味も含んでいる。これはシャンパンに活力と完全な円熟味を備えさせる。また同社は Vieilles Vignes Françaises Blanc de Noirs という特吟物もごく少量造っているが、

これはフィロキセラ禍以前のぶどうで、アメリカの台木と接木しないピノ・ノワールを使ったもの。

ボランジェのシャンパンは、言うなればスケールの大きい大物である。ブルゴーニュのシャンベルタンが〝男の中の男一匹〟だとすれば、ボランジェはシャンパンの中で同じような位置を占めるだろう。色はやや濃いが、泡立ちが良く、芳香も強い。初めてシャンパンを飲む人には向かないかもしれないが、シャンパンを少し飲みこんだ人なら必ずその素晴らしさを認めるに違いない。

ブリクー *BRICOUT* NM

コート・デ・ブランのアヴィーズの村に一八二〇年、ドイツ人、シャルル・コッシュが美しいシャトーを造り、シャンパンも造り始めた。一方、エペルネの名門ド・ヴノージュ社の醸造長アーサー・ブリクーが、ドイツの大ゼクトメーカー、クッパールベルグ社の娘コンスタンスと結婚し、強力な義父の資本を後ろ楯にエペルネ市に返り咲く。シャルルの死後、三人の息子がブリクーの支援を求め両社を結合させブリクー・

エ・コッシュ社を創る。

二つの大戦をはさみ、シャンパン事業の危機の中で多くの会社が姿を消したが、この会社はアヴィーズで細々と生き延びていた。一九六六年、クッパーベルグ社のアダルベールの曽孫になるアンドレアスが、会社の再興に着手、ブリクーの名をよみがえらせ、あっという間に往時の名声を取り戻した。ブリクーは、生産量を年間三〇〇万本に限定し、無理に伸ばさない（ストック量は八〇〇万本）。アヴィーズ周辺の約一七〇人の栽培者と緊密な結び付きを確立して、その生産を確保している。

ブリクーのバックボーンはなんといってもシャルドネである。現在五種の製品を造っている。二種のヴィンテージ物のうち、一九八二年から出したCuvée Éléganceはシャルドネ六〇%とピノ・ノワールが四〇%。

ブリクーの特徴はその品の良さと風味の豊かさで、クリーミーと表現されるほど滑らかな口当たりの中にヴァニラや柑橘類を感じさせるような良い意味でスパイシーである。ことにヴィンテージの特吟物は素晴らしい香りと絶妙なバランス。ワイン通の人に進めて喜ばれるだろう。

ブリュノ・パイヤール BRUNO PAILLARD NM

ジャイアント企業がひしめいているシャンパンメーカーの中に新入りをするというのは至難の業である。ところが、一人の若者が、他人の力を借りず徒手空拳《としゅくうけん》でこれに挑戦し、立派にやり遂げた。八三年物は、『ワインスペクテーター』誌がやったブラン・ド・ブランのブラインドコンテストで最上級に選ばれている。戦後に発足し、全くの個人企業である点でシャンパーニュでも異色の存在であり、業界に新風を吹き込んでいる。

パイヤールはよそ者でなく、ブリュノ家は古くからシャンパーニュ地方でぶどう栽培を営んできた農家で、ポメリーと緊密な関係があった。パイヤールは一九七五年から八〇年まで父の仲買商の手助けをしていたが、八一年から独立し、自分の名前のシャンパンハウスを興した。シャンパン製造に関しては自分の経済力の範囲の許せる限りのストックをもち、そのストックに見合っただけのものしか売らなかった。現在シャンパン企業の中では小さいほうかもしれないが、それでも一九八八年には年間三五

万本を売るようになった。その九五％が国外市場。

ブリュノ社はランス市の郊外、エペルネに向かう街道沿いにある。貯蔵庫は地上だが、完璧な温度調整装置を使っているため一年間を通じて一℃の四分の一しか変化が生じない。醸造所は現代的かつ機能一点張りで、塵一つないように清潔かつ整然と整備され、オートメーション化された装置を使って、わずか三人で管理運営している。澱落しもコンピューターを使ったジャイロパレット式の完全自動化である。

同社がその製品に高度の品質を誇れる秘訣はいくつかあるが、原料のぶどうでいえば三〇近い村の中から優れた畑の最良のものだけを選んで買っていることである。同社が理想を追求し、いかに品質維持を厳格にやっているかということは一〇〇万フラン近い経済的痛手と売上の落ち込みを覚悟の上で一九八四年物を一本も売らなかったことでわかる。また、同社のシャンパンの販売哲学をうかがえるのは、全製品にデゴルジュマンをした年を明記してある点である。

同社のシャンパンのうち売上の六割を占める Brut Premier Cuvée（NV）は、大体ピノ・ノワール三〇％、ピノ・ムニエ四〇％、シャルドネ三〇％の比率だが、すべて一番搾りのものだけを使っている。ヴィンテージ物は言うまでもなく年によってこ

の比率が違ってくる。例えば、七九年物はシャルドネが多く、八一年物はピノ・ノワールが多く、八三年になるとシャルドネ一〇〇％のブラン・ド・ブランというように。ヴィンテージ物は、味をテーマにした絵画をラベルにデザインしている。

ブリュノ・パイヤールのシャンパンは、容姿端麗。シックとか、複雑精妙な綾とか雄々しさというところはないが、エレガントなシャンパン。口のうるさいロバート・パーカーですら四つ星を与えているくらいなのだ。

キャティア　CATTIER　NM

一七六〇年にモンターニュ・ド・ランス地区のシニー・レ・ローズ村で創業。一九一八年に壜詰めを始めているが、創業者の家族が続いている老舗。自社畑二〇haを持ち年産一〇〇万本。リュット・レゾネ（減薬農法）を守り、ピノとシャルドネの比率が八対二になる伝統製法。パリのホテル・リッツやレストランのマキシム・ド・パリのハウスワインになっている。

カナール・デュシェーヌ　CANARD-DUCHÊNE　GM

〝シャンパーニュ巡り〟の田舎道を少し行ってリュードの村に差し掛かると、真四角なコンクリート造りの立派なビルが見える。カナール・デュシェーヌ社が誇る地上酒庫だ。一九七四年に新設したこの貯蔵施設は、二万五八〇〇㎡もある広大なもの。フランソワーズ・レオニー・デュシェーヌと結婚したヴィクター・フランソワ・カナールは、一八六八年に夫婦の名前をとった会社を興した。第二次大戦後になって、彼の後継者たちがこの事業を飛躍的に拡大させた。一九四六年当時、年産二九万本程度だったのだが、二〇〇〇年代には三五〇万本になるという急成長である。

この会社は多くの人がシャンパンを気軽に楽しめるように価格を抑えたシャンパン造りを心掛けている。同社はリュードとテッシィの村に自社畑（いずれも一〇〇％クリュ）を持っているが、足りないぶどうは買い付けで賄っている。モンターニュ・ド・ランス地区が中心だが、オーブ県も含む。発酵の一部に古いコンクリートタンクも使っているが、一九七〇年代から最新のステンレスタンクを整備した。

面白いのは新貯蔵庫に設置した自動澱落し装置。最近、シャンパーニュ地方でも導入し始めた自動澱落し器は「ジャイロパレット式」と呼ばれるもので、これは一度に数百本以上の壜が入る大箱を機械が持ち上げて回転させて澱を落とす仕掛けである。ところがカナール社のものは独自に開発した棚式のもので、書棚のような棚に壜が逆さにぎっしり並んでいて、ここに壜を差し入れ、棚で動かすシステムである。

同社は、一九七二年に、シャンパンメーカーの古い名門エペルネのシャノワーヌ社を買収した。逆に、同社の株の三三・六%、その後さらに三三%と、合計六六%強がヴーヴ・クリコ社に買い占められたため、この会社の実権はカナール家から離れてしまっている。もっとも経営自体はカナール家のジャン・ピエールが当たっている。

カナール・デュシェーヌ社がねらっているのは、上流階級の人だけが楽しむ超特級品ではない。手頃な価格で買える真っ当なシャンパンがあっていい。このシャンパンは企業努力と技術の甲斐あって、手頃な価格で買えるシャンパンとしてはなかなか良い品質を維持している。スタンダードのブリュットは、香りはそう高くないが、口当たりは穏やかで、飲みやすく仕上がっている。ヴィンテージ物になると酒質は非常に良くなっている。ことに特吟物の Charles VII はシャルドネを三分の二使っているの

で、軽やかですっきりして酸味もそれほど強くない他に遜色のないものになっている。若者が集まるパーティなどで陽気に騒ごうという時に、極上のシャンパンを飲む必要はない。シャンパンさえあれば景気づくし、陽気になりだしたら重箱の隅をほじくるような気にはならないだろう。イミテーションでお茶を濁すことはない。カナール・デュシェーヌの本物のシャンパンがあるのだから。

シャノワーヌ・フレール *CHANOINE FRÈRES*

GM

シャンパン造りを事業として始め出したところで一番古いのが、一七二九年のリュイナール社。二番目に古いのがこのシャノワーヌである。現在、年生産量が約三六五万本というからたいしたものである。この会社の社長フィリップ・ベジョとブリュノ・パイヤール、ボワゼルの家族が共同して組織した「BCC、ボワゼル・シャノワーヌ・シャンパーニュ」に属している。この会社は、国内向けが七〇%を占めている関係で、国外ではあまり知られていなかった。

フランスに本拠を置き、シャンパーニュ地方の各村からぶどうを買っている。製品

のうち「プルミエ・クリュ」は、プルミエ・クリュの村のぶどうだけを使ったもの。このハウスの御自慢は「ツァリーヌ・テート・ド・キュヴェ」で、一九世紀当時の主要輸出先であったロシアの皇帝に敬意を表して名付けたもの、エレガントなデザインの特注壜を使っている。

香りにはシトロンやライムのビター・オレンジの感じを出し、繊細なアロマや、味わいにエレガントさを出すように仕立てられている。豊富なフレーバーと上品で長い後味を特徴として、「高貴な力強さと繊細さ」を打ち出している。二〇〇六年の『アシェット』では、このツァリーヌ一九九九年ものが三つ星に輝いた。

シャルボー　*CHARBAUT*　NM

シャルボーは若いから、まだエピソードも少ないのかもしれない。戦後に創設され、大資本のバックがあるわけでもないのに現在年間一五〇万本を売り上げる会社になっている。まさにシャンパンのサクセスストーリーである。エペルネのシャンパン大通りのアンリオ社がランスに移ったため、その社屋を一九八五年に買い取っている。

売上の半分は輸出市場で、フランス国内ではスーパーでも売っているが、成功の鍵の一つは価格政策にもあるらしい。だからといって安物の大量売りをしているわけではない。他社であれば宣伝広告費にかける経費をすべて品質向上に投資している。

一九九〇年に『ワインスペクテーター』誌のワインテストで、一二二四種のサンプルの中で強豪を尻目にシャルボーのサーティフィケイト一九七六年が、シャトー・マルゴーに次ぐ第二位。シャンパンとしてはトップの地位を勝ち取っている。一九九〇年の同誌のシャンパン八五年物のテイスティングでも、ここのブリュットがボランジェに次ぐ第二位。また、ロバート・パーカーが一九八七年にやった『ザ・ワイン・アドヴォケート』誌のシャンパン特集では、セルティフィカット・ブラン・ド・ブラン Certificate Blanc de Blancs 一九七九年がトップになっているのだ。

シャルボー社は一九四八年にアンドレ・シャルボーがマルイユ・シュール・アイで興したハウスである。それからわずか三〇年後にはエペルネに進出している。現在同社の持ち畑は五六ha、それも九五ないし一〇〇%のグラン・クリュ級の畑である。アンドレが死亡した後、二人の息子のルネとギイの兄弟、それと義理の息子にあたるジャン、ピエール、アビヴァンの三人が父の遺志を継いで事業を運営している全くの家

族経営である。

醸造はかなり近代的、熟成用の地下蔵は長さ五㎞とも一〇㎞とも言われ広大。ここは大壜の重要性を認識して、マグナムだけでなく、サルマナザール、ネブカドールなどの超大壜に力を入れている。

シャルボーのシャンパンは、スタンダードのレゼルヴ・ブリュット（NV）が、三分の二がピノ・ノワール、三分の一がシャルドネの比率で、少なくとも四〜八カ月は壜内で澱と同居させる。壜熟成は一年半から二年かける。ヴィンテージ物は少なくとも、デゴルジュマン前に四年は寝かせる。ここの特吟物はセルティフィカット・ブラン・ド・ブラン。言うまでもなくシャルドネだけで造るが、ヴィンテージ物並みの扱い。これもデゴルジュマン時までに四年は寝かせてあるし、一〇年に三、四回しか造らない。

シャルボーのシャンパンは、色は薄い琥珀色で、香りはそう強くない。泡立ちも弱いほうである。ただ、かなりしっかりしたボディと、特有の辛味のバックボーンを持っている。芳醇型というよりスリムタイプ、かなりワインを飲み込んでいる人、言いかえると肉食中心の食事を常にしている人には、この辛口の良さがわかるということ

ではないだろうか。価格は安いが決して粗製濫造物でない。

シャルル・エイドシック CHARLES HEIDSIECK GM

舞台と映画に強い人なら、ロンドンで大ヒットしたミュージカル『シャンパン・チャーリー』と、それが映画になったことをご存じだろう。貴公子然とした風貌、西部劇の主人公にぴったりの銃の名手。敵の首ならぬシャンパンの壜の首をサーベルでぽんと切り落とす腕前、そして南北戦争の英雄。栄光と挫折と波乱の人生の冒険物語の主人公シャンパン・チャーリー。

シャルル・アンリ・エイドシックは、ドイツ人のルードリッヒの甥で、伯父のエイドシック社を国外に広めるため活動した。ことに成功したのはロシアで、白馬にまたがって荒野を疾走した彼の姿は伝説にまでなっている。アンリは早死にしたが、その情熱は息子のシャルル・カミュに受け継がれた。ポーランド戦争の真っ只中、漁船に乗ったアンリはわずか六歳の我が子カミュを連れてロシアへ渡る。

ペテルブルグの宮廷で拝謁した皇帝ニコライ一世は、カミュにシャンパンの壜を持

たせ、きらりとひらめくサーベルで壜口をさっと切り落とす。溢れ出るシャンパンの泡。このシャンパンのショー〝ロシアン・メソッド〟は、この時以来、カミュのお家芸になったとやら。シャルル・カミュは、一八五一年に独立してシャルル・エイドシック社を興した。

世界中を旅行して回ったが、ことにアメリカ旅行の際は、シャンパンの他にスポーツ銃を欠かさず持ち歩き、壜を空中に放り投げて撃つ曲芸で拍手喝采。シャンパン・チャーリーの名前で人気を集め、シャンパンを売りまくった。南北戦争の勃発直前には一年間に三〇万本のシャンパンを売ったほどだった。南北戦争では捕まって監獄入り。稼いだ金をつぎ込んだ綿への投資も水の泡となり、裸一貫の身でランスへ帰る。傾いた事業を再興させようとがんばる親子に幸運が転がり込んでくる。コロラドで投資した土地が、価格の急騰で巨大な利益をもたらしてくれたのだ……。

以来、カミュとウージェーヌの親子は、シャルル・エイドシックの社名で押しも押されもせぬシャンパンハウスを確立することになった。一九七六年になって、同社の株の大部分がアンリオ社に買収される。もともと一八五一年にシャルル・カミュがシャンパン事業を興すに際して、義兄弟のアーネスト・アンリオを共同経営者にし、ア

ーネストは一八七五年までシャルル社に役員として残っていたため、両社は関係が深かった。

現在のシャルル社の社長はジョセフ・アンリオだが、シャルル家の家族も役員として残っている。一九八五年、同社はコニャックの大メーカー、レミー・コアントロー社の傘下に入ったが、アンリオとシャルルの両社はあくまでも別々のシャンパン造りをしている。

シャルル・エイドシック社は、もともと自社畑を持たず約一〇五の違ったクリュのぶどうを買い、優れたブレンド技術を誇りにしてきたが、アンリオ社からの資金導入で畑を買い始めた。一九八八年にF・ボネ社を買収したが、そのおかげでオジェの一〇haのシャルドネ畑（一〇〇％グランクリュ）のぶどうを確保できるようになった。その上、ランスの地下二〇mにある二〇〇〇年の歴史を持つ地下セラーも持てるようになった。現在シャルル社は一〇八haの自社畑を持ち（必要量の二割）、三年から四年分のストックがある。

シャルル社の酒造りの方法は伝統的だが、醸造管理は近代的技術を駆使したもの。一九八一年以来、特別に設計されたステンレス製の発酵槽（三二〇hℓ入り）が、徹底

的に清潔を保った発酵室に一五四基も並んでいるのは壮観である。レゼルヴ・ワインは、ガラスコーティングのコンクリート槽に保存・貯蔵されていて、ブレンド用のタンクは一〇〇〇〜二〇〇〇hℓ入り。澱落しには、最近自動装置も導入している。

Brut Réserve（NV）は、新設備の充実とともに一九八八年から売り出された新しいスタイルのもの。ぶどうは一五〇の違ったクリュの上質のものを使う。搾汁の選択とアッサンブラージュを厳密に行い、レゼルヴ・ワインの混合比率を多くしているので、酒質向上は顕著である。ここが面白いのは、マロラクティック発酵を重視していることと、出荷先を考慮してドザージュの量を変えていることである。ブラン・ド・ブランは、コート・ド・ブランのグラン・クリュのシャルドネだけを使った同社の自慢のもの。Cuvée Champagne Charlie は同社の特吟物で、ぶどうの比率はヴィンテージ物と大体同じだが、シャルドネの比率が少し多い。

シャルル・エイドシックは、きれいで、チャーミングなシャンパン。特有の甘美な魅力をもっている。色は黄金色を帯び、泡粒は小さい。香りは非常に良く、果実味が出ていて、口当たりは実にソフト、まろやかである。

クリストフ・ミニョン　CHRISTOPHE MIGNON

RM

ヴァレ・ド・ラ・マルヌは、いわば二番手で、栽培されるぶどうはピノ・ムニエが主流で、大手メーカーの原料供給地の地位に甘んじていた。ところが、最近ここでもレコルタン・マニピュランの台頭が著しい。そうした中の一軒で、場所はエペルネからマルヌ川を少し下り、内陸に入ったフェスティニィ村にある。持ち畑は六haほどだが、幸いほとんどが南西向きという絶好の条件にある。

若いクリストファー・ミニョンは、この畑の良さを生かすためにビオディナミ農法の導入に踏み切った。努力が実って、ジャック・セロス（235頁）に続く存在として認められるようになりつつある。栽培品種はピノ・ムニエ八五％で、シャルドネが一五％、平均樹齢は、約二五年。従来ピノ・ノワールより低く見られていたピノ・ムニエの本領をこの農法で発揮させようと考えたわけ。摘んだぶどうは一回四〇〇〇kgの伝統的ブーファァ器で軽く圧搾。各畑の区画の違いを考えて区画ごとにサイズの違うステンレスタンクで第一次発酵させる。ここには古い巨大な樽も残っているので、一

部はこの大樽を発酵、熟成用に使っている。

地下蔵の壜熟成は、大体二六カ月、ルミュアージュは、手作業。ドザージュは「ブリュット」がℓ当たり七g。「エクストラ・ブリュット」は三gだが原料のワインがしっかりした味わいを持っているのでこれで十分で、余分な糖分を必要としない。生産量は六万本。スタンダードの「ブリュット・トラディシオン」はピノ・ムニエ七五%、シャルドネ二五%。特醸物の「キュヴェ・ミレジム」(ピノ・ムニエ八五%、シャルドネ一五%)はヴィンテージ物だが、ムニエでもこれだけのものができるという好見本。

コント・ド・ダンピエール　*COMTE DE DAMPIERRE*　NM

赤で有名なブージィ村にもう一軒異色の新顔が出現した。コニャックで七〇〇年以上の歴史をもつダンピエール伯爵家の息子(当主の曽祖父)がシャンパーニュ地方の名家の娘マリー・ボワゾーと結婚して縁ができて、一九八〇年にメゾンを興し八六年に会社を設立。現社長のフィリップ・ローシーと輸出部長のガブリエル・プリティン

ジェが一切の経営に当たっている。

貴族文化の象徴のようなメゾンだからラベルには紋章をデザインしている。エリゼ宮やヨーロッパの王室で愛飲されているし、シャンパーニュの星付きレストラン「レ・クレイエール」や他地方の一流レストランのリストに現われるようになった。日本でもここの特上品「プレステージ・グラン・クリュ二〇〇四年」が四万四〇〇〇円で買えるようになった。

NVのブリットはこの村のピノ・ノワールだけを三〇%、シャルドネはアヴース村が七〇%。一品種と一つの村に絞っている。シャルドネ一〇〇%のブラン・ド・ブランを造っている。ここの壜がひと目でわかるのは、フォイル（カプセル）を使わず、コルクを麻紐で固定しているからだ。昔はみなそうやっていたのだ。

ダヴィッド・レクラパール DAVID LÉCLAPART RM

シャンパーニュ地方でも、ビオディナミ農法を取り入れるところが多くなったが、ほとんどがレコルタン・マニピュラン。それもコート・デ・ブランかヴァレ・ド・ラ・

マルヌに多いが、ここはモンターニュ・ド・ランスのトレパイユ村。

ピノ・ノワールで有名なグラン・クリュ村は土壌が粘土質でピノ向きだからだが、このトレパイユ村はシャルドネを栽培する農家が多い。一九六〇年から七〇年代にかけて淡麗辛口を狙うネゴシャンが勧めたからだ。レクラパール家もその例にもれないが、当主ダヴィッドはやはりピノが向くと考えている。しかし植え替えるとなると、息子か孫の代にならないと仕込めないから、今のところシャルドネ中心で何とかしようとしている。幸い一割くらいはピノの畑もあるので、それを使ったロゼと非発泡の赤を造っている。

畑は約三haだが、一三区画に分けて、それぞれの畑の特色を生かした「キュヴェ・ラポートル」「キュヴェ・ラルティスト」「キュヴェ・ラマター」の三銘柄《リコーディ》を出している。一九九四年にボジョレのミション夫妻が運営している有機農学校に参加。さらにオーストラリアのビオ農法の専門家アレックス・ポドレンスキーに出会って決心を固め、九七年からビオ農法を始めた。

二酸化硫黄は圧搾時に少し使い、自然酵母使用、デブルバージュなし、清澄濾過なし、ドザージュもしない。一部は樽発酵でそれを増やしつつある。初年度のワインは

INAO（国立原産地名称研究所）から認められなかったりして苦労は多かったようだが、ここのロゼは傑作と評価されている。（『ワイナート』21号参照）。

ド・カントナール *DE CANTENEUR* NM

エペルネ市の目抜き通り、アヴェニュー・ド・シャンパーニュの坂を登りきったところに廃屋同然になっていた建物があった。これが、この地方の伝統的スタイルの立派な建物によみがえった。莫大な経費を投じて壮挙を行ったのは、ロワールはプイィ・フュメを舞台に二〇世紀ワイン界のサクセスストーリーの主人公、ラドウセット男爵《バロン》。ヴーヴレの名門マルク・ブレディフ社を買収。シャブリで二軒のドメーヌを買収。ブルゴーニュでは旧家名門コンテ・ラフォンの建て直しなどに腕を振るったバロンは、今度はシャンパンに進出した。

エペルネ市の南西約二㎞のところにあるピエリー村はドン・ペリニヨンの時代から、シャンパン造りで高名を馳せていた村である。そこに一九〇五年に創設されたシャンパンハウス「メゾン・ド・カントナール」は自社畑を一二ha所有し、製品の多くは大

手会社に供給していたが一部はレコルタン・マニピュランとして販売していた。そこを二〇〇〇年に買収した。エペルネ城は迎賓館として使い、ピエリーのメゾンでは「品質至上主義」をモットーに徹底した改良に取り組んだ。

ワイン造りはなんと言っても人であるという信念を持つバロン・ラドウセットは、新進気鋭のセラーマスター、フィリップ・ロシニョールに加え、新たに実力家のジェローム・デルウァンも招き入れた。「ド・カントナール・ブリュット」にはシャルドネ六〇%、ピノ・ノワール三〇%、ピノ・ムニエ一〇%で、ドザージュ一ℓ当たり七gに抑えている。シャルドネを多くしたのは繊細・洗練そしてさわやかな味をねらったもの。独創性あふれる極上の品質を目指すバロンの力量が、このシャンパンに頭角を出現させるのはそう遠い将来でないだろう。

ド・カステランヌ *DE CASTELLANE* GM

パリのリヨン駅といえば、マルセーユとつながっている鉄道の終着駅で、戦前の日本人が船ではるばるやって来て、パリで最初の第一歩を踏み出したところだった。こ

の駅の食堂は今なお立派に現役で、その建物と塔もパリ名物だ。その親分的な存在の塔がエペルネにある。エペルネは地味なたたずまいの町だが、遠くからこの町を眺めると、異彩を放つ突起物が二つある。一つはドイツ・ゴシック風の奇妙な屋根を持ったカテドラルで、もう一つがカステランヌの塔である。これはリヨン駅と同じくモーリス・トードワルが設計したもの。堂々とした丸屋根が付き、カステランヌの名前が威張ったように書かれている。展望台から眺める風景は絶景である。

ド・カステランヌのハウスを興したのはフェルナン・メランで、一八五二年にロワール川のサン・フローレン村で生まれた。ロワールでも発泡ワインの名産地で、しかも彼の育った当時は大いにシャンパンと張り合っていたのだ。フェルナンは、この地区でも名ワインメーカー副社長にまでなったが、戦いに勝つには敵を知るに如かずと思ったか、一八八〇年、エペルネに乗り込んできて、シャンパン造りを始めた。

敵地へ切り込んで仕事を始めようというくらい根性のある男だったから、瞬く間に事業に成功。ユニオン・シャンプノワーズ社を興し、一九世紀末には現在の敷地を買い取り、ベルエポック調の装飾が残っている社屋を建てた。さて社屋が立派になると、何か飾りが欲しくなる。

一方、一八九五年にエペルネでルイ・フローラン・ド・カステランヌ子爵がシャンパーニュ・ド・カステランヌというハウスを興していた。カステランヌ家はフランスでも古くからの貴族だったが、子爵は家名を社名とし、商標登録していた。このルイの従兄弟がボニー・ド・カステランヌでベルエポック期を代表するような人物だ。

子爵は、パリのブーローニュの森の近くにピンクの大理石を使った別邸を建てた。妻アナはアメリカの鉄道王の娘だったが、一八九六年のアナの誕生日に子爵がこのピンクパレスで開いた大パーティは、浮かれ騒ぎのこの時代でも大したものだった。招待客三〇〇〇人、二〇〇人のオーケストラ、ロイヤルオペラバレエ団の踊り子八〇人、一〇〇〇人のウェイター……。

二日間の大宴会で浴びるほど飲まれたのが、ド・カステランヌのシャンパンだった。その令名に目をつけたフェルナンが、この会社を商標ごと譲り受けた。長男のアレクサンドルも有能で、事業を拡大し第二次大戦の困難な時期を乗り切り、戦後になると年間一五〇万本にまで売上を伸ばすようになった。

また、単に売上量だけでなく、品質の向上にも努め、ことに第一次発酵を樽で行うようにした。現在でも八〇〇個の樫樽（「ドミ・ミュイド」六〇〇ℓ入り）が同社で

使われている。一九八三年からフェルナンの曽孫にあたるエルヴ・オーギュスタンがサンタンドレ（同社のラベルのデザインになっている聖アンドリュース赤十字。シャンパーニュ地方最古の連隊の旗印）の名誉にかけて、一時落ち込んだ同社の名声回復に励んでいる。

現在、同社は年間売上が約一五〇万本。その七五％がフランス国内で販売されている。同社の地下には四〇mの深さと全長一〇kmに及ぶ巨大なカーヴがあり、一〇〇〇万本近くのストックが眠っている。ぶどうは五〇ほどのクリュを厳選して買い入れ、産地や品種別に分けて小型のコンクリート槽で発酵させている。発酵やドザージュ前の熟成は樽で行っている。

ド・カステランヌの売上の七割を占めるスタンダードのブリュット（NV）は、ピノ・ノワールが三〇～三五％、ピノ・ムニエが四五％、シャルドネが二〇～二五％。ヴィンテージ物になると、ムニエは使わない特吟物のキュヴェ・コモドール Cuvée Commodore は、ピノ・ノワールが七〇～七五％、シャルドネ二五～三〇％、フロランド・カステランヌ Florens de Castellane は、ピノ・ノワール五～一五％、シャルドネ八五～九五％と比率が逆転する。

カステランヌのスタンダード・シャンパンは、いわば大人のシャンパンである。万事がそつなくできている。色、泡立ち、香り、味わいと、中庸をいっているから安心して飲める。パリの高級なレストラン、マキシムがこれをハウスシャンパンにした時代もあった。

ドラモット *DELAMOTTE* NM

一七六〇年と言えば日本で杉田玄白が西洋医学を学び出した時代だが、フランソワ・ドラモットが「ヴァン・ド・シャンパーニュ」という会社をランスで設立した。その後社名をドラモット・ペール・エ・フィスに変更したが、一九世紀初のドラモットの名前は姿を消した。ところが一九二七年この幻の名前が復活する。しかもサロンの妹のような存在としてである。現在サロンと共にローラン・ペリエの傘下に入っている。

代表者兼醸造責任者はディディエ・ドポン。醸造所はメニル・シュル・オジェ。シャンパン通の中では、サロンで使われなかった年のシャルドネを使っていると信じら

れているが、ドポン社長はドラモットは決してサロンのセカンドワインでないと断言。ぶどうはメニル・シュル・オジェ、オジェ、アヴィーズ、クラマンの四つのグランクリュ村のもの。年によってはシュイイとオワリー村のものを加える。出しているのは「ブリュット・ブラン・ド・ブラン・NV」が主力だが、言うまでもなくヴィンテージが入る特醸物もある。ワインはブラン・ド・ブラン物中の白眉と言えるだろうが、世の評価は今のところ未知数。二〇一九年発売される一九九七年物は、日仏友好一六〇年を記念したもので、サロンとセットで市販される。日本の愛好者のための特吟物。

ド・スーザ　*DE SOUSA*　RM

レコルタン・マニピュランが続々現れている中で、フランスワインの格付本『クラッスマン』が、レコルタン・マニピュランのエリート中のエリートと評し、二つ星をつけているのがここである。ちなみに同書があまたあるシャンパンハウスの中で最高点の三つ星をつけているのはわずか二軒（ボランジェとクリュッグ）。二つ星をつけ

たのもわずか一一軒、その中で有名なグラン・メゾンは八軒でしかない（レコルタン・マニピュランが三軒も入っている）。

ド・スーザはアヴィーズの村のハウスだが、コート・デ・ブランでもトップクラスの畑を三・八ha持っていて、そこのぶどうはほとんどが古木である。このスーザ家の遺産を継いだのはエリックだが、相続してから数年のうちに、全醸造工程を改良しストックを再編・再構築するという名家の名を高める作業に専心している。

『クラッスマン』に言わせれば、「素晴らしく優美で濃密、ドザージュも申し分がない『トラディション』から、レベルの高い特級品まで、いずれも見事な造りで、コート・デ・ブラン地区の上質なシャルドネらしい気品と力強さにあふれている。とりわけ『レゼルヴ』の完成度の高さには目を見張るものがあり、ごく普通の銘柄品の価格でありながら表現力も品質も傑出している。ヴィンテージものも素晴らしく、一九九六年も一九九九年も実に力強い」となる。

ここの生産量は年間六万本だから手に入れるのが難しいだろう。

ドウーツ DEUTZ

GM

旧西ドイツの首都ボンの真西に、アーヘンという古い温泉町がある。ここは、古くはエクス・ラ・シャペルと呼ばれていた。常日頃仲の良くないフランス人とドイツ人が、お互いに自分の故郷のように思い浮かべるところである。それもそのはず、仏名シャルルマーニュ大王、独名カール大帝王国の首都だった。このアーヘン生まれのドイツ人が興したシャンパンハウスが、ドウーツなのである。

一八三八年に、アーヘンからウイリアム・ドウーツとピエール・アルバート・ゲルダーマンという二人のドイツ人がランスへやって来て、共同でシャンパン業を始めた。二人ともシャンパーニュ地方の娘と結婚したが、後にドウーツの娘のマリーとゲルダーマンの息子のアルフレッドが結婚して両家は堅く結ばれることになった。この両家は第二次大戦直後にゲルダーマンの血筋が絶え、ドウーツだけが残った。現当主のアンドレ・ラリエールは、創始者ウイリアムから数えて五代目。このハウスは社名はドウーツ・アンド・ゲルダーマンだが、酒名はシャンパン・ドウーツを名乗っている。

このハウスは規模こそ拡大しないが、家族経営で着実にその業績を上げ、グランド・マルクの中でも名門としての定評を勝ち取っている。アイの丘にある同社を訪れると、醸造所にコンクリートタンク、エナメル塗り鉄タンク、ステンレスタンクと代々の当主が据えた発酵槽が並んでいて、その歴史を物語っている。

同社は四二haの自社畑をアイに持っていて、これで必要量の四割を賄っている。買うワインはごく一部を除き一〇〇%グラン・クリュ。年間売上は八〇万本くらいで、四年分のストックがある。同社の酒造りは、品質本位かつ伝統を守ったもので、ヴィンテージ物は、一番搾りの果汁しか使わず、容量一〇〇hℓと発酵槽は小さく、冷温処理をしてフィルターをかけない。同社はヴィンテージ物に力を入れていて、売上の六割はヴィンテージ物である。

同社のシャンパンのスタンダードのブリュット(NV)は、四五%がピノ・ノワール、三〇%がピノ・ムニエ、二五%がシャルドネの比率。ヴィンテージ物も、この三種のぶどうを使うが、比率は年によって違う。特に毎年五万本ほど造っているシャルドネだけのブラン・ド・ブランは評判がいい。また特吟物は創始者の名前をとってCuvée William Deutz と呼んでいるが、これはシャルドネ三〇%、ピノ・ノワール

六二%、ピノ・ムニエが八%くらい。

ドウーツのシャンパンは、熟成の妙がよく出た、いわばソフトなシャンパンの代表格で、酸味の強いワインが嫌いな人や、初めてシャンパンを飲む人にお勧めできる。色調はやや濃いほうだが、泡が細かくて多く、クリーミー。香りも口当たりも穏やかで、味わいは練れた感じで、喉ごしもソフトである。高尚さとか堂々としたというところはないかもしれないが、小柄でシックなレディのような魅力を持っている。

ド・ヴノージュ DE VENOGE GM

スイスのレマン湖の北岸は名ワインの産地。三日月型をした湖の西端にジュネーブ、東端にシオン城のあるモントロー、中ほどにローザンヌの町がある。その町の西側に、美しいヴノージュの小流がある。この川に由来を持つ名家ド・ヴノージュゆかりの者がシャンパーニュ地方に来て、シャンパンハウスを興したのは一八三七年である。ラベルに水色の帯が斜めに走っているからすぐ目に付くが、ヴノージュを称える声が小川のせせらぎのように清く永く続くことを祈ってデザインされた。この家の紋章も、

この川に騎士の兜と拍車があしらわれているが、〝伝統の尊重、騎士の精神、芸術を見出す風雅な心〟を、そのシャンパン造りの精神の象徴にしている。

ド・ヴノージュはエペルネでは屈指の名門。エペルネの目抜き通り、アヴェニュー・ド・シャンパーニュを歩くと宏壮なシャンパンハウスが三軒並んでいるが、その奥がド・ヴノージュ。三軒の中でド・ヴノージュが一番美しくて立派である。建物の中に一歩足を踏み入れると、インテリアも高尚だし巨大な木樽に驚かされ、レセプションルームには誰もが目を見張るアーチ型の梁の古い木張りの天井をもつ広いこの部屋に煌々《こうこう》と蠟燭がともされ、中世の世界に迷い込んでしまったのではないかという気になる。

シャンパーニュ地方でドイツ系のハウスは少なくないが、スイス系は珍しい。ド・ヴノージュ家は、当初マルイユ・シュール・アイでシャンパン業を始めた。初代と息子とがそれぞれ商才があった人物だったためいち早く成功、エペルネに本拠を移し、その後もダイナミックにひたすら事業を拡大させ続けた。一九世紀末には年間一〇〇万本以上を売り上げるという業界屈指の企業になっていた。ちなみに最近の年産も一〇〇万本くらいで、現在同社はCNM La Compagnie de Navigation Mixte の系列

に入っている。

こうした成功は販売政策、ことにデザインポリシーが巧みだったことも一因だ。今日も売上の主力になっている青帯ラベルは、そのデザインとコルドン・ブルーのCordon Bleu の愛称で大ヒットした。またブラン・ド・ブランの特吟物のシャンパーニュ・ド・プランス Champagne des Princes も上手なネーミングだったし、ロゼのクレマンもラベルデザインが出色だった。

コルドン・ブルー（NV）は、七五％がピノ・ノワール、二五％がシャルドネの比率で、モンターニュ・ド・ランスとヴァレ・ド・ラ・マルヌの最上のクリュのものを四〇から五〇選んでブレンドした。この手の壜熟成は一年で、良いところを三年も寝かせてあるから（同社の地下蔵は六㎞の長さ）ヴィンテージ物並みの熟成度で、バランスの良いものになっている。金ラベルのヴィンテージ物は、ぶどう比率は変わらないが、優れた年のぶどうの初搾りの果汁しか使っていない。

同社の特吟、かつ自慢は、なんといってもシャンパーニュ・ド・プランス。形も色もほれぼれするような壜は、飲んだ後デカンターに使えるようにすりガラスの栓がついている。一〇〇％のグラン・クリュ畑のシャルドネだけを使ったブラン・ド・ブラ

ンの逸品。同社はスタンダード（NV）のブラン・ド・ブランも造っているが、『ワインスペクテーター』誌をはじめとする多くのワインテイスティングで、いつも良い線に顔を出している。

このハウスのもう一つの自慢は、Rosé Brut Crémant。名前でもわかるようにロゼのクレマン、つまり発泡性の軽いタイプ。ほとんどシャルドネで造り、色付け用に僅かにピノ・ノワールを補っている。色調は薄い橙色である。味わいはたしかに貴婦人の如くデリケート。このラベルは大きな帽子をかぶった可愛い女性がシャンパングラスを捧げているデザイン。この若いレディはリュス・フーシェット。有名な絹の豪商のお姫様で、一〇〇年も前ヴノージュ社がパリのグランド・ホテルで催した英国の王家を含む貴紳、貴女を招いた宴会の時の姿。この美女に魅せられた画家が描いたエッチングをラベルに使ったもの。

ド・ヴノージュのシャンパンはエレガンスとしなやかさをねらいにしているようだ。香りはおだやかで泡立ちもそう激しくない。風味は華やかで中庸のボディを持ち、後味も長い。しっかりした酸味のバックボーンがあり、これが初めての人にはやや酸味を強く感じさせるかもしれない。しかし口当たりはクリーミー、つまり非常に滑らか

で少し飲み込んでいくと酸味が気にならなくなる。

ドラピエ　*DRAPPIER*　RM

シャンパーニュ地方の最南端にバー・シュル・オーブの町がある。それから更に南に一〇kmほど南下したところに、ウルヴィル Urville の小村があるが、ここに一八〇八年から八代続く家族経営のメゾンがドラピエ。小メゾンと言っても所有畑は四〇ha、年産約九〇万本を出している。

ブルゴーニュのシャブリに近いから、土質はキンメリジャン土壌。シャルドネだけでなく、当然ピノ・ノワールも栽培しているが、その手入れは実に丹念。樹齢平均三五年だが、その植え方は最近流行のクローン方式でなく、畑の中の良い木を選び台木に継ぐマサル・セレクション。ここの畑で育った木の本来の特質、姿を守り続けているわけである。一九八九年からビオ栽培に踏み切った。こうしたシャンパンに当然惚れ込む愛飲家がいるもので、シラク大統領もその一人。

デュヴァル・ルロワ　*DUVAL-LEROY*　GM

シャンパンの大手メーカーのほとんどはランスとエペルネに集中しているが、一匹狼的存在がないわけでない。ヴェルチュ村はコート・デ・ブラン地区の南端になるが、ここにあるのがデュヴァル・ルロワ社。年産四三〇万本、一九八八年度で業界第七位まで成長している。ちなみに、持ち畑は一〇二haで、これもシャンパーニュ地方では一〇位になる。

このハウスは、一八五九年にジュル・デュヴァルとエドワール・ルロワが手を組んで始めたもので、一貫して家族経営を守り続けている。シャルル・ロジャー・デュヴァルが社長だったが、その後息子のジャン・シャルルが継いでその死後、未亡人のキャロル・デュヴァル・ルロワが実権を握っている。このハウスの酒造りは、伝統と近代技術を上手に結び付けたもの。完璧に清潔が保たれた発酵室にはモダンなステンレスタンクがずらりと並んでいるし、壜詰めラインもオートメーション化されていて、一日の処理能力は五万五〇〇〇本である。

その反面、圧搾は伝統的な古い垂直型のプレスを使っていて（他社よりやや深い）、清潔な床に古いプレスが一五基も並んでいるところはちょっとした見物である。この他に二基の全自動式プレスを持っていて（容量八〇〇〇kg、シャンパーニュ地方最大）、一日に四〇〇〇tの処理能力があるから、近隣の栽培家のぶどうを圧搾するサービスも行っている。

このハウスも地下窟の中でシャンパンを壜熟成させているが、ヴェルチュにある本社の地下窟では収納しきれなくて（在庫量三〇〇万本）別にシャロンに地下貯蔵庫を持っている。

このシャンパンは、スタンダードのブリュットはシャルドネが六五%、ピノ・ノワールが三五%の比率で、二四ないし三〇ほどのクリュのものを調合している。クリュはすべて九五%以上で仕込み材料の質は高い。

ヴィンテージ物は年によって違うが、シャルドネ比率がやや多くなる。すべてコート・デ・ブランのグラン・クリュ畑のものを選んでいる。特吟物のLa Cuvée de Roysは八五ないし九〇%のシャルドネを使い、コート・デ・ブランとモンターニュ・ド・ランス（ヴェルズネイ）の三つのグラン・クリュ畑のぶどうだけで仕込む。

ここの会社の玄関に入ると、今までに取った各コンクールのメダルが樽の鏡板に飾ってある。一八八五年から始まって、一八八八年と一九二七年のパリでの金賞まで三二個もあるから、その栄光がうかがえる。総体にソフトタイプで、すっきりとしたスタイルである。香りはそれほど強くないが、口当たりは滑らかで、果実味もよく出ている。品はいいが、特に洗練さとか個性があるという性格でない。

しかしスタンダードなものとしては、しばしば各所のブラインドテストで、グランド・マルク中で上位にランクするという実力型である。最近はビオディナミ農法ぶどうを使った新スタイルのワインに挑戦しだしたので新たな時代を迎えたようだ。

エドモン・バルノー *EDMOND BARNAUT* RM

モンターニュ・ド・ランスの中でも、ブージィ村は「偉大な黒ぶどう」の産地として名高く、ことにここで造られる赤の非発泡ワインは村の親爺たちの鼻を高くしている。この村のレコルタン・マニピュランのドンはポール・バラだが、もう一軒頭角を現しているところがここである。『クラッスマン』でもポール・バラと並んで一つ星

に輝いている。

年産一〇万本だから規模としてはたいしたものではない。しかしブージィ村三五haのピノ・ノワールの畑を持ち、自家畑のぶどうだけを使ってテロワールをよく出したワインを造っている。社名はエドモン・バルノーだが、実際にワインを造っているのはフィリップ・スゴンデ。

ここの出色ワインは「ブラン・ド・ノワール」訳して黒の白、黒皮ぶどうのピノだけで造ったシャンパン。白いシャンパンを造るのだから、白のシャルドネだけを使えばよさそうなものだが、黒皮のピノを使っているのはピノを使うとワインの酒肉が厚くなり、味も優雅さと深みが出て力強くなるからである。ここの「ブラン・ド・ノワール」は、まさにその特徴がよく出た見本で、芳醇で豊かな味に仕上がっていて、アルコールも強く、力強い。また特醸物の「グランド・レゼルヴ・エクセプション」はコスト・パフォーマンスが高い出来栄え。

エグリ・ウーリエ　*EGLY-OURIET*

RM

コート・デ・ブランの中心的な町になるアンボネイで『クラッスマン』二つ星に輝くニュー・スター。といっても、当主のフランシスは四代目だからそう新しいハウスでない。初代のエグリ家はアンボネイ出身だが、夫人の実家がエペルネ近くのモラン村のウーリエ家なので、この名がついた。先代のミシェルはワイン酒造りの手腕で既に頭角を現わしていた。

息子のフランシスは「完璧主義者」と尊敬されているが、シャンパーニュ地方でも稀にみる抑制生産。代表作「ブラン・ド・ノワール」になるとヘクタール当たり四五hℓでブルゴーニュの一級並み。しかもぶどうは一九四五年頃植えられたという高樹齢。加えてしっかりとグリーン・ハーベスト（青果間びき）を行う。

ここはモンターニュ・ド・ランス特級畑ヴェルズネイとブージィ村にピノ・ノワール畑を持っていて（七ha）、そのぶどうを使って赤ワインを造っていた。品質にあきたらず、ブルゴーニュの名手ドミニク・ローランの教えを乞うた。ローラン直伝の樽

の使い方を身につけ、一九九六年に一〇樽から始めて次第に増やし、現在は三分の一が樽発酵。

ここの非発泡赤ワイン（コトー・シャンプノワ）は、シャンパーニュ地方のトップを行くが、その黒ぶどうから生まれたシャンパンが「ブラン・ド・ノワール」。古木のぶどうを使ったのが「ヴィエイユ・ヴィーニュ」（ごく少量生産。全体でも年産約八万本）。ここのシャンパンは骨格がしっかりしていて長期保存がきき、余韻も非常に長く、力強さが前に出ている。

エンクリ　*ENCRY*　RM

ル・メニル・シュール・オジェは大手メーカーの畑と伝統を持つレコルタン・マニピランが数軒ある村だが、二〇一〇年異色の新スターが現われた。造り手は元環境エンジニアで、ぶどう畑の草生栽培を研究していたイタリア人のエンリコ・バルデイン。ある栽培農家の相談をしていた時にそこの畑に驚かされた。サロンの畑の隣にあり、すぐ近くにクリュッグの至宝畑クロ・ド・メニルもある。農家を口説き落してメゾン

を立ち上げた。栽培はオーガニック農法を導入、伝統的プレスを使うが、醸造機具は最近設備。二〇〇七年が初壜詰め。当面はブリュット・グランクリュル・メニル・シュル・オジェ銘柄を主力としているが、「ドザージュ・ゼロ」物、ヴィンテージ物の「ミレジム」「グラン・ロゼ」造りにも挑戦。テロワールを生かしたベスト・オブ・ベストのワイン造りをめざしている。

フルーリー　FLEURY PER ET FILS

今でこそ、シャンパーニュ地方でビオディナミ農法を採用しているところは増えているが、最初にやるというのは容易でない。一八九五年に創立されたメゾン・フルーリーは、新しいことに挑戦するのを怖れない気性の家系だったが、三代目のジャン・ピエールが父に命令されて家に帰ってきた時が幕開けだった。その時ピエールがショックを受けたのはDDTなどの農薬づけの農業だった。

こんなことでは土壌が死んでしまうと考え、一九七〇年になってジャック・ボーフォールと一緒になってエコロジーを考え、化学物質の使用を止めはじめた。当時はま

だ、オーガニック農法の黎明期だった。詳しい具体的なやり方がわからなかったから、本で読んだり、耳学問の知識で始めたため、失敗の連続だった。そのうち、ぶどうばかりかジャン・ピエール本人が病気になって二年間休業した。彼はもともと宇宙飛行士になるのが夢だったので、天体を含めすべてを一体と考えるビオディナミの考えがすんなりと納得できた。

そこで、一九八七年から三年間、フランソワ・ブーシェの下で体系的に学び直し、八九年には三ha、九〇年には六ha、そして九二年から所有する一三haすべての畑をビオディナミ農法で栽培するようになった。現在でも畑は二〇haほどでそう広くないし、しかもオーブ県のクートランという村だったから初めはあまり知られていなかった。

このビオ農法の草分け的存在のメゾンも、次第に注目されるようになり、二〇〇六年の『アシェット』では一九九七年の「ドゥー」が二つ星の栄冠を勝ちとって世に認められるようになった。一九九九年の『ワインスペクテーター』ではゴセやリュイナールと並ぶ九一点を獲得。ヨーロッパの有名レストランのリストに載るようになっている。

オーブ県にある畑はブルゴーニュに近く、土質はシャブリと同じキンメリッジアン。

当然シャルドネには向くはずだが、不思議なことにビオ農法にするとピノ・ノワールの出来もいい。キュヴェ・ロベール・フルーリーは八五%が樽発酵、一五%がタンク発酵でピノ・ノワール、シャルドネ、ピノ・ブランを三分の一ずつ使っている。ヴィンテージ物はピノ・ノワール八〇%、シャルドネ二〇%。このシャルドネの「ドゥー」(甘口)は、なぜ昔シャンパンは甘口だったのかというのを悟らせる逸品(『ワイナート』30号参照)。

フランソワーズ・ベデル　*FRANÇOISE BÊDEL*　RM

シャンパン用ぶどうの主要産地の真ん中に、東から西に流れるマルヌ川があり、この流域は「ヴァレ・ド・ラ・マルヌ」としてかなりの広さを持ち、かなりの生産量を出す。従来は、この地区は土質の関係もあって、栽培しているぶどうは多くがピノ・ムニエだったからピノ・ノワールの生産村の人達から馬鹿にされていた。

しかし、ピノ・ムニエを軽視するのは短慮というもので、クリュッグでもピノ・ムニエを使っている。最近は流れが変わってきて、ヴァレ・ド・ラ・マルヌ地区でも一

念発起して優れたシャンパンを自らの手で造り出そうとするレコルタン・マニピュランが現れ出した。ここもそうした一軒。

三つの点で特異である。一つはクルットという村にあり、マルヌ地区の東端で格付けは最低の八〇％というハンディキャップを抱えている。二つ目はまだ数が少ない女主人ということ。そして第三にここもビオ農法を採用していることである。

ここは一九七六年にベデルの両親が開設したドメーヌだが、娘のベデルがそれを継ぐため婿養子を取った（後に離婚）。子供が難病にかかり、なかなか治らなかったのが、ホメオパシー（同毒療法）で救われたのを契機に一九九〇年からビオ農法に関心を持った。シャンパーニュ地方のこの農法の先駆者ジャン・ピエール・フルーリーに土壌について学び、この農法の指導者フランソワ・ブーシェの指導を受けて一九九八年からビオ農法を本格的に導入。

このあたりの土質は砂質系で肥沃な土壌だが、ビオ農法によってぶどうは根を深く伸ばし、六〇㎝ほどの深さの石灰岩の底土にまで達している。

所有畑は七haでほとんどピノ・ムニエだが、ピノ・ノワールを二％、シャルドネも四％ほど植えている。九六年から樽発酵を始め、樽はビオ農法をしているブルゴーニ

ュのピュリニー・モンラッシェのレフレーヴ家のお古も分けてもらって年二樽ずつ増やしている。壜熟成の時は王冠のストッパーでなく、コルクを使っている（『ワイナート』21号参照）。

フランソワ・スゴンデ　*FRANCOIS SECONDÉ*

RM

シャンパンを創った、つまり「泡を壜の中に閉じこめた」のはドン・ペリニヨンという伝説になっているが、実際に発泡ワインを開発し、飲んだのは英国人のほうが先である。ことにシルリー村のものは「シルリー・ムスー」と呼ばれて、英国の貴紳たちに愛飲され、フランスでも、シルリーはシャンパーニュの誇りと称えられた。

その有名だったシルリーは、現在はほとんど知られていない。というのも、この村の畑の多くがその良さに目をつけた大手メゾンであるポメリー・リュイナールに所有されてグラン・マルク物のブレンドに使用されているからだ。その中で孤高を守るようにこの村でただ一軒がんばっているのがフランソワ・スゴンデ。

と言ってもシルリー村での持ち畑はわずか四ha（他の村に〇・八haの畑も持ってい

る）、年生産量はわずか三万本だから、自家製手づくりワインをするレコルタン・マニピュランの典型例。「シルリー・ムスーの復活者」「シルリーの無冠の王者」と評され、ミニ・メーカーの中でも『クラッスマン』や『アシェット』に取り上げられる常連になっている。

当主フランソワは、自分のワインを自慢する手合いが多いフランスの醸造家としては珍しく寡黙。しかし、ワイン造りの腕はしたたか。ぶどうの圧搾に古いプレスを使うミニ・メーカーが多い中で、いちはやく最新の空気圧搾器を使っているし、温度管理をしてマロラクティック発酵もきちんと行っている。ドザージュも少なく、最終的に壜内の残糖度は六gまで。

ここのシャンパンは、アイのように豊潤で骨太というタイプでなく、どちらかというとすっきりしたスリムなたち。しかし、バランスは完璧で、ミニ・メーカーでどうしてこんな「洗練された」ものを造り出せるのかと不思議に思うほど。『クラッスマン』は「アンテグラル」は、深い奥行き、「ブラン・ド・ブラン」は口当たりがしなやかで優雅な風味があると誉めている。

ガルデ(ジョルジュ) *GARDET (Georges)* RM

創業一八九三年だから、一〇〇年以上のキャリアを持つ老舗だが、伝統的手法を守り、高品質のものを造り続けてきた家族経営の小規模メゾン。当初はアイのシャンパンハウスの支配人だったシャルルがデイジー村、後のエペルネ市で自分のブランドを創設した。その後一九三〇年になって、シャルルの息子ジョルジュが、モンターニュ・ド・ランスのシニー・レ・ローズ村にセラーを移して今日に到っている。

この村はランスからシャンパン街道に入った次の村で、少し先がヴェルズネイになるから、良いピノを生むところとして鼻が高い。このハウスはここに七haほどの畑を持っているが、そのうち一haはとびきりの畑である。

「キュヴェ・シャルル・ガルデ」はいずれもグラン・クリュ畑と一級畑のもの、「ブリュット・スペシャル」はシャルドネ、ピノ・ノワール、ピノ・ムニエがそれぞれ三分の一ずつで、モンターニュ・ド・ランスのものにコート・デ・ブランとヴァル・ド・ラ・マルヌの特級と一級畑のものを使うオーソドックスのブレンド。レゼルヴものは

『アシェット』で一つ星を勝ちとっている。

ワインの仕込みはオーソドックスで、特に奇をてらったところはない。発酵はステンレスタンクだが、自社特有のスタイルを出すため、オークの大樽（一〇〇年も使い続けている）で熟成したレゼルヴ・ワインをかなり持っていてそれを加えて品質と味を調整している。「ブリュット・スペシャル」は、このレゼルヴものを一五％加える。けれんや、はったりのないシャンパンで、けじめがついていて歴史を裏付ける風格をそなえている。安心して飲める頼りがいのあるシャンパンのひとつ。

ガティノワ　GATINOIS

RM

アイの村は、丘の真南向きの斜面がマルヌ川のへりぎりぎりのところに迫っている。町の裏手へ回るとすぐ、ぶどう畑の急斜面になっているから、登ってみると目の前にエペルネの町を見下ろせる。エペルネ側へ行って、その斜面を眺めると丘の斜面畑は広大で、しかも真南に向いている。なるほどこれなら昔からかなりの量の名酒を生み出したはずだと納得できる。

このアイの村に、ボランジェ、アヤラ、ゴセなどの、トップ級のシャンパンハウスが何軒かあるわけだが、当然レコルタン・マニピュランとしても傑出したところがあっても不思議ではない。そのうちの一軒がガティノワである。

同家は歴史を一六九六年まで遡れる旧家だが何代にもわたって隣人達と畑の交換を重ねて最高の区画を手に入れる努力をしてきた。現在七・二haに達した所有畑は二七カ所に点在しているが、栽培方法は昔ながらのやり方に固執している。ピノ種の特性をフルに発揮させてやりたいからである。

収穫したぶどうの三分の一はボランジェ社へ供給していると聞けば、その高品質がわかるだろう。自分で出す壜はわずか四万五〇〇〇本。『クラッスマン』が、「ここの近年のシャンパンはガティノワの創意と努力の賜物である。『ブリュット・レゼルヴ』は見事な出来栄えで、深く贅沢な味わい。程よい甘味。余韻も美しい。『グラン・クリュ』は男性的でしっかりした造り。『コトー・シャンプノワ』は繊細で素晴らしい。是非お試しを！」と推奨している。

G・H・マム *G. H. MUMM*

ユニークなタッチでパリを描くユトリロの作品の中に、パリの酒屋――それも赤と白に塗りわけVins CHAMPAGNEと正面に大きく描いてある――の絵のあることをご存じだろう。木陰の下の白いテーブルに、人と同じくらいの大きさに描かれた壜があって……これはマムの壜。

マムのシャンパンは多くの芸術家に愛され、モネやカルズーの作品の中にも、マムの壜が描かれたのがある。藤田嗣治はマムの大ファンだった。同社の所有しているチャペル・フジタには同画伯のフレスコ壁画の傑作が残されている。同社は多くの美術品コレクションを持っているが、ルルサがデザインしたシュールで美しいモダン・タピストリーは、ボーヌのワイン美術館の作品と並んで、しばしばワインブックを飾っている。

白地に赤帯が斜めに走っているラベルは、ワインの好きな人ならだれでも知っているし、世界中の著名なホテルやレストランの食卓を飾っている。これはコルドン・ル

ージュ Cordon Rouge つまり聖ルイ騎士団の紅綬にちなんだもの。

このハウスは、ドイツ人はラインガウ出身のペーター・アーノール・マムが一八二七年に会社を創設した。一八五二年に、当時会社の経営に当たっていたマムの二人の孫のジョルジュ・エルマンとジュール・マムがそれぞれ独立して各自の名前でシャンパンを売るようになった。ジュール・マムのほうはその後企業としては消滅し、ジョルジュ・エルマンの後継者がその頭文字のG・Hだけを使うようになった。この会社はその後発展を遂げ、ことに一八七三年にコルドン・ルージュの銘柄を出すようになって大当たりした。

ところが好事《こうじ》魔多しとやらで、あまりの成功にねたみを買って、第一次大戦時に敵性資産として没収され、一九二〇年にフランス政府によって競売にかけられた。この企業を買ったのはフランスで有名なアペリティフを造っているデュボネ社。新社長に送り込まれたのがルネ・ラルーで同社社長の娘の夫である。ラルーは会社の建て直しに獅子奮迅の働きをして、遂にランス市の最大メーカーにまで成長させた。ラルーの功績にちなんで、というよりラルーが始めた同社の特吟物は、ラルーの名をとって René Lalou になっている。

販路拡大に成功をみたのはアメリカで、一八七七年当時、四二万本だったのが一九二〇年には一五〇〇万本にまでなったくらいで、現在でもアメリカで二位の販売実績がある（一位はモエ社）。もっとも英国でもヴィクトリア女王の愛顧をうけるようになってから売上がのび、現在は四位である。そうした関係もあって、ラルーに直系の相続人がいなかったため同家が株を手放す決心をした時に、これを買ったのがカナダの大酒造業シーグラムだった。

マム社は約二八〇〇万本の在庫を持ち、そのうち九〇〇万本を超す量を毎年出荷している。同社は二一八haの畑（平均して九七％のクリュ）を持っているが、これは同社の必要とする量のわずか二割程度でしかない。同社はノン・ヴィンテージ物でもブリュットには一番搾りしか使わず、プルミエ・タイユ（一番搾りの次にとれるもので、四一〇ℓだけ認められる）だけが甘いセックとドミ・セックに使われている。澱落しも自動機械化を避け、すべて手作業でやっている。

このように大規模生産でありながら、ワイン造りには細心の注意を払っている。同社のシャンパン中、スタンダードのCordon Rougeはピノ・ノワール四五％、ピノ・ムニエ二〇％、シャルドネ三〇％。ヴィンテージ物はピノ・ノワール七〇％、シャル

ドネ三〇%である。特吟物の René Lalou マム・ド・マム Mumm de Mumm はいずれもピノ・ノワールとシャルドネが五〇%ずつである。

マムのシャンパンの特色は、そのソフト・アンド・マイルドだろう。黒ぶどうに由来するぶどうらしさを出そうというのが同社の狙いになっているが、香りのいい口当たりといい、邪魔になるところがなく、実に飲み心地がよい。愛想がいいチャーミングなタイプだから、シャンパンを初めて飲む人に勧められるし、食事を通して飲むのにも向いている。特吟物はクラシックシャンパンの〝ワインらしさ〟がよく出たもので、素晴らしくいつまでも響く後味と切れ上がりを持っている。

ジェルマン *GERMAIN*

パリといえばシャンゼリゼ、シャンゼリゼといえばなんといっても、〝リド〟である。現在は自動車やヘリコプターまで持ち込む大がかりなスペクタクルショーで人気を取り戻している。パリへ行ったらやはり一度はリドに行ってみたいし、行ってみれば誰もがさすがはリドだと感心する。リドへ行ったら、やはりシャンパン。そのシャンパ

ンがジェルマンなのだ。

ジェルマンの特吟物プレジダン Président は、ここで年間七万本もお客のお腹に納まっている。紺碧の地中海のコート・ダジュール、お金持ちとヨットがひしめくこの観光地で、最高のレストランは三つ星のムーラン・ド・ムージャン。ここでもジェルマンのラベルにお目にかかる。

ランスから車を走らせてモンターニュ・ド・ランスの裾から左折する丘の裾の道がシャンパン街道。この街道に入ってすぐリリィ・ラ・モンターニュの村がある。のどかな街道沿いの家並みはいずれも小奇麗でシックで、山椒は小粒でもといわんばかりである。リリィの村に陣取ってシャンパン造りをしているハウスがジェルマンである。

一八九八年、アンリ・アントニー・ジェルマンが創設。ジェルマン社は、このリリィ・ラ・モンターニュ村に八〇haほどの畑を持っていて、必要量の二、三割を賄っている。美しいシャトー（邸宅）を持っているが、このシャトーのたたずまいを見ただけでこのハウスの誇りがわかろうというものである。

シャンパン業界が販路拡大に血道を上げている時代に、アントニー・ジェルマンはのんびりかつ着実にそのベースを守ってきた。もっとも地元の家具会社フレイがこの

ハウスを買収したから、これからは変わるかもしれない。年産は約一〇〇万本だから規模としては決して大きなほうでない。製品の八八％がフランス国内の小売店、スーパーなどでさばかれているから、国外ではあまり知られていない。

このハウスのスタンダードのブリュット（ＮＶ）は、カール・ブランシュ・ブリュット Cart Blanche Brut とレゼルヴ・ブリュット Réserve Brut の表示をしているが、いずれもピノ・ノワールが五〇％、ピノ・ムニエが五〇％の比率。ヴィンテージ物はピノ・ノワール六〇％、ピノ・ムニエが一五％、シャルドネが二五％になる。

特吟物としてはブリュットのヴィンテージ物にキュヴェ・ヴェニュ Cuvée Vénus（ヴィーナスの像をデザインしたラベル）という楽しい名前を付けているほか、前述の Président も造っている。

このハウスのシャンパンは、色は濃いほうだが泡が長持ちする。香りも快く、口当たりは滑らかで、味わいは果実味がよく出ている。バランスも悪くなく、後味も良い。優雅さや気品の良さなどはそなえていないからとりわけ傑出したものとは言えないかもしれないが、果実味がリッチで飲みごたえがある。いわば安心して飲めるお買い得のシャンパンである。

ゴネ　*GONET*

RM

シャンパンにゴネの呼称がつくハウスは五軒ある。そのうち「ゴネ・メドヴィル」GONET MEDEVILL は別に紹介する。残る四軒は、ゴネ・ミシェル GONET MICHEL、ゴネ・フィリップ GONET PHILIPPE、ゴネ・シュルコヴァ GONET SULCOVA、ジモネ・ゴネ GIMONNET GONET である。

このうち「ミシェル・ゴネ」は創業一八〇二年と一番古く、アヴィーズ村にあり、シャンパンだけでなくボルドーでも活躍、年出荷量は三〇万本。「フィリップ」はメニル・シュル・オジェにあり、現在六代目。年出荷量は二〇万本。両社いずれも名の通った伝統的名家である。ただ、ラベルに GONET と大きく表示しているのはフィリップである。ゴネ・シュルコヴァはエペルネのRMである。コート・デ・ブラン地区長くある旧家だが、自社畑はメニル・シュル・オジェにある。一九八五年に現在の名を名乗るようになった。その意味で新顔だが、年間出荷量は一四万本だから中堅的存在になった。「ジモネ・ゴネ」は、キュイ村のジモネ・アンとオジェ村のゴネ・フ

イリップが結婚してこの名を名乗るRMをつくった。現在、年出荷量は約四万本だが、パリ農産物コンクールで金賞をとっている。

ゴネ・メドヴィル　GONET-MEDEVILLE　RM

ワインに詳しい人なら、この名前を見て、あれ！　と思ったはずである。これはゴネの家の息子とメドヴィル家の娘の結婚によって二〇〇〇年にビスイユ村で創設されたドメーヌだからである。ゴネ家はコート・デ・ブランのメニル村の名家。レコルタン・マニピュランとしても草分けだ。

メドヴィル家はボルドーのソーテルヌ村のシャトー・ジレットの持ち主で、ソーテルヌの極甘口ワインを二〇年間特殊な熟成槽で熟成させないと出荷しないという異色の造り酒屋。畑は相続したメニル村のものに加えてアンボネイのグラン・クリュ畑（二ha）を手に入れた。それにビスイユ村とマルイユ・シュール・アイ（五ha）を買い足した。

新設されたワイナリーは、自然重力を利用する構造（ポンプを使わない）を持ち、

現代装置を完備している。一級物はタンク発酵、その後二酸化硫黄（SO_2）を若干加えてマロラクティック発酵をさせない（酸味の強さが残る）。全部のワインではないが、ここが造る野心作ブラン・ド・ノワール（黒ぶどうの白ワイン）の「ラ・グランド・リュネル・グラン・クリュ・アンボネイ」は、単クリュ、単一リューディ（区画畑）、単一品種（ピノ・ノワール）、単一年、低収量、補糖なし、樽発酵、ドザージュなしである。

つまりシャンパンのシャンパンたる特色（複数産地・複数品種・複数年のブレンド・壜熟成後の補糖《ドザージュ》を一切否定する立脚点からスタートしている。いわばブルゴーニュの優れたワインを造る酒造りの手法そのままをシャンパンでやってみようという新企画ものなのである。

このブラン・ド・ノワールの他に、シャルドネだけから造るブラン・ド・ブラン「シャン・グルエット」を造り始めたが、このリリースは二〇〇六年。近い将来必ずや出色の存在になるだろう（『ワイナート』21号参照）。

ゴセ　GOSSET

もしあなたが、おいしいシャンパンをふんだんに飲む豪勢な宴会をやってみたいと思ったら、これを選んでみたらいい。壜のデザインも立派だし、味は文字通りゴーセイ、実に豪快な気分になれるシャンパン。知る人ぞ知るという極めつきのシャンパンの一つで、酒屋としての歴史を言えば、おそらくシャンパーニュ地方の中で最も古い名なのだ。

一五八四年にアイ村の村長だったピエール・ゴセがワイン商を始めた。以来、ゴセ家はこのアイの村を本拠として、自らもワインを造り、取引し、四〇〇年も続いているが、これは容易なことではない。単に家系が絶えないというだけでなく、名門にふさわしい酒を造り続けなければならないからだ。同家が陣取っている場所はシャンパーニュのハートというべきアイの村である。当主とスタッフは六〇代目に当たり、一九八四年に創業四〇〇年の記念行事に特別壜を出した。

作っているそのシャンパンもまた家名を恥ずかしめない。同社はアイを中心に一二

haの自社畑（ピノ・ノワールのみ）を持っているが、平均九八％の最上のクリュである。これで必要量の二割半ほどを賄い、あとは三〇近くの村の四五haの畑から長期契約で買い付けている。平均年産約四〇万本。酒造りも手造りで、古い樫樽を使ったり、特吟物は澱落しを手作業でやったりしている（なお、一九八〇年に名門フィリッポナ社を買収したが、その後醸造所や地下蔵を改修・拡張する費用を捻出するために手放した）。

この会社が販売先に渡しているハンディな資料がある。同社が造っている四種のワイン、およびヴィンテージごとに克明に使用ぶどうのデータを明らかにしている。この点は一般に企業秘密のようなもので、通常他のメーカーはこうしたことをやりたがらない。これをオープンにするということは、一つは自社の酒質に自信があるからできることである。

例えば、スタンダードのブリュット・レゼルヴの項を見てみると、八七年頃に出しているのは、八三年のワイン主体で、これに八二年物のレゼルヴ・ワインが二五％入っている。ぶどうはアヴィーズ他二カ村（一〇〇％グラン・クリュ）のシャルドネ七〇％、アンボネイ他三カ村のピノ・ノワールが三〇％、ただし二％のピノ・ムニエが

入っている、という具合である。

特吟物のグランド・レゼルヴになると八二、八三、八〇年のワインをブレンドし、使うぶどうは四五%が三カ村のシャルドネ、五五%が一五カ村のピノ・ノワール。ヴィンテージ物についても、それぞれ各年による畑の比率とそのクリュが詳細に明示されている。大体四〇%くらいがシャルドネ、六〇%がピノ・ノワールで、少しピノ・ムニエが加わる。

ヴィンテージ物でも特に当たり年「グラン・ミレジム」が別格にあり、八二年でいうとシャルドネ六二%、ピノ・ノワールが三八%で白ぶどうの比率が高い。ドザージュに使うワインは七三、七五、七六年物で、一・二五%の糖分が入っている。

ゴセのシャンパンは、包装とデザインも粋でデラックス。四〇〇年記念の壜も美しかったが、一九八九年にはフランス革命二〇〇年記念の素敵なデザインのものを出した。中身で言えば、芳香は気品があり、味はリッチである。ゴセはエレガントでリッチ、そして雄渾、堂々としたシャンパンといえるだろう。もっとも、最近は全体に少しソフトになったようである。

ゴセ・ブラバン　*GOSSET-BRABANT*

RM

アイ村が最上のワインを生むことは中世から広く知られているが、この村で代々村長を出してきたゴセ家がある。このブラバンのほうは資料で見ると一五八四年創設以来、四世紀の歴史を持つと書かれているから、ゴセ家の分家筋かもしれない。とにかく第二次世界大戦前の一九三〇年から生産者元詰めを始めたというのだから、今日のレコルタン・マニピュランの草分け的存在になるのかもしれない。

ここは持ち畑が約一〇ha、年生産量は五万本というのだから、ささやかなものだ。それでも持ち畑の約半分はアイ村にあるから、ブラバン家の誇りは高い。生産者元詰めを始めたのはガブリエルで、現在はその孫にあたるミシェルとクリスチャンが中心になって運営している。

畑のテロワールの持つ長所をフルに引き出すために異なる区画ごとに醸造をしているが、これなどはミニだからこそできることだろう。そのため伝統的な圧搾器を使ってプレスした後、特注した小容量のステンレスタンクで熟成させている。マロラクテ

イック発酵と清澄は行うが、フィルターは使わない。

ここのシャンパンはアイのテロワールを反映して、口当たりが滑らかで、ボディは果実味の凝縮感があり、骨格がしっかりしている。余韻も長い。スタンダードの「トラディション・プルミエ・クリュ」はピノ・ノワール七〇%、シャルドネ二〇%、ピノ・ムニエ一〇%。「レゼルヴ・グラン・クリュNV」は良い六区画の樹齢二五年以上のぶどうを使ったもの。「ガブリエル・グラン・クリュ」ヴィンテージものは、特に優れた三区画の樹齢三五年以上のぶどうを厳選して仕込んだ逸品。

ギー・シャルルマーニュ　*GUY CHARLEMAGNE*　RM

シャルルマーニュと言えば、ヨーロッパ中を闘い歩いて統一をなしとげた英雄で、日本の神武天皇のような存在。中世初期に大帝国をうち建てたが、王の死後、孫たち兄弟の相続争いで今日のフランスとドイツに分裂した（その中間の一部がブルゴーニュである）。だから、フランスではシャルルマーニュ、ドイツではカール大帝と呼び、両国人にとってごく親近感を持つ名前なのである。

シャルルマーニュ大帝はワイン好きと言われ、ぶどうの栽培を奨励したし、ドイツではこの国の最高ワイン、シュロス・ヨハニスベルグの生みの親とされ、フランスではブルゴーニュのコルトン・シャルルマーニュに名前を残している。

どうしてこの名前を名乗るようになったかは歴史の闇に隠れてしまっているが、当主がフィリップになるシャルルマーニュ家は、コート・デ・ブラン地区のル・メニル・シュール・オジェにある由緒あるメゾンである。創業一八九二年というから、既に一世紀を超す酒造りのキャリアを持っている。この村を中心に六二haの畑（ほとんどがシャルドネ）を持っているから、吹けば飛ぶような存在ではない。

一九八〇年になって特筆すべきワインを出し、以来シャンパン愛好家に注目されるようになった。九〇年代に入ってやや苦難の時があったが、九五年から再び復調して愛好家を喜ばせている。主製品の「ギー・シャルルマーニュ」は名前を恥ずかしめない気品と繊細さを備え、味わいが深く、優れた余韻を持っていて、まぎれもない一流品である。

「ブラン・ド・ブラン」は伝統的プレスを使い、ステンレスタンクで発酵させているが、ヴィンテージ物はオーク樽を五〇%使っている。フレッシュ感があるだけでなく、

しっかりした構成も備えている「レゼルヴ」はしなやかな味わいで、アペリティフに絶好である。

ギー・ラルマンディエ　*GUY LARMANDIER*

コート・デ・ブランは、エペルネから南へ延びる丘陵で白ワインの故郷である。この南向きの斜面にぶどうがびっしり栽培されていて、目の前にひろびろと広がるマルヌの平野を見下ろしている。逆に平野側から見ると、ブルゴーニュのコート・ドールにそっくりである。ここはその名の通りシャルドネが本領地で、マルヌ川の向こうのアイやブージィが赤の本場なら、こちらは白がお手のもの。

マルヌをはさんで源平合戦よろしく赤と白の旗をお互いになびかせて競い合っている。このコート・デ・ブランの南の突っ先がヴェルチュの村である。おいらの村がシャンパン造りの特級畑の中で一番南さ、悪いぶどうができるはずはないだろうと鼻を高くするのも無理はない。

このヴェルチュの村で、手造りシャンパンでがんばっているのがギー・ラルマンデ

ィエ家。ここは酒造りの点で、この村の中でも異彩を放っている。ヴェルチュの村自体、その中心はこぢんまりした可愛い町並みになっている。町の中心近くになるこの家も外見は周りとそうは変わらない。しかし、中に入ると、白の漆喰壁に黒い木梁が組み合わされた北フランス風の小奇麗な部屋がテイスティングルームになっており、美しい花や裏山で獲ったらしい鹿の首の剝製が飾ってあったりする。

当主のギー・ラルマンディエと息子、奥さんも農家らしくなく、インテリの風貌だ。それでいて明るく陽気、会話も活気があってエスプリが効いている。ここの所有畑はヴェルチュに三ha、クラマンに三ha、シュウイィに一haである。

ここが変わっているのは「クラマン」と「クレマン」を造っている点で、説明をよく聞かないと話がこんがらかる。クラマンは村名で、クレマンは弱発泡シャンパンのことである。

まず一つがスタンダードのブリュット。これはほとんどヴェルチュ村と他の二カ村のぶどうを混ぜて造ったもの。これには、ピノも含まれているのでブラン・ド・ブランでない。

次がクラマン・ブリュット（Cremant Brut）。クラマンは村名で、ヴェルチュより

北。コート・ド・ブランでも北寄りの名ぶどう村で、格付け一〇〇％グラン・クリュ。〝クラマン〟名のシャンパンを造っているのは珍しい。というのは当のクラマンの村でも、その村のぶどうだけを使えるレコルタン・マニピュランはそう何軒もないし、ましてそこから少し離れたヴェルチュ村のことだからである。ラベルもこれだけは金色にしてグラン・クリュを表示してある。

一〇〇％格付けのクラマンのぶどうを一〇〇％使い、それもすべてがシャルドネ。つまりブラン・ド・ブランの中でも、正真正銘グラン・クリュというわけである。このシャンパンは、素晴らしい香り、活気のある泡立ち、はつらつとしているが決して堅くない酸味、シャルドネの感じがよく出ている風味、しっかりとした骨格、よくとれたバランス、そして果実味がよく出た後味を持っている。グラスに顔を近づけると春の香りがして、口に含むと満開の桜が舞い散る美しさである。

エイドシック・モノポール　*HEIDSIECK & CO. MONOPOLE*　GM

シャンパンの中にエイドシックを名乗るものが三社もある。ドイツ系の言葉だが、

発音はフランス風だから、Hがサイレントになってエイドシック。三社のルーツは一つで、このモノポールが本家。

一七七七年にドイツ人に羊毛商フロレンツ・ルードウィッヒ・エイドシックが、ランスを訪れた際、同業のニコラ・ペルトワと知り合って同家の娘を嫁にもらった。ランスに腰を落ちつけてエイドシックの名前でワインと織物の事業を始め、名前もフローレンス・ルイとフランス風に改めた。事業は順調に軌道に乗り、ことにシャンパンは大成功をおさめたので次第に繊維業の影が薄くなった。

ただ唯一の災難はフランス革命だった。ルイはランス大聖堂の巨大なブロンズの鐘が溶かされそうになったのをなんとか防いだが、そのため革命分子ににらまれた。危うく逮捕されるところを逃げおおせたが、隣人は絞首台の露と消えた。ルイの一人息子は早死にしたため、三人のドイツ人の甥の手助けで事業を拡大したが、その関係で一八二八年ルイの死後、この三人が事業を継承した。

しかし、この三人のパートナー関係は長く続かず、一八三四年に分裂して、それぞれが独自の道をたどる。三人の中で一番年上だったアンリ・ルイ・ヴァルバウムは、同年に義弟のオーギュスト・エイドシックと共同して事業をスタートしたが、ヴァル

バウムは事業から手を引き、オーギュストだけがエイドシック社の名前で続けることになった。その後名前が何回か変わり、一九二三年に現在の社名になった。

モノポールとしたのは、一八六〇年代からこの会社が出した〝ドライ・モノポール〟が大ヒットして有名だったので、それをエイドシックに結びつけたのである。

一九七二年にエイドシック・モノポールはマム社に買収されたが、現在は両者ともにカナダの巨大酒類企業シーグラム社の傘下に入っている。モノポール社は現在年間二〇〇〇万本の売上実績で、八〇〇〇万本のストックがある。また一〇〇%グラン・クリュの自社畑を一一〇haも所有する。ここのぶどうは、同社の必要量の三分の一になる。

シャンパン造りに伝統的手法を残すために、醸造方法は完全には近代化しなかった。仕込み用タンクも一部はステンレスタンクにしたが、まだグラスコーティングのコンクリートタンクやエナメル塗りの鉄製タンクを残しているし、貯蔵用の仕込みの一部に木桶を使うこともある。地下二一mの地下窟は一三kmもある。

モノポール社の自慢は、モンターニュ・ド・ランスの中心のヴェルズネイに畑を持ち、シャンパーニュ地方に現存する唯一の風車を持っていることである（口絵参照）。ここは、第二次大戦中はアメリカ軍も使ったくらい見晴らしの良いところで、現在は

その素晴らしい眺望を生かして同社のレセプションハウスに使われている。

同社のシャンパンのうちスタンダードのドライ・モノポル Dry Monopole（NV）は七一％が黒ぶどう（ピノ・ノワールとピノ・ムニエ）、二九％がシャルドネである。壜口を覆うフォイルが緑色のモノポル・グリーン・トップはドミ・セックである。ドライ・モノポル・ブリュット・ヴィンテージは、黒ぶどうが五八％、シャルドネ四二％になる。また一九六七年から造り始めた同社の特級物のディアマン・ブルー Diamant Blue は、一〇〇％クリュの畑のものだけで造ってあり、ピノ・ノワールとシャルドネが五〇％ずつ。

モノポールのシャンパンは好き嫌いが分かれるところだが、とにかく口当たりが良くすっきりとして飲みやすいシャンパンで、根強いファンがいることは事実である。良質で中庸をいくシャンパンらしいシャンパンである。ことにヴィンテージ物は豊かなボディを持つランスタイプの典型として信頼がおける。Diamant Blue は専門家の中でも評価が分かれるが、そのさわやかな酸味、優美さや力強さ、バランスの素晴らしさの点で非常に高く評価する人は決して少なくない。

アンリ・グートルブ　HENRI GOUTORBE

RM

アイ村といえば、畑が絶好の方位でぶどうは見事な出来栄えになる。それだけに違いを出そうとなると、ぶどうの素質が優れているかどうかにかかってくる。

そうした雰囲気の中で三代にわたってぶどうの苗と畑の手入れを専業にしてきたのがグートルブ家。クローンについても造詣が深く尊敬されている。持ち畑も二〇haもあるのだからたいしたもの。以前はぶどうも大手に売っていたが、三代目になって自分の名前で出すようになった。現在出荷量は、年間一五万本だからちょっとした「ハウス」である。

と言っても、全くの家族経営でワイン造りも奇をてらわず伝統的なもの。ただ、生地のぶどうが秀逸だから、フランスの雑誌などにも名前が載るようになった。『アシエット』にもきちんと紹介されている。

ここの特色は奥深い地下蔵を持っていて古いヴィンテージの特吟物をかなりストックしている点。畑はなんと言ってもピノ・ノワールがご自慢だが、オーソドックスな

シャンパン造りを守っているから、シャルドネも植えている。スタンダードの「キュヴェ・プレスタージュ」はピノ・ノワールとシャルドネが半々ずつ。ハレー彗星が現れた一九八六年にはそれを記念したヴィンテージの特醸物も造っている。

ここのシャンパンは、酒躯《ボディ》にスケールの大きさとリッチさが出るが、それでいて繊細な余韻が長い。頼り甲斐があって飲みごたえのあるシャンパンで、飲みあきるということがない。通むきの知られざる名酒のひとつである。

アンリー・ジロー *HENRI GIRAUD* GM

アイの村に一六二五年以来、一二代続く名門。二〇世紀の初頭メゾン設置。自社畑は八ha、年産一万五〇〇〇本のミニ・メーカーだが、一九九〇年にIUMCとジョイント。グラン・マルクに認められた。主要銘柄エスプリはピノ・ノワール七〇%、シャルドネ三〇%、ブランド・ブランとロゼも出している。

アンリオ *HENRIOT*

アンリオというおもちゃのメーカーでないかと思う人がいそうだが、量こそ造っていないけれど、グランド・マルクの一つとしてかなり名の通ったシャンパンである。かのボルドーの世界最高の赤ワインを出すムートン・ロートシルト家が、レゼルヴ・バロン・フィリィップ・ド・ロートシルト Réserve Baron Philippe de Rothschild のラベルで出しているシャンパンは、造り手がアンリオだといえば、その品質についてそれ以上の説明はいらないだろう。

このハウスの由来は古く、アンリオ家がランスにたどりついたのは一六世紀。一八〇八年頃からシャンパン業に携わった。当時このハウスを創ったのはアポリーン・アンリオという未亡人。夫の死後、父の畑を利用して事業を続け、当初はヴーヴ・アンリオ・アイネと自称し、それが社名となった。一八七五年に彼女の孫が実家に戻って、アンリオの経営に当たることになった。

アンリオ社は良いぶどうを使用することで名だたるハウスである。進取の気性に富

んでいて一九三〇年当時、ぶどうを運ぶのにトラックを使ったのが、産業的すぎるという理由で保守的な協会から閉め出しをくったことがあるほどである。

同社の自慢はネゴシャンというよりレコルタンといってよいほど自社畑が多いことで、現在一一五haの畑（平均九六％クリュ）を持っていて、自社必要量の九割を賄っている。六割がコート・デ・ブラン地区、残りはモンターニュ・ド・ランスにある。

いわゆるシャンパーニュ街道を走ってみると、よく目立つのはアンリオとテタンジェの自社畑を誇示している標識である。これに対して親類筋にあたるシャルル・エイドシックが自社畑を持たず原料ぶどうの確保に苦しんでいるのを見て、当主のジョセフは一九七六年に財政的な支援者を見つけてシャルル・エイドシックを買収した。

それだけでなくエネルギッシュなジョセフは、一九八〇年にエペルネとトロウィヤール・ド・ヴノージュ・グループも買収した。その後、さらにモエ・ヘネシー・ヴィトン・グループの傘下に入り、現在ではこのグループ下に入ったヴーヴ・クリコ・ポンサルダンの代表も務めている。また、ブルゴーニュではボーヌの名門ブッシャール・ペール・エ・フィス、シャブリの名門ウィリアム・フェブレも買収した。

シャルルの社長ジョセフの後を継いだのはニューヨークを本拠とする国際的経営コ

ンサルティング会社に六年間勤めた、スタニラス・アンリオ。アンリオ、シャルル・エイドシック、ド・ヴノージュ、そしてヴーヴ・クリコはいずれもモエ・ヘネシーのグループに入ったものの、それぞれ独自に各ハウスの特徴をもつシャンパンを造り続けている。

そうした関係から、アンリオのワインはヴーヴ・クリコのセラーで仕込まれているが、自社のスタイルは堅持している。現在年間約一〇〇万本の生産量をあげ、五年分のストックを持っている。使われるぶどうの比率は年によって違うが、シャルドネの比率は最低四〇〜五〇%、時には七五%にまで上げている。それでいて出来上がったシャンパンにシャルドネとピノ・ノワールの性格がよく出るようにしている。

またこの会社の最大の得意先はスイス（ドイツも多い）になっている関係から、スイスでは非常に高いイメージをもたれているが、それがまたそのスタイルにも反映されている。同社はスタンダード物としてブリュット・ソヴラン Brut Sauverain とブラン・ド・ブランのノン・ヴィンテージ物を出しているが、Brut Sauverain とロゼのヴィンテージ物も出している。

特吟物としては Réserve Baron Philippe de Rothschild Vintage の他に、特製の

壜に詰めたキュヴェ・バカラ・ブリュット・ミレジム Cuvée Baccarat Brut Millésime も造っている。

アンリオのシャンパンはどちらかというと軽いタイプで、泡立ちは細かく、すっきりとした新鮮さが特徴的である。それでいて果実味のおいしさもよく出ている。しかし、〝伝統と、技術と、エスプリが我が社の誇り〟と自称するだけあって、そのシャンパンはシャルドネ比率が高いにもかかわらず、バランスがよくとれていて、洗練さと精妙さをそなえ、決してうわついたところがない。スマートなシャンパンで、さわやかな気分になりたい人は、一度アンリオを飲んでみることだろう。

ジャカール　*JACQUART (CRVC)*

協同組合《コーペラティヴ》の活動は、シャンパーニュ地方でも活発になっている。その中で群を抜いているのが、Coopérative Régionale des Vins de Champagne。マイィのように少数精鋭もあるが、こちらのほうは〝数をもって力となす〟、つまり協同組合の本道である。

加盟組合員の中心かつ大半はモンターニュ・ド・ランス地区の者だが、資格を厳格に限定しないので、現在直接の加盟組合員は約五〇〇名。それに村ごとのローカルな小協同組合と提携関係をとっているから、その勢力は大したもの。

組合員の所有畑合計は二六〇〇haに及び、圧搾器の数だけでも一四八もあり、取扱生産量は年間六〇〇万本、ストックが八〇〇万本というのだから、シャンパーニュ地方におけるその勢力が推測できようというもの。

創立は一九六二年で、当初ランスのジャカール通りに事務所を置いたので、その名が通称になった。その後、ランス市中心部マルヌ通りに事務所を設けたが、ここも手狭になったので、ゴセ通りに二・五haの用地を買収した。地下三階のカーヴを掘り（許容ストック二五〇〇万本）、総量八万五〇〇〇hℓの堂々とした一連の仕込みタンクからなる巨大な近代的設備を設置するようになった。

ここの特色は、圧搾は自ら行わない点で、約六万hℓの発酵前のぶどう果汁がランスの醸造所に集約され、ここで発酵からアッサンブラージュまでの過程を経てシャンパンが生産されている。全体のわずか五％が発酵前の果汁の状態でネゴシャンに売られている。

これだけのぶどう栽培家の数と生産量ということになれば、当然のことながら集まるぶどうと造るワインにはピンからキリまで優劣が出てくる。優れたものを、劣ったものとごった混ぜにしてしまったのではもったいないと思うのも当然、そこで良いものだけを別に詰めて自分のところで出そうということになった。

各協同組合が腕を振るって良いシャンパンを造り、それを自分たちが選んだブランドで直接消費者に売ろうというのは、最近のシャンパンのみならず他のワインの協同組合もやっていることだが、その中で一番ヒットしているのが、この協同組合の目玉商品、ジャカール。

これが有名になったのだから、この組合のことをいちいち長い正式名称で呼ばず、ジャカールと呼ぶようになってしまった。生産するシャンパンで、ジャカールに使わないものは名無しの権兵衛で、他のシャンパンハウスやネゴシャンに売ったり、BOB（買い手の注文名）で出したりしている。

ジャカールの名前で出しているシャンパンを年間売上量でみれば、スタンダードのブリュット・トラディシオン Brut Tradition が四七万本と飛び抜けており、ブリュット・セレクシオン Brut Sélection がそれに次いで二〇万本、ロゼが一二万本、ブ

ラン・ド・ブランが三万本、ヴィンテージ物が五万本という具合である（一九八二年当時）。

データで見ると、全体でざっと六六万七〇〇〇ケースを売っているが、その中で、ジャカール名で出しているのは約七万二〇〇〇ケースだけだから、この名で出すものはかなり良い品質のものであることがわかる。

ジャカールのシャンパンのうち、ヴィンテージ物はピノ・ノワールが六〇％、シャルドネが四〇％の比率。

ジャカールのシャンパンはフレッシュで若々しく果実味を出すことをねらっているが、そのねらいがよく成功しているようである。ブリュット・トラディシオンはすっきりとして、くせがなく、爽快である。ヴィンテージ物はピノ・ノワールとシャルドネのバランスがなかなかよくとれていて、他のハウスに決して見劣りしない。

特吟のキュヴェ・ド・ラ・ルノメ Cuvée de la Renommée も黙って出されたら、とても協同組合で造ったものとは思えない。八年ほど前に女性醸造家フロリアンス・エズナックが醸造責任者になってから、シャンパンがスタイリッシュに進化したと評価が上昇している。ジャカールのシャンパンは若く、はつらつとしたハイティーンと

いう感じで、飲んでいればこちらの気持ちまで若くなる。

ジャック・セロス　*JACQUES SELOSSE*　RM

『クラッスマン』は、フランスのトップワインジャーナリスト、ベターヌが編集している本で、毎年出る採点評はかなりユニークかつ厳しく、ロバート・パーカーのフランス版的な面もある。この本が、全シャンパーニュで二つ星をつけたのはわずか一一軒、そのうちレコルタン・マニピュランは三軒。そのうちの一つがここなのだ。サロンすら同格であるといえば、その高品質がわかるだろう。

本拠はコート・デ・ブラン、持ち畑は約六ha（アヴィーズ、クラマン、オジェの三つの村）、年生産量は四万七〇〇〇本。『クラッスマン』の長い評価の一部を紹介しよう。

「アンセルム・セロスは、いかにテロワールを最大限に表現するかを追求し続けている。ビオディナミ農法、畑の手入れ、ぶどうの完熟収穫、樽発酵、他に多くの工夫を重ねているのはなにも奇をてらってのことでなく、ただひとつ、この目的のためであ

る。

三つの村に点在する区画を最大限に活用し、知られていなかった土地を開墾、改良している」

「それぞれのシャンパンをこれほどまでに個性豊かに造り分けられる醸造元は、シャンパーニュ広しといえども多くはない。一つひとつが信じ難いほど複雑で、実に多彩、いずれのキュヴェも独特の個性を備えており、シュスプスタンスは力強く芳醇、ロゼなら複雑きわまりないアロマ、ブリュットとエクストラ・ブリュットなら素直で深い味わいが楽しめる」

シュスプスタンスは、アヴィーズ産のぶどうのみを使い、毎年古いワインに新しいワインを加えた特別なリザーブワインで造られている。

ジャクソン *JACQUESSON* GM

ワグラムの血戦といえば、ナポレオンがアウステリッツに次ぐ大戦を挑み、快勝した戦いだった。その結果オーストリア皇帝フランツのマリイ・ルイズ姫と結婚し、ハ

プスブルク家と姻族になり王侯の仲間入りができた。ワグラムの決戦場で将校たちがあげた祝杯、華麗なテュイルリー宮殿での結婚式典、そして後のナポリ王になる皇太子の誕生祝いなどで飲まれたシャンパンはジャクソンなのだ。

フランス革命が一段落した頃、シャロン・シュール・マルヌの町に一人の進取の気性と創意に富んだ男がいた。そのクロード・ジャクソンは酒の取引で頭角を現し、一七九八年にジャクソンの名前でシャンパンハウスを興した。息子のマミーも敏腕で、一八〇二年以降ジャクソン家は急成長を遂げることができた。

ナポレオンはワイン産業の発達を奨励し、フランス各地の新産業地帯を視察して回った。一八一〇年シャンパーニュ地方を巡視した際、ジャクソンのシャンパンハウスを見るために同家を訪れ、その酒庫の美しさを愛でて、金メダルを授与している。以来、ジャクソンのシャンパンは、ナポレオンを象徴する鷲や王冠と金メダルで飾られるようになったし、ナポレオンの赴くところ、その糧秣車に積まれるようになった。

ナポレオンはワーテルローで敗れたが、皇帝の愛顧は社業の伸長の障害にならず、むしろロシアに販路を拡大させることになった。孫のアドルフ・ジャクソンがキャラバン隊を編成し、ロシアに遠征した光景は、今でも語り草になっている。パリの万国

博覧会が開かれた一八六七年には同社の繁栄はピークに達し、一〇〇万本の売上を記録した。一八七〇年の普仏戦争の苦境期にもめげず、アドルフは一八七五年に死亡するまで家業を守り続けた。

一九二〇年に、このハウスは大手仲買人の手に移ったが、その際本社もランスへ移された。その後一九七四年になってシケ家がこのハウスを譲り受けることになったが、同家は、本社を自社畑の近くにあるディジーの村に移した。素敵な邸宅と地下蔵があったからである。現在、ジャクソンはアイを中心に二〇haほどの畑（平均九六％クリュ）を持ち、これで自家必要量の六割を賄っている。年産約三〇万本という小規模メーカーで、生産量こそ往時の栄光はないが、家族経営の雰囲気の中で丹念なシャンパン造りに励んでいる。

同社のブリュット、ペルフェクシオン・ブリュット（NV）は通常二〇％のシャルドネ、三〇％のピノ・ノワール、五〇％のピノ・ムニエを使っているが、ムニエの持ち味をうまく生かし、しかも非常にバランスよく仕立てている。

ヴィンテージ物はシャルドネ三五％。ピノ・ノワール四五％、ムニエ二〇％の比率になっているが、ヴィンテージの特吟物として Old Vintagetardivent (disgorged

junt befor release、出荷直前のデゴルジュマン）という異色の品を出している。同社のブラン・ド・ブランは専門家の中でも傑作という定評がある。

　ワインは、そのきらびやかなラベルのデザインとはまた別のもので、実に品がいい。ノン・ヴィンテージ物にしても清楚な花のような香りと、ソフトな口当たりをもち、果実味もデリシャス。ヴィンテージ物になると、これに精妙さと複雑さが加わり、実に優美である。落ちついた雰囲気で味わってみるシャンパンで、典麗な美女との食卓を飾れば時の流れを忘れさせてくれるだろう。

ジャン・ラルマン・エ・フィス　*JEAN LALLEMEN ET FILS*　RM

　モンターニュ・ド・ランスの湾曲部の湾曲が始まり出すところにヴェルズネイがある。地勢的に北向きだが、斜面の裾から広く東北へぶどう畑が広がっている。緩やかな斜面は日当たりがよく、ぶどうはゆっくり成熟する。その先端部分になるあたりがシルリーである。

　一八世紀時代に名酒として名を馳せ、かの三銃士のダルタニアンが特注していたの

が、シルリーのワイン。その主原料はシルリーの畑のぶどうだった。シャンパーニュ地方の中でもヴェルズネイの農家は「おらの畑が一番！」と鼻を高くしている。農家だけでなく、業界の定評もそうである。

ここは曽祖父の時代からぶどうを栽培して、ボランジェやランソンに売っていた。一九五一年に祖父のジャンがレコルタン・マニピュランを始めたが、レコルタン・マニピュランとしては古いほうになる。

ここの畑は四・六haと広くはないが、土壌は石灰粘土質で、表土が一・五mないし二mと深い。醸造で言えば、一次発酵の段階で酵母の添加、低温処理、濾過も一切行わない（自然状態の発酵温度は一八～二〇℃）。

ジャンメール　*JEANMAIRE*　GM

シャンパーニュは巨大メーカーの寡占地で、歴史を誇る旧家などがひしめいていて、新参者はなかなか割り込めない。そうした中でしかも非常に悪条件という時期にスタートして、古い先輩たちと堂々と渡り合っている新進気鋭のハウスがある。

一九三三年といえば、アメリカではニューディール政策をひっさげてルーズベルト大統領が登場し、ドイツではヒットラー政権成立後に国会議事堂放火事件が起こり、日本は満州事変に次いで中国軍と衝突、国際連盟に脱退通告した年である。この年にアンドレ・ジャンメールという一人の若いぶどう園主がシャンパン商として身を起こし、小規模なスタートを切った。ル・メニル・シュール・オジェの村が本拠。

第二次大戦中は生産を一時中止したが、戦後いち早く再出発、めきめきと業績を伸ばし、オジェの社屋では賄いきれなくなったので、エペルネに本社を移し、事業は順風満帆の急成長を遂げた。ジャンメールは一九七一年に死亡し、息子のアオール夫妻が事業を引き継いだ。一九八二年になって、ミシェル・トルウヤールが畑ごとこの会社を買収、その莫大な財力を注ぎ込んで事業の充実をはかった。

現在では、ジャンメール社はシャンパン造りでこそ伝統を守っているが、エペルネ市内では最も近代企業の相貌を呈している。

同社はアヴィーズ、クラマン、シュウイィなど一〇カ村に六二haの自社畑を持ち、これで必要量のかなりの部分を賄っている。一九八四年に改築した地下三〇mの地下蔵は全長五kmに及び、六〇〇万本の貯蔵が可能。三時間に四〇〇〇kgの処理能力を持

つ圧搾器、八〇万ℓの容量を持つステンレス製発酵・貯蔵タンク、毎時二五〇〇本の処理能力を持つ壜詰め装置、ワイン製造に関するラインは最先端のテクノロジーを駆使したもの。

現在同社は八種類のシャンパンを造っているが、スタンダードのブリュットはピノ・ノワールが三分の二、シャルドネが三分の一の比率で熟成は三年。ブラン・ド・ブランはコート・デ・ブラン出身だけあって自社畑のシャルドネ一〇〇%で、この方は熟成が四年。

変わっているのは黒ぶどうだけを使ったブラン・ド・ノワールのヴィンテージ物を出している点。これはグラン・クリュ畑のピノ・ノワール八〇%、ピノ・ムニエ二〇%。ヴィンテージ物のぶどう比率はノン・ヴィンテージ物と変わりないが、黒ぶどうはモンターニュ・ド・ランス、白ぶどうはコート・デ・ブラン地区の優良クリュ物を選んである。特吟物としてCuvée ÉlyséeとChampagne Élyséeも造っているが、ことにChampagne Élyséeは格付け一〇〇%のグラン・クリュ畑のシャルドネだけを使ったという同社自慢のもの。

ジャンメールのシャンパンは優等生的な良さをもっている。しかも、シャンパンの

伝統を踏んでいて酒造りにそつがなく、新入りにしては非の打ちどころがない。出身がコート・デ・ブラン地区だけあって、シャルドネ風味がよく生かされていて、さわやかで品の良い香り、フルボディで腰がしっかりしているし、後味も長く、なるほどと思わせるスタイルを備えている。

ジェローム・プレヴォー　*JEROME PREVOST*　RM

ギュー Gueux というと、ランス市の南西郊外「ラ・プチ・モンターニュ」と呼ばれ、優れたシャンパンはできないと小馬鹿にされる地区にある小村である。四五〇〇万年前には海だったそうで、表土の砂は川砂と海砂が混じっている。三〇cmも掘ると底土は化石を多く含む石灰質土壌。

　ここの畑を一九八六年に祖母から継いだプレヴォーは、なんとしてもここから優れたシャンパンを造ってやろうと決心した。各所のドメーヌを訪れたりしているうちに、本で読んだだけで気にもしなかったビオディナミ農法を採用している醸造元のワインが素晴らしいのに心を打たれた。

ビオの名手、アンセルム・セロスを訪れた時、自分の畑は砂地で、ピノ・ムニエで良いワインが造れるだろうかと尋ねた。答えは「自分のテロワールを尊重してワインを造ればよい」だった。それまではワインをローラン・ペリエに売っていたが、九六年からビオのコンサルタントのジャック・メール氏の指導を仰いでビオ・ワイン造りを始めた。

単一畑、単一ぶどう品種、単一年度、二酸化硫黄（SO_2）は圧搾時にごくわずか。糖分添加なし。完全な樽発酵。清澄や濾過を行わない。ぶどうがよく熟している時はドザージュもしない。

ワインの銘柄は「ラ・クロズリー」（La Closerie）だが、小さな農地の意味。単一畑ものはピノ・ムニエ一〇〇％で、レ・ペギンという畑名を付記している。ワインは、酸が低く、重厚感があり、ミネラル風味が出ていて普通のシャンパンとかなり味が違う（『ワイナート』21号参照）。

J・M・グルミエ *J. M. GREMILLET*

RM

シャンパーニュ地方南部の産地は、古都トロワの東にあるが、細長い地形になっている。この地区を横切るオーブ川とセーヌ川の源泉から名前をとって、北のバール・シュール・オーブ、南のバール・シュール・セーヌの二地区に分けられている。この二つの地区のうち南のほうが優勢で、ことにここから生まれるリセのロゼはフランスの中でも屈指のもの。このリセの近くのバルノ・シュール・レニエの村にあるのが、このレコルタン・マニピュラン。

人口わずか一五〇人の静かな村だが、北西のトロワから近いし、民家もちょっと垢抜けている。南西四〇㎞くらいのところにシャブリがある。こうした立地条件がリセのロゼを洒落たものにしたのだろうし、シャンパンの原料にするワインも野暮ったいものでないわけである。

グルミエ家は従来ワインを主にマムやヴーヴ・クリコに売っていたが、一九八六年から自家ブランドで製品を出すようになった。持ち畑は二五ha、年間一五万本も出し

ている。国内向けが二〇%だが、そのほとんどが行政機関と三五カ国のフランス大使館。あとの八〇%が国外向け。

ここの「ブリュット・セレクシオン」は二〇〇六年版の『アシェット』では一つ星を取っている。高品質で味にけじめがあり、優美でなければ、そう知名度の高くないこのシャンパンがこのような売り方をできるはずがない。

ジョセフ・ペリエ　*JOSEPH PERRIER*　GM

シャンパーニュ地方で使われる業界用語で、グランド・マルクという栄称がある。これは単に大メーカーという意味でなくて、きちんとした定義づけがある。つまり、(イ)社業の基礎に確固とした伝統を持ち、(ロ)世界的に広い販路を有し、(ハ)大規模な生産設備を持ち、(ニ)製品について高品質な実績を維持し続けているという四条件をそなえていなければならない。

シャンパーニュ地方の大手及び中堅メーカーのうち、こうしたグランド・マルクの資格をそなえている二五社ほどが集まってサンジカ（組合）を作っているが、そのほ

とんどはランスとエペルネに集中している。

そうした中で、エペルネの東のシャロン・シュール・マルヌの町にがんばってシャンパンを造り続けているハウスが、ジョセフ・ペリエ。地味で着実な社風だし、あまり宣伝をしないが、知る人ぞ知る銘柄。

長年にわたり英国王家お買い上げの実績を持ち、ヴィクトリア女王はここのシャンパンしか飲まず、エリザベス女王もこれに倣ったくらい。王家の結婚式でここの特吟物が使われたので、〃キュヴェ・ロワイヤル〃の栄称の使用を認められた。その実力のほどは、一九九〇年六月に著明な『デカンター』誌に載っている。多くの名門メーカーが二つ星しか取れなかった中でこの Cuvée Royale Brut 一九八二年が三つ星の栄冠を勝ち取ったくらいである。

もともとこのハウスは、一八世紀の末頃からこの町でワイン商を営んでいたアレクサンドル・ペリエの息子ジョセフ・ペリエが一八二五年に興した会社。ジョセフが死んだ後、一八八八年にポール・ピトワ家に譲った。ピトワ家もワイン業者として数代も続いている古い家柄で、その後同家がこの事業を守り続けている。

現在の年産量は約六〇万本だが、二〇〇万本のストックを持っている。この会社の

面白いのは、本社と醸造所こそはシャロン・シュール・マルヌにあるが、ドン・ペリニヨン寺院のあるオーヴィレールとその隣村のキュミエール及びダムリィという絶好の地に自社畑を二〇ha持っていて、これで必要量の三分の一を賄っている点である。シャロンの本社も、外見こそ地味だが、応接室はアール・エポック調の趣きがある。それだけでなくローマ時代の洞窟を活用した理想的な湿度の地下蔵（約三㎞）を持っていて、大量のマグナム壜とマチュザレム壜の大壜でワインを寝かせている。また古い仕込みの大樽も大量に使い続けている。

ここの Cuvée Royale Brut（NV）は大体ピノ・ノワール、ピノ・ムニエ、シャルドネを各三分の一ずつという伝統的比率によるもので、二〇ほどの異なった畑のものを使っている。ドザージュで少し加糖したドミ・セック、シャルドネだけを使った Royal Brut Blanc de Blancs とロゼも造っている。ヴィンテージ物はピノ・ノワール三五％、ピノ・ムニエ一五％、シャルドネ五〇％の比率。最近はヴィンテージの特吟物を Cuvée Jpséphine の名で、美しくデザインされた壜で出すようになった。

なお、一九七五年から社業一五〇年を記念して Cuvée de Cent Cinquantenaire という特吟物を出しているが、これはグラン・クリュのピノ・ノワールとシャルドネ

をほぼ等量ずつ使ったもの。

ジョセフ・ペリエのノン・ヴィンテージ物は、心が躍るというものでこそないが、しっかりとした堅実なタイプ。色は淡黄色がかるが、色調に似合わず新鮮。それとあふれるような果実味を持っている。すっきりとしてソフト、初口の口当たりと、口に含んでからの柔らかさと、喉ごしのさわやかさ、ことに果実味が実にいい。飽きのこないシャンパン。ヴィンテージ物は、デリシャスな風味の後味を持ち、専門家の中で高く評価されている。

ジュール・ラッサール　*JULES LASSALLE*　RM

シニー・レ・ローズ村はモンターニュ・ド・ランスの中では村としては小さいが、ぶどうは決して悪くない。ここにジュール・ラッサールという名家があるが、当主が一九九二年に死亡した。多くの人々は評価が衰退するだろうと思っていたが、後を引き継いだ妻と娘が奮起。二人の絶え間ない努力が周囲の予想を裏切った。一九八五年にロバート・パーカーが九六点という高得点をつけ「傑出」のグループに入れたので

関係者を驚かせた。

さらに二〇〇一年の秋にはアメリカの『ワインスペクテーター』誌がクリュッグと同じ九三点をつけ、翌年の同誌に掲載されたシャンパン造りも特に変わったことをしていない伝統的なもの。出している製品は「インペリアル・プレファランス・ブリュット」というノン・ヴィンテージ物と、「レゼルヴ・デ・グランザネ」というヴィンテージ物のロゼ。

クリュッグ *KRUG* GM

この世の酒好きは二種類に分けられる。「値段の高い酒だけが良い物だ」と思う人と、「良い酒はどうしても高くなる」と思う人である。後者に属する人が、シャンパンの中で極めつきの一本を選ぶとすれば、それは多分クリュッグになるだろう。

クリュッグは量が少なく、年間五〇万本しか造っていない。いや造らないのだ。大手メーカーの生産量の一〇分の一にも満たない。クリュッグの熱狂的ファンが少なくなく、高級シャンパンといえばたいていドン・ペリニヨンかクリュッグである。『ザ・

ガーディアン』誌のジョン・アルロットなどは、このシャンパンに惚れ込んだあまり、『Krug, The House of Champagne』という本を書いてしまったほどだ。

ドイツのマインツ生まれのジョセフ・クリュッグが、一八四〇年からシャロン・シュール・マルヌのワイン商ジャクソン社に雇われ、その海外責任者として各国を旅行した後、一八四三年にランスで自分の会社を創った。ジョセフの息子のポールは、一八八〇年に英国にプライベイト・キュヴェという銘柄で売り込んで成功した。ジョセフの孫のジョセフ二世は旅行好きで世界中を歩き回ったが、第一次大戦中、アルデンヌの戦場で負傷し捕虜となった。

帰国後も病状が思わしくなかったので甥のジャン・セイドゥーを共同経営者にしたが、運が強かったのか九七歳まで生き延びた。ジョセフ二世の息子ポール二世は一九三五年から事業に参加し、一九六二年から経営の全責任者になった。一九七七年に引退し、長男のアンリが社長、弟のレミが専務取締役として兄弟で社業を営んできた。

クリュッグ社は徹底した家族経営で、アンリ社長が自ら酒造りに当たり、醸造長を雇っていなかった。また、畑の買収資金を調達するために、コニャックのレミー・マルタン社の財政援助こそ受けているが、事業の経営はすべてクリュッグ家によって仕

切られている。アンリとレミの兄弟はシャンパン造りに一家言を持っている権威で、『ラール・デュ・シャンパーニュ L'Art du Champagne』を出している。

クリュッグ社は一九六〇年代まで自社畑を持っていなかったが、一九七〇年から七二年にかけてレミー社の支援で二六・七四haの自社畑（全部グラン・クリュ）を持つようになった。しかし、これだけでは自社で必要とするぶどうの四〇％くらいにしかならない。信頼のおける農家と長期供給契約を締結して、優れた原料の確保をはかっている。

クリュッグがクリュッグたるゆえんは、その徹底した職人芸的ワイン造りを守り抜いているところにある。なにしろ生地になるワインの発酵を今でも樽でやっているのだ。しかも仕込むワインは、最上のぶどう（平均九三％のクリュ）の初搾りしか使わないし、当主の立ち合いの下で搾る。発酵用の樽は平均して三五年という古樽。

この樽の中で低温かつ長期発酵させる。発酵が終わると厳密にチェックして出来の悪いものは省いてしまう。出来上がったワインは四〇hℓ入りのステンレスタンクで貯蔵熟成させるが、最初の壜詰めにかかるまでに少なくとも五年は寝かせるというウルトラスローぶり。ということは、不良年にそなえて十分な補充仕込み原料を持ってい

るということである。

別の言い方をすると年間約五〇万本の売上で、常時六年分のストック（三〇〇万本）を持っている、この点でもレコード破り。ルミュアージュは言うまでもなく全部手作業で四〜五カ月がかりでやる。ワインにフィルターはかけず鰾膠《ひょうこう》（にべ、アイシングラス）で清澄するだけ。ドザージュもごくごく微量に限り、コルクも最上のものを選ぶとか、このハウスの酒造りの入念さを説明していたら切りがない。

クリュッグは四種類のシャンパンを造っている。八割を占めるのはGrande Cuvée（Multi Vintage）で、四七種類ほどの違った樽のワインを六年ないし一〇年のストックから選んで造る。ピノ・ノワール四五〜五五%、ピノ・ムニエ一〇〜一五%、シャルドネ三五〜四五%の比率。ヴィンテージ物はぶどうの比率が年によって変わり、一九八二年を例にとるとピノ・ノワール五四%、ピノ・ムニエ一六%、シャルドネ三〇%。ブレンドに使ったワインは約二七種。ヴィンテージ物は最低六年か七年経つと市場に出る。また、一五年から二〇年熟成したものは貴重なKrug Collectionとして出される。

この他クリュッグは、Clos du Mesnilという希少品を造っている。これはル・メ

ニル・シュール・オジェにあるヴェネディクト修道会の古いぶどう園（一六九八年まで歴史を遡れる由緒あるクリュで、シャンパーニュ地方で単独畑名を名乗れるただ二つの畑の一つ）を一九七一年に買い取り、この畑のぶどうだけを使ったもの。シャルドネだけを小さな古樽で発酵させたブラン・ド・ブランの白眉、幻のシャンパンである。

なお、クリュッグでは淡い黄色を帯びたロゼのシャンパンも造っている。ロゼのシャンパンというと身震いがするという人は、だまされたと思って一度試してみることだ。ロゼについて頭の切り替えが必要だということを再認識させられるだろう。

ここまで話せば、クリュッグのシャンパンの味についての説明はこれ以上は不要だろう。蛇足ではあるがその特徴を言えば、芳醇、華麗、精妙、洗練、優美、つまり職人芸をそなえた知的美なのである。

ラミアブル *LAMIABLE*

RM

シャンパンの主要生産地区の中央を横切って流れるマルヌ川の流域がヴァレ・ド・

ラ・マルヌになるが、その東端にトゥール・シュール・マルヌの小さな町がある。地勢的に言えば、この町の北にあるブージィ村からマルヌ川へ向かってなだらかな傾斜を持つ平野が広がっている地域である。その昔は十数軒のネゴシャンの本拠があったが、今はローラン・ペリエとショーヴェだけが残っている。ここの畑はグラン・クリュになるから、レコルタン・マニピュランも何軒あってもよさそうなものだが一軒しかない。それがラミアブル。

所有畑はわずか六haで川に近いため小石まじりの沖積土だが、『クラッスマン』が「決して侮ることができない立派なもの」と誉めている。ヴィンテージ物にしても、リザーヴ・ワインにしても理想的な在庫方針を守っているため、大手のブランドものに見劣りがしない。

ここの主力製品はピノ・ノワールを使う「ブラン・ド・ノワール」だが、豊潤でふくらみのある酒質になっている。『クラッスマン』は「ブリュットは糖分が多く、重たい味わいだがいずれも健全で素直、かなり控えめだが気品のあるシャンパン」と言っている。特醸物の「クラブ」は自慢の区画畑レーヌ畑のピノを使ったもの。ここのシャンパンは値段が安く、掘り出し物的な存在。

ランスロ・ロワイエ　*LANCELOT ROYER*　RM

レコルタン・マニピュラン の独立は、コート・デ・ブラン地区が目立つ。この地区の中でもクラマンの街には昔から腕自慢の生産者が何軒もいたが、中でも旧家のひとつがランス・ロワイエ。現在で一一代も続いている歴史を誇る名家。所有畑は四・五ha、格付け一〇〇%のグラン・クリュ畑がクラマンとオジェにある。生産量は六万本くらいで、シャンパンの生産量としてはたいした量でなく、高品質の割に値段が安いから、今まですべてフランス国内で消費されていた。

先代のピエールが腕ききとして知られていたが、その娘のシルヴィと婿になるミシェル・ショーヴェが後を継ぎ、頭角を現すようになった。平均樹齢三〇年のぶどうを丹念に栽培し、醸造はエナメルでコーティングしたメタル・タンクを使って発酵させ、マロラクティック発酵まで終わらせる。その後、木製の巨樽で熟成させている。そして軽くフィルターをかけた後で壜内第二次発酵をさせる。

「キュヴェRR」は一〇〇%シャルドネのブラン・ド・ブランだが、生地のワインは

ストックしておいたもののブレンド。ソフトでまろやか、優美で後味が長く尾を引く。ここの御自慢は「キュヴェ・デ・シュヴァリエ」で、これも同じブラン・ド・ブラン。フルボディだが口当たりは実に滑らかで、フィネス（洗練さ）があり、フィニッシュが長い。

二〇〇五年から「ミレジム一九九九」を初リリースしたが、言うまでもなく、これもブラン・ド・ブランのヴィンテージ物。ぶどうはクラマン産（樹齢三五年）が七〇％でオジェの畑も三〇％混ぜている。香りが実に華やかでこの手のものとしては異色だが、ボディはややスリムで酸の骨格が実にしっかりしている。ブラン・ド・ブランの典型で、飲んだ後がすっきりしていることは言うまでもない。

ランソン　*LANSON*

GM

ランソン！　なんと響きのいい名前だろう。これを言い交わして乾杯すればその場も陽気になる。そして、またその味もその場をぱっと明るくしてくれるような晴れやかさがある。なにしろ、ヴィクトリア女王以来、英国王室指定のシャンパンになって

いるし、スペインのアルフォンス王家、スウェーデンのグスタヴ王家で愛用されている他、アメリカをはじめ世界一三〇カ国で愛飲されているのだ。

一七六〇年、由緒のある家名デルモットを名乗るシャンパンハウスを興したのはフランソワ・デルモットである。フランソワは、アイ村の名家マリー・クロード・テレーズ・ブルゴーニュと結婚し、当初は次男と事業を続けていた。一七九八年、聖マルタ騎士団の騎士であった長男のニコラ・ルイが帰国したので、事業を継がせることになった。現在もラベルに残っている十字のマークは聖マルタ騎士団の紋章である。

ニコラは大革命後結婚し三人の子供がいたが、いずれも娘で男の後継者がいなかったので、ジャン・バプティスト・ランソンに遺言を残して事業を譲った。ランソンは一七六〇年頃からシャンパンメーカーで働いていたが、革命時に亡命し後にフランスから戻ってきた。かくして、ジャンがドラモットハウスの事業を継ぎ、一八三八年から社名をランソンにした（180頁のドラモット参照）。

ジャンの息子は父に協力して事業を拡大した。孫のヴィクトールとアンリも家風を継いで多くの公職を務めるかたわら、ランソン社の名を世界に広めた。ランソン社は、事業拡大のためフランス最大のリキュールメーカー、リカール社の出資をあおいだが、

一〇年ほど後、この出資分はフランソワとクサヴィエ・ガルディニアが六五〇万フランで買い取った（ガルディニアはフランスの化学肥料メーカー）。

ランソン家とガルディニア家は後に姻族になり、ランソン・ガルディニアのコンビはポメリー・エ・グレノ社の主要株主になり、一九六九年にはローラン・ペリエ社の株の三〇%を持つようになった他、一九七六年にはマツセ社も買収した。

事業集中はさらに進み、一九八四年以降ランソン社はフランス最大の飲料企業BSNの系列下に入っている。このようにランソン社は現在大企業になっており、ランソンの単独銘柄の売上だけでもトップ六位に入っているが、事業の規模にかかわらず、その社風は非常に堅実で実に手堅い酒造りをしている。

それというのも、ブルゴーニュでワイン造りを学んだ名醸造長ジャン・ポール・ガンドンが一九八六年以来がんばっているからだ。一九一八年から畑を買い始め、現在では平均して各付け九七%の自社畑を二一〇ha所有し、生産量の三割はこれで賄っている。

ランソンの特色は、生産量の九〇%前後を代表単独銘柄の黒ラベル（NV）が占めている点。これはピノ・ノワール六〇%、シャルドネ四〇%で造り、ごく少量のピノ・

ムニエを混ぜている。ヴィンテージ物はこの比率が年によって変わる。また、一九八五年の至上の当たり年に社業二二五年を記念した〝225〟という特別ボトルを造ったほか、Noble Cuvée という特吟物も少量造っている。

これは、各社の特吟物の中でも、ひときわ光るパワーを持ちそれでいてソフトかつ優雅さをも持っている。なお、黒ラベルは言うまでもなくブリュットタイプだが、その他にドミ・セック、エクストラ、ドライ・ロゼも造っている。

ランソンのシャンパンは、けばけばしさや出しゃばったところがなく、言うなれば典雅である。黒ぶどうの持つ果実味と念入りの熟成が、実にまろやかで、口当たりの良いものにしている。ことに酸味も発泡性もおだやかになるようおさえられているから、酸味の強いものとか、きつい感じのするものが苦手の人に向く。

いわば熟女の官能美的美しさを持っているから、世の中の酸いも甘いも味わい分けられる粋なお方にお勧めするのに最適だろう。ヴィンテージ物は、もっときりっとしているから、これは酒通向き。

ラルマンディエ・ベルニエ　*LARMANDIER BERNIER*　RM

ヴェルチュの村の家族経営のレコルタン・マニピュラン。一八八〇年頃からシャンパン造りをしている。持ち畑は一五haほどで、ヴェルチュ、クラマンの斜面部分。ぶどうの平均樹齢は三〇年だから脂の乗り切ったところ。もっと樹齢の高い樹もあるが、そのぶどうは特醸物に使っている。年間八万本の生産を上げることができるが、品質維持のため七万本しか市場に出さない。

通常ぶどうが四〇〇〇kg入る圧搾器で初搾りのキュヴェを二〇hℓ、一番搾りで四hℓ、二番搾りで二hℓのワインを取る。このうち、原則として初搾りのキュヴェだけでシャンパンを造り、一番搾りと二番搾りのピノワイン、二番搾りのシャルドネワインはネゴシャンに樽売りするわけである。大体当年のワインを八〇%、前年のレゼルヴを二〇%混ぜる。

ここのシャンパンは、ブリュット（NV）が七五%のシャルドネ、二五%のピノの比率で四万五〇〇〇本を造っている。ブラン・ド・ブランはシャルドネだけだが、ヴ

エルチュとクラマンのぶどうを混ぜて造り、これが一万本。クラマン（一〇〇％グラン・クリュ）の名で出すブラン・ド・ブランは五〇〇〇本。

特吟物は、ヴェルチュとクラマンのシャルドネだけで造るブラン・ド・ブランで、当たり年の時のみ造っている。最近、ビオディナミ農法を取り入れ、品質の改革に取り組んでいるから、将来が期待できる。

ローノワ *LAUNOIS* RM

コート・デ・ブラン地区のル・メニル・シュール・オジェの村のレコルタン・マニピュラン。この村はコート・デ・ブラン地区の中でも、畑の秀逸さと、シャルドネぶどうから生まれるワインの質の卓越性で誇り高い。この村の優れたレコルタン・マニピュランが造るブラン・ド・ブランが悪かろうはずがなく、この手のシャンパンの本家本元的存在を誇れるわけだ。

一八七二年から自力でシャンパン造りを始めたこの家は、格付け九八％のクリュ畑を三〇haも持っている。ちょっとした豪農で、同家内にミニ・ミュージアムを持って

いるくらいである（一七二一年当時の圧搾器がある）。当主のベルナール・ローノワは五代目で、一九七二年に家業を法人化した。年間二五万本生産しているから、レコルタン・マニピュランとしてはちょっとした量で、そのうち六五％がフランス国内市場向け。最近は輸出に力を入れようとしているらしく、マドリッドで開かれた国際品質委員会に出品して、見事金賞を仕留めている。

同社はスタンダードのブリュット（NV、三年熟成）とヴィンテージ物を造っている。この他にブラン・ド・ブラン、クレマン、ロゼ、そしてブラン・ド・ブランの特吟物Clubも造っている。

ここのシャンパンは、土地柄を反映してか、シャルドネ生まれの酸味の生きたすっきりしたもの。香りも口当たりもソフトで、後味もさわやかである。ローノワ家は、平和の象徴である鳩をシンボルにしているようだが、真っ白い鳩が青空を舞うように、フレッシュでさわやかな快感を飲む人に与えるシャンパン。

ローラン・ペリエ　*LAURENT-PERRIER*

GM

八から七〇〇へ！　ローラン・ペリエは現代のシャンパンの奇跡であり、スーパースター。一人の人間の努力が、どれほどまでのことをやり遂げられるかという生きた証拠であろう。

もともとは桶屋で、そのうち自分でも酒を詰めて売るようになったアンドレ・ミシェル・ピエルロが、一八一二年にアイ村でネゴシャン業を始めるようになったのがハウスの起源。息子のアルフォンスが父の事業を継いで拡張し、さらに村長のエミル・ル・ロワと共同してシャンパーニュ・ル・ロワ・フィス・エ・ピエルロを設立した。その後、醸造長を務めていたウージェーヌ・ローランに継がれた。

ウージェーヌは、一八八七年に死亡したため、マチルド・エミール・ペリエ夫人が事業を引き継ぎ、ヴーヴ・ローラン・ペリエの名前で、ここでも未亡人が活躍して事業を拡大かつ充実させた。未亡人が亡くなると事業は停滞し、名前だけが残っている状態になった。このハウスを、第二次大戦前夜の一九三九年、ランソン社のヴィクト

ールとアンリ兄弟の姉妹にあたるマリー・ルイズ・ドノナンクールが買った。

彼女の息子のベルナールは、戦時中はレジスタンスとして活躍していたが、終戦後の四九年この会社を本格的に経営することになった。当時のローラン・ペリエ社は年に八万本程度のシャンパンを細々と造っているくらいだった。ベルナール・ドノナンクールが、現在では年間七〇〇万本を超えるシャンパンを売り上げる大会社（売上実績第五位）にローラン・ペリエ社を成長させたのである。現在ベルナールは会長に退き、息子のイヴ・デュモンが社長である。

このような大飛躍を遂げるにはいくつかの成功の鍵があった。同社が拡大の第一歩を踏み出したのは一九六〇年からだが、当初著名な群雄がひしめくシャンパン市場では、名も知られていない新入りが割り込む隙間はないようにみえた。ところが意外なところに成功の鍵《カギ》があり、それは非発泡のシャンパンだった。ペリエ社は一時この専門業者になり、あっという間にその取扱量がこの手のワインの全生産量の過半数のシェアを占めるようになったのである。

一九七〇年代に入って、特別のプロジェクトチームを組み、新しい醸造場に一連の近代的ステンレス発酵槽や新鋭壜詰め装置を設置し、シャンパンの量産に乗り出した

のである。それと並行してそれなりの畑を持つ弱小シャンパン業者を買収し、以後次々と畑の買収を続けると同時に設備の拡張に努めた。現在八〇haの自社畑を持つようになったが、これでは生産に必要とするぶどうの量の五分の一にも満たないので、一〇〇〇人ほどのぶどう栽培業者と長期契約を結んで原料の確保をはかっている。

もう一つの成功の鍵は〝人の和〟である。当主のベルナールは単なるワンマン経営者にならず、企業のヒューマナイズをはかり、スタッフを始めとして社員の各層との意思疎通、その和をはかり、企業の利益と従業員の利益を一致させた（フランスでは珍しい）。社員のみならず、供給契約を締結している栽培者との親交関係も大切にし、収穫期には社長及び役員が常時直接畑を回って彼らと行動をともにし、収穫祭などの慰安の会合を欠かしたことがない。ペリエ社の成功の秘訣は、一〇〇〇人にものぼる栽培者の同社に対する信頼と忠誠なのである。

同社のシャンパン造りは、近代化されているが決していい加減でない。タイル張りの仕込み室や壜詰め室は徹底的に清潔で、一年を通じ、常時塵一つないほど磨き抜かれている。仕込みに使うワインも、初搾りのものに限っているし、澱落しは手作業でやっている。急成長したからといって粗悪品を造ったのでは、これだけのシャンパン

を売れるはずがない。まして同社の売上の重要部分はフランス国内の家庭での消費用なのである。口のやかましいフランス人が、味の悪いシャンパンには黙っていないだろう。

同社のシャンパンの中で、ブリュット（NV）は黒白半分ずつのぶどうで造られている。同社の製品で、往時英国で大成功した極辛口物があるが、現在これがウルトラ・ブリュットになっている（ドザージュを全く行わない）。ヴィンテージ物は、非常に傑出した年だけ造るミレジム・ラールン Millésime Rare がある。この他、ヴィンテージ物ではない極上品としてキュヴェ・グラン・シエクル Cuvée Grand Siècle がある。これは本来ヴィンテージ物として使ってよい優良年のものを、三年分混ぜたのだが、ルイ一四世時代に使われた型の壜に詰められている。なおペリエ社は果皮浸漬したロゼを造っているが、その最高級品の Alexandra Rosé も出している。

ローラン・ペリエのシャンパンを、大企業の製品だからと品質を疑う人は、一度飲んでみることだ。この特徴は、とにかく飲みやすく親しみやすい点。口当たりはすっきりしていて、甘すぎず酸っぱすぎず、軽すぎず重すぎず、風味はちょっとレモンを思い出させるようなところがある。

スタンダード物は、リッチではないが、その代わり元気のよい泡立ちを持っていて、弾けるような陽気さがある。つまりオールアラウンドのシャンパンなので、いつどんなところで飲んでもいい。ヴィンテージ物は正統派のブリュットそのもの。クレマンは果実味とバランスが出色で食事にぴったり。

ルクレール・ブリアン　*LECLERC BRIANT*　NM

シャンパン・ピラミッドといえば、シャンパングラスをピラミッド状に積み上げて、一番上のグラスからシャンパンを注ぐというショー。どこまで高くグラスを積み重ねられるかに誰だって関心を持つ。最高の壮挙は、ルクレール社が一九八八年三月一八日にやったピラミッド。使ったグラスが一万四四四四個、高さは八・五m！　ギネスブックに載ったレコードになっている。

ルクレール・ブリアン社はエペルネに本拠を持つ名門ハウス。一八七二年の創設で、以来一〇〇年も続いている家系である。生産量は年産約二〇万本で、エステート・レコルタンだが、現在ではネゴシャンの役目も果たしている中堅企業。

ワインの質の点でも、一九八五年のインターナショナル・ワイン・アンド・スピリッツ・コンペティション、一九八九年と八九年のヴィネスポなどで、それぞれ受賞している。ゴー・ミヨのワイン特集（一九八三年度版）、『フレンチ・ワイン・レヴュー』誌などでも誉められているし、またフランスワインの総括本ともいえる『ル・ギッド・アシェット』などでもなかなかいい線で顔を出しているのだから、中堅企業としてはがんばっている。

このハウスは、エペルネ市の北東の町はずれ、かなり小高い丘の中腹に本社とセラーがある。ここの地下蔵は、丘の中腹にある関係で、深さ三〇mの地下にあり、シャンパーニュ地方でも深いところにある地下蔵の一つ。ここに約三年分のストックを貯蔵している。

同社のシャンパンは、キュヴェ・レゼルヴ・ブリュット Cuvée Réserve Brut（NV）が、三〇%のシャルドネ、七〇%のピノ・ノワールを使っている。ヴィンテージ物のスペシャル・クラブ Special Club は、ピノ・ノワールとシャルドネの比率が大体半々になる。飲んでみたいのは、黒ぶどうだけで造ったブリュット・エクストラとブラン・ド・ノワール。これは七〇%のピノ・ノワール、三〇%のピノ・ムニエを使っている。

ルクレール・ブリアンのシャンパンは、家内工業的な手造りワインの堅実さをベースにして、少しモダンな華やかさをまとったスタイル。色は薄い黄金色、芳香は明るく華やかで口当たりも良く、果実味の風味が具合よく詰まったような充実したボディを持ち、それでいて後味もすっきりしている。気品があって繊細な美女というタイプではないが、のびやかなスタイルをもった八頭身の明るいレディという感じ。頼り甲斐があり、食事と合わせても悪くない。

ルグラ *LEGRAS*

GM

エペルネから南へのびるコート・デ・ブランの丘陵の一番の取っ付き。つまりこの地区の最北端にあるのがシュウイィの村。ここは黒と白のぶどうを出していて、黒のほうの格付けは九〇%だが、白は九五%のプルミエ・クリュになる。この村に本拠を構えているのがルグラ。グランド・マルクに仲間入りしている。ここはいわばレコルタン・マニピュランから戦後グランド・マルクに昇格したハウス。その意味では小規模。

一七九〇年頃オノーレ・ルグラが小さなぶどう畑を買い取ったことから始まり、ジャン・バティスト・ヴィクトールからその子孫が代々ぶどう栽培に専念していた。その点では旧家である。

一九三〇年代になってルネとリュシアンの兄弟が親から引き継いだ一級畑と技術を生かして、シャンパン造りを始め、まもなくレコルタン・マニピュランの上位グループにたどりつけるようになった。一九七二年になって、二人の兄弟の頭文字を取ったシャンパンR&Lルグラという名称の株式会社へと法人化した。

現在年間売上が三〇万本を超すが、その八割以上がフランス国内販売。二二haの自社畑（ほとんどコート・デ・ブラン地区、平均九五％クリュ）を持ち、そのほか一級畑の持ち主と供給契約を締結している。

同社はスタンダードのブリュット（NV）と、ヴィンテージ物、ドミ・セック物、ブラン・ド・ブランのクレマンを造っている。また特吟物のCuvée St. Vincentもある。キャリアからわかるようにシャルドネ系のぶどうに強いハウスで、品質が確かなことは業界内で定評がある。

ミシュランに載るようなフランス各地の著名レストランが、このルグラのブラン・

ド・ブランをハウスシャンパンに使っているくらいだ。ここのシャンパンは色は薄く、かすかに緑色を帯び、香りに燻香があり口当たりはすっきりしている。酒躯にはワインらしさがよく出ている。かなり飲み込んでもあきないタイプのシャンパンである。

ルイ・ロデレール *LOUIS ROEDERER* GM

シャンデリアの光を受けてグラスが輝く、華やかな食卓をさらに引き立てる最高のシャンパンが欲しいとしたら、ロデレールのクリスタル Cristal になるだろう。一八七六年、ロシアのアレクサンドル二世皇帝は、お気に入りのロデレールのシャンパンが他のものと紛れることがないようにと、クリスタルの壜に詰めて出すことを命じた。以来、この美しい壜は世界の貴賓が集う華やかな晩餐会のつきものとして姿を現すようになった。

この会社の発祥は一七六〇年に遡る。当初デュボワ親子の会社として発足したが、一八三三年、経営に当たっていたニコラ・アンリ・シュレーデルは後継がいなかったため、甥のルイ・ロデレールに会社を譲った。ルイはエネルギッシュなビジネスマン

で、世界にシャンパンを広めた。最盛期には年間二五〇万本もの売上をみるようになったが、ことにロシアとアメリカで大成功をおさめた。

同名の息子ルイが会社を継ぐが、まもなく姉妹のジャック・オルリィ夫人に引き継がれる。その後もロデレール家系は夫人の活動が目立つ。ことに名声の高かったのは一九三二年に夫の死亡後会社を継いだカミュ・オルリィ夫人で、第二次大戦中ドイツに襲われた時、「そんなにお持ちになってしまうと勝利の時の祝杯用がなくなってしまいますよ」と、巧みにストックを守り抜いたそうである。

ルイ・ロデレールも高品質シャンパンで、クリュッグやボランジェとトリオで並び賞賛されている。この会社も徹底した家族経営で品質管理を行っているが、同家は酒造りの名手と定評のある家系で、現社長のルゾー氏もモンペリエ大学出身のエノロジストで、CIVCの技術委員会の代表を務めているくらいである。

また、同社は自社畑比率が大きい点ではトップで、約一八〇haの畑を所有し、これで必要原料の八〇％を賄っている。収穫も厳密で、一九八七年などはヘクタール当たり一五〇〇kgのぶどうを捨てたくらい。さらに壜の熟成年度が長く、すべての製品を最低四年以上寝かせている。

特に同社がユニークなのは特別の熟成キューヴを持っている点である。同社は木製の大樽を二十数基そなえた摂氏一二℃以下の特別の熟成室を設け、この大樽に最上の年のワインを最低五年以上常時寝かせている。

このロデレールの宝ともいうべき極上年代物のレゼルヴ・ワインを、ノン・ヴィンテージ物に平均一〇%混ぜることによって常に均等かつ高品質のシャンパンを造り出している。ということは同社のノン・ヴィンテージ物の質が高く、ヴィンテージ物の量が少ないことを意味している。生産量中、クリスタル Cristal（言うまでもなくヴィンテージ物）が三〇%、ブリュットＮＶが六〇%なのに、ヴィンテージ物は七%。

現在ロデレール社は年間一七〇万本ほどの生産量で、その六〇%を世界六〇カ国に輸出している。ロデレールの Brut Premier（ＮＶ）はピノ・ノワール六六%、シャルドネ三四%で、最低四種のヴィンテージをブレンドし、平均熟成期間は四年である。Brut Vintage のほうは年ごとに混合比率は変わる。Cristal はピノ・ノワール五〇～六〇%で、シャルドネが最低四〇%になっているが、この比率が五〇%にまで上がることがある。これには全部自社畑のぶどうを使うが、どの畑のものをどのくらい使うかは年によって決めている。

ロデレールのシャンパンは品の良い芳香と、リッチなボディ、そして滑らかな口当たり、長く引く後味をそなえている。シャンパンでデラックスさを味わいたいとしたらCristalほどぴったりしたものはないだろう。

M・マイヤール　*M. MAILLART*　RM

シャンパーニュ地方では古い歴史を誇る醸造元が少なくないが、ここは歴史を一七二〇年まで遡れるというのだから尋常ではない。ここはモンターニュ・ド・ランス地区のエキュイユ村にある。あまり知名度はない村だが、格付けは九〇%。しかし、この製品に使うピノ・ノワールはすべてブージィ村のもの。持ち畑は全部でわずか八・五ha、年生産量は七万本。

創始者のルイ・オクターヴ・マイヤールは、もともとぶどうの栽培家で、育てたぶどうは大手メーカーに売っていたが、一九六五年にミッシェル・マイヤールが自分で壜詰めを始めた。現在は、若いニコラが栽培から醸造まですべてを取り仕切っている。ことに二〇〇三年から新しい破砕器とステンレスタンク、温度制御装置を取り入れた。

そして樽発酵と樽熟成を始めた。マイヤール家の新スタートと言えるだろう。

ここの特色は壜熟成の期間が長いことで、スタンダード物は二六カ月だが、「フラン・ド・プルミエ・クリュ二〇〇〇」だと四年、「ブリュット・レゼルヴ・プルミエ・クリュ一九九六」だと八年。特醸物の「キュヴェ・プレスティージュ・プルミエ・クリュ一九八九」だとなんと一五年である。

シャンパンの壜熟成は長いほど良いのだろうが、グランド・マルクのヴィンテージものでも、そう長くは寝かさない。それをミニ・メーカーがやるには、資力と忍耐力が必要だろう。この一九八九年ものはドザージュ前に長く壜熟成をしたシャンパンがどんな優美な姿になるかを味わってみるのに良い例である。

マイィ *MAILLY*

CM

農協で造ったワインといったら、高級ワインとは縁がなく、零細素朴な農夫が集まって、自分たちが栽培したぶどうをごちゃ混ぜにして、安ワインを造って売りさばいている……という印象。ところが、すべてが必ずしもそうしたものではない。

もともとぶどう栽培は人手を必要とする上に、それに続くワイン造りも人手による世話が不可欠なのでいずれも農家の家業として発達した。ところが、中世末から近世にかけて都市の発達に伴うワイン需要の増加という現象が生じるようになって、販売・流通の集約化が必要になり、卸業を中心に巨大な製造、流通、販売業者が台頭するようになった。

しかし、ぶどう栽培自体は機械化や量産が困難だったのでぶどうを生産する農家と、これを買い取って醸造・販売をする業者との機能分担＝両者の分離現象が顕著になってきた。

大手ネゴシャン（樽ワインを買い、これを集約、熟成、販売、輸出する業者）と、ぶどう栽培の貧農という対照的な図式がボルドー、そしてシャンパーニュ地方でみられたのである。ワインを造っても、売りさばく能力を持たない農家は、ネゴシャンの言うなりの価格でぶどうないしワインを売らざるを得なかった。

こうした現象に対して第一次世界大戦後、ことに第二次大戦後になって農家の側の抵抗が起こり、フランス各地で協同組合を作り、自分たちの手でワインを醸造し販売し始めたのである。ネゴシャンに対抗するため、醸造には近代技術をいち早く採用し

た。

ことに白ワインは近代技術の導入が不可避であったので、若いテクノロジストたちがこの分野で活躍するようになった。そのため、成功している協同組合は概してモダンな雰囲気であり、近代技術を駆使して活発な活動を行っている。さらに、作業を必要とする高級物を並行して造っているところもある。

一方、個々の農家が独立したレコルタン・マニピュランが台頭し、運送手段の発達、市場の変化に伴って、この現象に拍車がかかっている。しかし、シャンパンの場合、その製造上の制約から初めの頃はこのレコルタン・マニピュランが一般化しにくい事情もあったため、ぶどう売買の集団交渉化と協同組合の充実のほうへ農家の目が向けられることになった。現在シャンパーニュ地方では村ごとにこの協同組合化が進んでいるが、成功しているところが一二ほどある。

そのうち、規模で雄をなすのが、Coopérative Régionale des Vins de Champagne（通称ジャカール）であり、品質で名声を勝ち取っているのが Société de Producteurs Mailly-Champagne（通称マイィ）なのである。

マイィが傑出しているのは、地の利と人の和である。マイィはモンターニュ・ド・

ランス地区でもぶどう栽培の中心にあたる。地図の上でこそ北へ延びているが、低い起伏があり日照は非常に良い。シャンパンでその昔、初めに有名になったのはシルリーで、後にアイが台頭するまでシャンパーニュでの名酒といえばシルリーだったが、このシルリーの名酒は実はそのほとんどがマイィの村の畑のぶどうだったのだ。

こうした絶好の畑で自分が丹精込めて育てたぶどうを他人の手に渡したくないとガブリエル・シモンが音頭をとって集まった農家が二四名、一九二九年のことである。今では組合員数は七〇名、その所有する格付け一〇〇％の畑が七〇haというからたいしたものである。そして生産量は常に年間六五万本に限定しているのだから、その品質の良さは想像がつくというもの。

地下深さ一七mのところに一kmの地下蔵を持ち、完璧な温度調整下で約一五〇万本をストックしている。現在、年間販売数は五〇万本で、その半分が輸出に向けられている。

ここのシャンパンのスタンダードのブリュット・レゼルヴは、格付け一〇〇％の畑のピノ・ノワール八〇％とシャルドネ二〇％、三収穫年のものを混ぜる。ドザージュは、一・五％。ドザージュを全くしない特別のエクストラ・ブリュットも造っている。

訳せば極辛口だが、よく熟成されているので飲んでもそんな感じはしない。特吟物キュヴェ・デ・ゼシャンソン Cuvée des Echansons は、ぶどう構成とドザージュは通常のヴィンテージ物と同じだが、ぶどうと収穫年を厳選している。

マイィのシャンパンは、モンターニュ・ド・ランスの典型的なシャンパンといえるだろう。伝統的なシャンパンの味わいをしっかり守っていて、実にバランスのよくとれたものに仕上がっている。香りは高いほうで、口当たりに新鮮さと熟成によるまろやかさが同時に出る。ボディはしっかりしていて、ふくらみがあり、味わいは総体的に豊潤で、後味がきれいである。

マリー・ノエル・レドリュ *MARIE NOËLLE LEDRU* RM

モンターニュ・ド・ランス、その湾曲部の下のほうは言うまでもなく南西になる。そこに赤で有名なブージィの村があり、その南東の隣の村がアンボネイである。この村のレドリュ家はレコルタン・マニピュランで、持ち畑はわずか六ha、いずれもブージィとアンボネイの特級畑で特にフルネットと呼ばれる極上の区画を持っている。年

平均二万五〇〇〇本のシャンパンを出しているが、地下蔵には一〇〇万本の在庫が眠っている。

ここも女性主人で、マリー・ノエル・レドリュが一九八四年にブージィ出身の父、アンボネイ出身の母から畑と事業を引き継いだ。と言っても、ランスの大学で働きながら醸造学を学んだ。父の業績と母の土地を引き継いだわけだが、『クラッスマン』に言わせれば、「このシャンパンはいずれも均等で、その造りはブージィとアンボネイの高級品の伝統を受け継いでいる。いずれもワインらしさを備え、がっしりしていて、やや素朴だが楽しみながら飲める。カーブでさらに二、三年寝かせれば一段と味がまし、一層まろやかで調和のとれた味わいになるだろう。ここのエクストラ・ブリュットとブリュットは見事でレドリュならではの濃密な味に奥行きと気品が備わっている……」。

なおこの小さな醸造所に「禅」のポスターが貼ってある。マリーの友人が禅にこっていて、年に一回ここで集まりをやっている。心を静めて飲んでみれば、味わいの深さがわかるかも……。

マリー・スチュアート

MARIE STUART

英国の同じ名前のお姫様が二人ともお酒に名前を残している。一人はメアリ・チューダー、熱狂的な旧教徒で、新教徒の首を片っ端から切ったからか、「ブラッディ・マリー」というカクテルの名前になった。もう一人はメアリ・スチュアートで、シャンパンのハウス名になった。

フランス、イギリス、スコットランドという三つの国が巴になって角を突き合わせていた時代に、この三国の王位継承権を持っていたばかりに、全ヨーロッパの関心の的になり、数奇な運命をたどった女性である。

誕生して六日目の嬰児の身でスコットランドの女王になり、五歳でフランスに渡り、一六歳の身でフランスのフランソワ二世の王妃になったかと思えば、二年後には夫に先立たれ、スコットランドへ戻っては宗教革命の紛争に巻き込まれる。再婚した夫ダーンリー卿は王位をねらう恥知らずの男だった。

惚れるのも早いが飽きも早かったメアリは、リッチオという下賤なイタリアの音楽

家を愛人にしたが、この男はメアリのスカートの中で殺されてしまう。メアリはボスウエル伯という恐るべき男に血道を上げるが、この男がダーンリー卿を暗殺する。その上、こともあろうに、メアリは夫の殺害者であるこの男と再婚したから世間は黙っていない。

結局、スコットランドから追い払われて、イギリスのエリザベス女王のところへ逃げ込む。そこでおとなしくしていればよいのに、エリザベス女王への謀叛に関与し、遂に処刑台の露と消える。しかしその子供はジェームス六世として英国王になった……。メアリはスコットランド女王であったもののフランスへ亡命していた時代にシャンパーニュ地方にも住んでいたことがあり、シャンパンを愛飲していた。美しく薄幸だったメアリを愛していたランスの市民は、市内の一つの通りに彼女の名前を付けた。

マリー・スチュアートの商標名は一九〇九年に登録されたが、当初これを持っていたのは、ランスの執行史だった。一九一九年にシャンパンハウスを設立したアンドレ・ガリタンがこれを買い取った。その後このハウスは、一九二七年から持ち主が変わり、一九五七年からルネ・グリファールが共同経営者になって業績が伸びた。

一九六四年にレパブリック広場の立派な建物に本社を移したが、地下蔵は昔のままのオリジナルを使用している。会社の経営はコントアール・ヴィニコール・ド・シャンパーニュ名で行われているが、経営の実権はSAME（Société Anonyme de Magenta）のフィリップ・ロンバールが握っている。

同社の年生産は、八〇年代の初期には八、九〇万本だったのが、現在では一五八万本にのぼっている。販路も主にフランス国内だったが、今では輸出が四割を超すようになった。自社畑は所有していないが、ぶどうは八八～九〇％クリュのものを買い、ワインは一五の協同組合から供給を受けている。レゼルヴ・ワインは九〇％クリュのもので、これを二年から七年寝かせた上で二割ほど使っている。ストックは二年分くらい。醸造技術は近代的。

同社のシャンパンは、スタンダードのブリュットは、七〇％がピノ・ノワールとピノ・ムニエ、三〇％がシャルドネ。ヴィンテージ物は、シャルドネが八〇％で、三年以上寝かせる。

マリー・スチュアートのシャンパンは『ル・ギッド・アシェット』、『ワインスペクテーター』や『ワイン・アンド・スピリット』誌などワイン専門誌での評価がなかな

か良い。色は琥珀色がかり、香りはかなり強く、新鮮できりっとしている。

女王のイメージから気品をねらったのだろうが、どちらかというと軽いすっきり型である。ヴィンテージ物はクリームのように滑らかでアーモンドの風味を帯び、ボディはしっかりしていてバランスも良い。特吟の La Reine（女王の意味）はさすがにエレガントである。

マルキ・ド・サド　*MARQUIS DE SADE*
ミシェル・ゴネ　*MICHEL GONNET*

RM

サディズム（加虐淫乱症）という言葉の由来になったマルキ・ド・サドは、投獄歴一〇回近く、獄中生活二七年に及び、伝説に彩られて悪魔のように思われている人物だが、近年になって初めて正しい評価を受けるようになっている。

父は伯爵で外交官。サドはバスティーユの牢獄で『ソドム一二〇日』を書き、革命中は劇作『オクスチェル』で大成功をおさめたが、恐怖時代に反革命の嫌疑で再び投獄、ナポレオン体制下では、その作品が当局から嫌われて以後、精神病院に監禁され

た。

詩人のアポリネールには、〝かつて存在した最も自由な精神〟と賞賛された。フロイドの先駆者であり、無神論者かつ自然と理性の信奉者だったが、そのパン・セクシュアリズムと形而上学派思想は、カミュのような実存主義の思想家が現れて再評価されるまでは、世間で理解されなかったのも無理はない。

この侯爵家《マルキ》は、一八〇四年からエペルネ近くの城に居を構えたりしてシャンパーニュ地方と縁が深かった。侯爵の五代目直系子孫でもあり、国会議員でもあるチボー・ド・サド《サド》氏が、同家の城を引き継いだゴネ家とシャンパンを共同開発して一九八八年から出したのが始まり、つまり、造り手はミシェル・ゴネなので、同家の特吟物になる。

ミシェル・ゴネは、レコルタン・マニピュランの名門で、ドゥヴァッツの『レンサイクロペディ・デ・ヴァン・ド・シャンパーニュ』で取り上げられた一八軒の一つに入っている。その酒質は確かで、一九八九年にはヴィネスポで見事に金賞の栄冠に輝いている。

同家はコート・デ・ブランのアヴィーズにあって、所有畑はアヴィーズなど主とし

てこのコート・デ・ブラン地区の三二haほどである。年産約三〇万本、というからこの手の業者としては大きいほうにある。ストックは大体三年分。立地条件からみてわかるように、当然のことながら白ぶどうを使ったシャンパンの名手。

シャンパン・マルキ・ド・サドのBlanc de Blancs、Private Réserve、そして特製のマルキ・ド・サド生誕二五〇年記念ボトル（250éme Anniversaire）などは、いずれも特級畑のシャルドネを使って造った。

色はうっすらとした琥珀色で泡立ちが良く、香りも華やかで、味わいにはシャルドネのさわやかな酸味とピノ・ノワールの果実味が見事なバランスをとっている。サドというイメージとは全く違った、芯が通っていて個性がきらりと現れるシャンパンの一つ。

モエ・エ・シャンドン *MOËT ET CHANDON* GM

何しろ巨人である。年間二五〇〇万本というシャンパン最大の売上量、そのうち約二〇〇〇万本が外国行きというトップの輸出量、ストックは八七〇〇万本とそれに対

応する仕込み中のタンクのワイン、そのシェアは全シャンパンメーカーの売上の一七％を占めるというダントツのスケールである。シャンパーニュ地方のほとんどの地区に分散する四五九haの畑を持っている。その中には特上畑が含まれているものの、それは必要量のわずか二〇％なのだ。

各地区の無数の栽培家と提携しているだけでなく、収穫期には二三〇〇人もの摘み取り人を雇い、この企業グループで働いている常勤職員は二〇〇〇名にものぼるのだ。地下窟の貯蔵庫の長さはなんと二八㎞に及ぶ！

一九七〇年の初期に、リュイナール社とメルシェル社とカサノヴァ社をその傘下に入れた。カリフォルニアのナパ・ヴァレーとブラジルでもぶどう畑を買い、さらに企業を多角経営するために、一九七一年にはコニャック最大メーカーのヘネシー社と持ち株グループを形成した。

モエ・ヘネシーグループとなってからクリスチャン・ディオールの香水・化粧品部門を傘下に置き、遂にはルイ・ヴィトンと手を握ったが、このルイ・ヴィトン自体がすでにヴーヴ・クリコ・ポンサルダンとアンリオを傘下に擁していたのである。モエのシャンパンはまさに世界を征覇しているし、どこまでその規模と分野を広げるか予

想もつかない。

この会社は、シャンパンメーカーとしての歴史も古い。一七四三年にこの会社を創設した初代のクロード・モエはエペルネ周辺に多くの畑を持ち、シャンパン製造に全生涯をかけた。シャンパンが発泡ワインとしてこの世に認められるために大黒柱的な存在として活躍し、パリのみならずヨーロッパ中にシャンパンの名前を広め、この時代の多くの記録を残した。

モエ家自体はオランダからの移民者らしく、シャルル七世当時、イギリス軍のランス侵入を防衛するために活躍し、その時に「Het moet zoo zijn（そうでなくてはならない）」と叫んだことから、モエと呼ばれるようになったそうである。モエ家の名は一五世紀の前半から歴史に出てくるが、ワイン造りと関係を持つようになったのは、クロードの時代からである。孫の二代目当主ジャン・レミ・モエは、一九七二年に三四歳で父の後を継ぎ、一七九四年にはドン・ペリニヨン師のオーヴィレール修道院の建物と畑を買い取り、一八〇二年には財政手腕を買われてエペルネの市長になった。

現在モエ社の前にシャンパーニュ通りをはさんで建っている迎賓館は、美しい花壇と池を中心にしたフランス式庭園を持つきわめて華麗なシャトーだが、これはジャン・

レミがナポレオン皇帝の意を受けて建てたもの。だから、モエ社はドン・ペリニヨンを銘柄名に使う権利もあるし、ナポレオンの名前を付けられる資格も十分あったのだが、これはやらなかった。ナポレオンといえば、モスクワから敗退時にモエ家に寄って、当主のモエに、レジオン・ドヌール勲章を授けているが、これがシャンパーニュ地方における皇帝の最後の栄光になってしまった。

一八一四年、プロシア軍はワーテルローで皇帝を失脚させた後の撤収にあたり、ナポレオンびいきに対する仕返しと最大の戦利品と思ったのか、モエ社の酒庫から六〇万本のシャンパンを没収していった。禍い転じて福とやら、これがかえって実物宣伝になり、その後ドイツでの売上が倍増した。

ジャンの娘アデライデは、ガブリエル・シャンドンと結婚したが、このシャンドンの義兄のヴィクトルと協力して社業を拡大し、モエ・エ・シャンドン社になった。モエ社の歴史を語ればそれだけで一冊の本になる。一つだけここで付け加える必要があるのは、メルシェル社との関係である。製品の七〇%を輸出していたモエ社が、フランス国内に製品の八〇%を売っていたメルシェル社を買収して以後、シャンパン製造プロセスにおける両者の関係は緊密になった。

メルシェル社は年間約五〇〇万本の売上と一四〇〇万本のストックを持っているが、摘みとったぶどうの圧搾はモエ社の圧搾所で、発酵はメルシェル社の巨大ステンレス槽が並ぶ発酵室で、壜詰めはモエ社の施設で、ラベル貼りと包装はメルシェル社でやっている。そうした関係からしばしば誤解が生じているが、あくまでも両社は別々のスタイルのシャンパンを造っていて同じではない。

大量生産のワインというと安酒の代名詞になるが、ことシャンパンに限っては、大資産と大規模な設備があってこそ、優れた安定した品質の製品が造れる。モエ社の場合もそうで、大会社ということから軽視する向きがあるとすれば誤解というものである。モエ社はその巨大な資本を活用して、近代的醸造設備の完備と醸造技術の向上に励んでいる。

これだけの大メーカーでありながら、モエ社がその製品を三種（ロゼを加えると五種）に限定しているところは一つの見識である。誰にもなじみのある白ラベルのBrut Impérialには、ノン・ヴィンテージ物とヴィンテージ物がある。いずれもシャルドネ、ピノ・ノワール、ピノ・ムニエを使っているが、ヴィンテージ物のほうがピノ・ムニエの使用量が少ない。

ピノ・ムニエについてとかくケチをつける向きもあるが、これは誤解というもので、良い畑でとれたものを上手に使えば、良い香りが出る上に、口当たりもソフトになり、比較的早く熟成して飲めるようになるからである。ロゼは二五%のシャルドネ、七五%のピノ・ノワールを使い、その一部はブージィの赤ワイン用のぶどう。

「ドン・ペリニヨン」は説明するまでもなく同社のハイライトで、同社の庭の隅に、銅像が立っている。ドン・ペリニヨンは一九三六年にワインの酒仙ともいうべきアンドレ・シモン翁から、モエ社の英国進出一〇〇年を記念して特別の吟醸物を造ったらという勧めで始めたもの。原則として五〇%ずつのシャルドネとピノ・ノワールで造るがその年の作柄の差に応じて一〇%の幅がある。

モエ社は、まさにシックなシャンパンの典型を守り続けている。まず〝これぞシャンパンの香り〟といえる実にさわやかで好感の持てる果実香を持っている。ヴィンテージ物は、これにデリケートさと華やかさが加わり、まさに満開の桜の花のようなシャンパンである。

本書では、ドン・ペリニヨンを激賛していないが、決してドン・ペリニヨン自体をけなしているわけではない。これ以外にも素晴らしい各社の特吟物があるにもかかわ

らず、ドン・ペリだけにこだわるスノビズムをからかっているにすぎない。

ニコラ・フィアット NICOLAS FEUILLATTE CM ND

若くして渡米、コーヒービジネスで大成功したフィアットが、フランスに帰国し一九七六年に設立したメゾン。七八年にワシントンのナショナルギャラリーでジスカール大統領を迎える晩餐会で起用され名声を得た。八六年にシャンパーニュ地方最大の協同組合サントル・ヴィニコル・ド・ラ・シャンパーニュと提携。世界有数のシャンパンメーカーに急成長。年間出荷量九〇〇万本、フランス国内で最も消費されているシャンパン。

ポール・バラ PAUL BARA RM

良いシャンパンは資力を持つ大企業でないと造れないというのは、シャンパンの迷信になっていた。というのも、寒冷地なのでぶどうにばらつきが出るから、良い年の

ワインを多量に混ぜる必要があった。それには数年間ストックを抱えなければならないからである。

数十カ村、数年のワインをブレンドするというのは、ドン・ペリニヨンの開発以来シャンパーニュの伝統だったし、これを疑う者はいなかった。また巨大なハウスが確立してから後は、シャンパーニュ地方の無数のぶどう栽培農家は自分のぶどうを巨大なメーカーに買い取ってもらうしか生きる道はなかった。しかし、そこは個人の思想を尊重し、自由に生きる立場を確立するために革命まで起こしたフランスのことだから、こうした風潮に逆らってみようという人間も出てくる。

第二次世界大戦後になって、農家は協同組合を結成してメーカーと張り合っていこうという行動を取るとともに、腕に自信があって資力のある者は自分でコストのかかるシャンパン造りを始めた。

このような独立したぶどう栽培兼壜詰め業者、つまり自家畑でのぶどう栽培から、ワインの仕込み、そして壜詰めまで一貫してやるところを「レコルタン・マニピュラン」と呼んでいる。ブルゴーニュでおなじみの「ドメーヌ」と言ったほうがわかりやすいかもしれない。

自分の畑を持っていて、その畑で育ったぶどうを使わなければならないから、買い酒をしたらこの栄称を名乗れない。現在かなり増えてはいるが、シャンパンの百科全書ともいうべきドヴァツの『レンサイクロペディ・デ・ヴァン・ド・シャンパーニュ』が、優れたものとして取り上げているレコルタン・マニピュランは、二〇年前はわずか一八だった。そうした中で、先駆者的存在、誰しも一目おくのがポール・バラである。なにしろブージィの村にあるのだ。

ブージィという村はモンターニュ・ド・ランス地区の中でも、土質はピノ・ノワールに向いていて、赤ワインで有名だった。

バラ家の由緒は古く、家系はルイ一四世紀時代、一六五七年まで遡ることができる。ブージィの村に住みつくようになったのは一八三三年である。一九三二年当時、不況のため、農家が汗を流して育てたぶどうをネゴシャンが買わず、農夫たちが困り抜いているのを村の有力者だった現当主の父が見るに見かねてぶどうを買い取り、地下に貯蔵のセラーを掘って、自分でシャンパン造りに本腰を入れ出した。

現在、格付け一〇〇%のブージィの村の非常に良い場所に、一五haと、隣のアンボネイ村に〇・五haの畑を持っている。この畑にシャルドネを二割ほど植えてはいるが、

あとはすべてピノ・ノワールである。非発泡赤ワインも造っているが、シャンパンは年間大体一〇万本くらい造っているから、個人企業としてはちょっとしたもの。ストックも二五万本ほど。

小奇麗なこの家を訪れると、几帳面な主人の性格を物語るようにすべてが整っているが（当主は蝶のコレクター）、住居と醸造所が一体になった家のたたずまいは、どうみてもブルゴーニュのドメーヌの雰囲気。しかし、シャンパン造りの設備は、圧搾器から地下蔵まで小規模ながらちゃんと揃っている。面白いのは圧搾室の壁のあちらこちらに、樽の鏡板を装飾代わりに掛けているが、そこに La Perthe, Le Haut Clos, Le Cercet, Le Vaudavant, Goutte d'or, Le Motte Lette などの字が書いてある。これはクリマ（畑の中の特定の区域）名なのだ！

ポール・バラのブリュットはピノ・ノワール七五%、シャルドネ二五%、ヴィンテージ物は年によって変わるが、大体ピノ・ノワール六、シャルドネが四の比率。Special Club と、Comtesse Marie de France という素敵な特吟物も造っている。

ここのシャンパンは、色はやや濃く、香りは温和で、口当たりは滑らかで、ふっくらとした酒躯で、実に風味が豊か。普通のシャンパンのような、酸味が舌の上を走る

というようなことがない。これはやはり黒ぶどうから造った白ワインだからなのだ。言うなれば、ピノ・ノワールの化身がグラスの中で微笑んでいるシャンパン。一度大手のシャンパンを並べて飲み比べてみると違いがわかる。個性がはっきりと出るし、こういうのが、生地が優れたシャンパンなんだなあという実感を持つ。

ペリエ・ジュエ　*PERRIER-JOUËT*　GM

酒屋のウィンドウなどで、壜にきれいな花の絵模様が描かれたシャンパンを目にした人は多いだろう。楽しい席にこの壜が現れたら、その雰囲気が華やかになる。アール・ヌーボーのエミール・ガレが一九〇二年にデザインした壜は、花のシャンパンと呼ばれて、パリとアメリカで大ヒットした。ベル・エポック華やかなりし頃、ロートレックも愛飲したし、サラ・ベルナールはこの風呂に入ったという挿話《エピソード》さえある。

ペリエ・ジュエ家は、エペルネの目抜き通りにある、モエ社の隣に堂々とした社屋を持っている。一八一一年に、コルク・メーカーのピエール・ニコラ・マリー・ペリエが、アデル・ジュエと結婚し夫婦の名前を付けてシャンパン業を始めた。現在の本

社の場所を買い取ったのは一八一三年、弱冠二五歳の年である。当初はナポレオン動乱の時期で商売は難しい時期だったが、機をみるに敏だったペリエは、むしろ戦争をチャンスと考え、ナポレオンの失脚後まっ先に英国に荷を送り込み、英国宮廷の愛顧を勝ち取るということまでやってのけている。

ロンドンの著名ホテル、サヴォイ・グループの支配人だったシャルル・シンカーが、「当時のサヴォイといえばシャンパンハウスみたいなもので、どのテーブルを見てもシャンパンのないところはなかったし、その中でペリエ・ジュエがナンバーワンだった」と回顧している。

創始者のピエールが亡くなった後、その息子のシャルルがエペルネで営業を続けて繁盛させた。巨万の富を手にして会社の前にシャトーハウスを建てたが（現在、地元の図書館兼美術館になっている）、この地下の一〇㎞ほどの地下窟がペリエ社の貯蔵庫になっている。シャルルの死亡後、会社は甥に継がれ、その甥がさらに別の甥に遺贈し、さらにそれが義兄弟の手に移るというように、この会社の創業はペリエ家の手から離れてしまった。現在ではマム社及びエイドシック・モノポール社と並んで、シーグラムの傘下に入っている。

ペリエ社は一八四〇年頃から畑を買い始め、一〇八haほどの自社畑（平均九五％クリュ）を持っているが、これで同社の生産量の三割余りを賄っている。ペリエの年間売上は約三〇〇万本、四年分のストックが地下蔵にある。輸出先はなんといっても英国だが、その次がイタリアというのは面白い。

もちろんアメリカも上得意で、現在アメリカでのシャンパン売上実績第三位、ことに花柄デザインは Belle Epoque 調がよく出きている。酒造りの設備は新旧折衷で、特吟物以外の澱落しは自動化された装置を使っている。Grand Brut（ＮＶ）は通常七〇％の黒ぶどう（四〇％ピノ・ノワール、三〇％ピノ・ムニエ）と三〇％のシャルドネで造る。ヴィンテージ物もぶどうの比率はほぼ同じ。高級品の Blason de France（フランスの紋章の意味）は、四〇％がピノ・ノワール、二〇％がピノ・ムニエ、四〇％がシャルドネで古風なデザインの壜。

ペリエ・ジュエはそつなく造られていて、真っ当で愛すべきものだが、きらめく個性を持っているというタイプではなかった。色は薄くなく、淡いレモン色を帯びる。泡立ちも元気が良く、きりっとした香りを持ち、ほどほどの新鮮さを持つ。快適なアペリティフになる。特吟の Blason de France も軽いたちで、シャルドネ味がほど良

く出て軽やかさと新鮮味が生きているし、味わいにまろ味が出ている。ペリエ・ジュエのシャンパンは一般に低く評価されすぎているという専門家もいる。Belle Epoqueについては毀誉褒貶《きよほうへん》、意見が全く対立するので、判断は飲む人にお任せしよう。

もっともペリエ・ジュエは、一時期品質が低迷し、誉められないものを出していたのは事実である。現在は二五年間この会社に勤めてきたエルヴェ・デシャンが醸造責任者になり品質向上のために見事な働きをしている。その結果まさにリバイバル、不死鳥のごとくと言ってよいほど、目覚ましく品質が向上した。

フィリッポナ　*PHILIPPONNAT*　GM

フランス人に「なにかいいシャンパン知らない？」と尋ねると「これは内緒なんだがね」とそっと耳打ちしてくれるシャンパンの一つである。このシャンパンくらい口コミで広がったものはないだろう。このハウスの特上シャンパン、クロ・デ・ゴワセClos des Goisses は、買おうとしてもちょっと手に入らない。

フィリッポナ家は、シャンパーニュ地方でも古い家系だが、第二帝政の頃からワイ

ン造りを始めている。しかし、シャンパンハウスとしては、第一次世界大戦が始まる少し前の一九一〇年に、ピエール・フィリッポナがマルヌ川岸のマルイユ・シュール・アイ村で小さな会社を興したところから始まった。

マルヌ川沿いの地下三〇mに素晴らしい地下蔵を作ったが、知られていなかった。急に話題になったのは、一九三五年同社が「クロ・デ・ゴワセ」のぶどう畑を買ってからである。それもそのはず、この五・五haほどの畑は、広いシャンパーニュ地方の中で、単独畑名を名乗れるわずか二つの名畑の一つだったからである。

アイの丘はなだらかに東に延びて終わるが、その南東端の裾に面した最高の立地条件のところにある。アイの丘自体がシャンパーニュ地方で一番良いところなのだから、トップ中のトップの畑になる。この畑のシャンパンは年間わずか二〇〇〇〜四〇〇〇ケースくらいしか造れない。

現在、フィリッポナ社は、一二haほどの自社畑をマルイユ・シュール・アイ中心に持っているが（平均九八％クリュ）、ぶどうは八割がピノ・ノワール、二割がシャルドネ。これが自社必要量の二五％を賄っている。今日では年産約五〇万本、ワイン造りの手法はごく伝統的なもの。このハウスは一九八〇年にゴセ社に買収され、一九八

七年に有名なリキュールメーカー、マリー・ブリザードの傘下に入った。

しかし、シャンパンの製造にあたっているのは、ミシェル・コラール・フィリッポナとドミニクの陽気な親子である（ミシェルは、エペルネ・シンフォニー・オーケストラの指揮者を三〇年も務めているし、息子のジャン・フィリップはパリの新進気鋭のピアニスト）。フィリッポナの Royal Réserve Brut（NV）は六〇％のピノ・ノワール、一〇％のピノ・ムニエ、三〇％のシャルドネで造っている。ヴィンテージ物はピノ・ノワールが六五％、シャルドネが三五％になり、三〇ほどのクリュのぶどうを使っている。特吟の Clos des Goisses は七〇％がピノ・ノワールで、三〇％がシャルドネである。

八三年から日本のファッションデザイナー高田賢三氏がデザインしたKENZOセレクションも出している。五〇〇〇本くらいしか造らず、一九九一年に発売された。フィリッポナのシャンパンは明るい山の手のお嬢さんという感じで、育ちに良さをみせ、そう出しゃばったり、賑やかというところはないが、乙にすましたところもない。香りは花のように華やかだし、しっかりした酒質を持っている。

ことに後味から飲み終わったあとの印象が実に美しい。シャンパンをよく飲み込ん

だ人が惚れこむスタイル。いずれにしろ気心のわかった仲間とゆっくり味わって飲むシャンパンだろう。

パイパー・エイドシック PIPER-HEIDSIECK

GM

瀟洒な宮廷らしき一室で、高貴なお方とみえる女性に、一人の紳士がうやうやしくシャンパンを献上している美しい絵を写真で目にした人もいるだろう。その紳士が掲げているシャンパンはパイパー社の極上品、フローレンス・ルイなのだ。美女はマリー・アントワネット王妃、ところはヴェルサイユ宮殿のプチ・トリアノン、時は革命前夜の一七八九年五月六日の光景である。

パイパーもシャルルと同じようにエイドシックの本家から別れた分家だが、家族経営を守っているハウス。エイドシックの創始者のフローレンツ・ルードリッヒの三人の甥のうちの一人クリスチャンが、一八三五年に独立してエイドシックの名前でシャンパンを売り出したが、事業発足のわずか八カ月後に死亡した。しかし、ここでも未亡人が奮闘、クリスチャンの三人のアシスタントを使って事業を続けた。

一八三七年になって未亡人はアシスタントの一人アンリ・ギローヌ・ピペと再婚し、会社はH・Piper社にしたが、シャンパンのほうはエイドシックの名前で売り続けたので、他のエイドシックと区別する都合もあって、次第にパイパー・エイドシックとして知られるようになった。そのうち、もう一人のアシスタント、J・C・クンケルマンがアメリカに渡ってアメリカでの販売に目覚ましい成績を上げるようになった。一八五〇年にギローヌ・ピペが死んだため、クンケルマンはニューヨークから帰って、この会社を譲り受け、社名こそクンケルマン社にしたが、シャンパンのほうは従来どおりのパイパー・エイドシックの名前を使っていた。そのうちパイパー・エイドシックが同社のシャンパンの正式な社名及び商標名になった。

クンケルマンが引退した後、娘が社業を継ぎ、スアルツ・ダウラン侯爵と結婚した。第二次世界大戦の英雄だった同侯爵は一九四四年に死亡したが、彼女の息子フランソワ・ダウランが事業を継いで社長になった。同社の株の一部は現在株式市場に上場されているが、ダウラン家は今でも株の七割を持っていて高貴な家柄の家族経営を誇っている。

パイパー・エイドシック社の年間売上は約五〇〇万本で、そのうち二〇〇万本がフ

ランス国内で消費され、生産量の三年から四年分のストックを常時維持している。同社は自社畑を所有していないが、その代わり非常に多くの小規模栽培者と長期契約を締結し、ぶどうないしワインを買い入れている。そのうち七〇%が黒ぶどう（ピノ・ノワールとピノ・ムニエ）、三〇%がシャルドネ。

同社のワイン造りは現代醸造技術を駆使したもので、ステンレス・スチールの発酵槽が二〇基もある醸造所はモダンなもの。澱落しも全部機械化されている。一度に五〇四本も入る大箱をゆり動かすので、手でやれば二、三カ月もかかるものを一週間でやってしまうジャイロパレット装置を見るのも面白い。

ここのシャンパン造りの特徴は、原則としてマロラクティック発酵を起こさせない点で、この方法のほうがシャンパンを新鮮に保ち、くたびれるのが遅いと考えているからである（この点はクリュッグとランソンも同じ）。

同社のシャンパンのうち Brut Extra （NV）は、色こそ薄いが黒ぶどう（ピノ・ノワールとピノ・ムニエと等量）を八五〜九〇%使ったもので、シャルドネはわずか一〇〜一五%しか使わないという異色のもの。ヴィンテージ物はピノ・ノワールが六五〜七〇%、シャルドネが三〇〜三五%とシャルドネ比率が多くなる。

ここではヴィンテージ物が、さらに二種ある。Brut Sauvage Vintage と Champagne Rare Vintage。前者はピノ・ノワールとピノ・ムニエが六〇〜六五%、シャルドネが三五〜四〇%で、ドザージュに全く砂糖を入れないもの。後者はぶどう比率は前者と変わらないが、当たり年の一〇〇%グラン・クリュのぶどうだけを使う。これが初めて造られたのは創業二〇〇年を記念した時で、創始者の名前をとってフローレンス・ルイと名付け、ルイ一四世時代の型の美しい壜を使った同社自慢の最高級品。

パイパーのシャンパンは、大手の中でも一番色が薄く、軽いタイプになる。泡立ちもそう強くなく、酸味もさらりとしている。いわば淡麗を志向している。豊潤な味を期待する人は、肩透かしをくったような気がするかもしれない。その意味で、このシャンパンを高く評価しない人もいるが、それは誤解というもの。これはこれで、一つのスタイルなのであって、惚れ込んでいる人も少なくない。

魚料理との取り合わせに至極具合がいい。特吟物は、同社の底力を発揮した出色の逸品である。なお、Piper は仏語ではピペだが、日本ではパイパーの名前を使っている。

ポール・ロジェ *POL ROGER* GM

第二次大戦の英雄チャーチルは、ブランデーと葉巻のシンボルのようにも思われているが、もう一つぞっこん惚れ込んでいたものがあった、それがここのシャンパンで、打ち込んだあまり、自分のお気に入りの競走馬にポール・ロジェの名前を付けてしまった。ポール・ロジェ家は生粋のフランス人だが、英国との関係が深い。チャールズ皇太子とダイアナ妃の結婚式のレセプションの時とか、バッキンガム宮殿でレーガン大統領が会食した時など、多くの英国の公式レセプションで愛飲されている。また歴代のアメリカ合衆国大統領の就任披露パーティに出されるのも、このシャンパン。エペルネにある同社のレセプションハウスは古式ゆかしい立派なものだが、一歩足を踏み入れると、フランス貴族の邸宅とロンドンのパブをミックスしたような趣きで、同家のイギリスとの関係の深さを物語っている。

このハウスは、一八四九年に公証人の息子ポール・ロジェが始めたもので、当初は他人のワインを売るだけにしていたが、そのうち自分の名前のシャンパンを造るよう

になった。英国で初めて出荷するようになったのは一八七六年である。家名をロジェからポール・ロジェに改姓した。以来、同家は家族経営の伝統を守り続けている。

創業者の孫の夫人にあたるオデット・ポール・ロジェ未亡人はなかなかの女傑で、一九四四年にパリのレセプションで、チャーチルに自社のシャンパンを勧めてその虜にしたのはこの女性である。

現在でも、ロジェ家は生産量を限定する家訓を守っていて、年間一三〇万本くらいしか生産していないが、同社のストックはたいしたもので、約六〇〇万本、つまり六年分に当たる。このストックの多いということは、別の意味でもポール・ロジェのシャンパンを他社とはひと味違うものにしている。というのも、同社のセラーはエペルネでも指折りの一つで、二万五〇〇〇㎡もある白亜層の二層の地下窟は、地下三〇mの深さにあり、平均温度が九・五℃である（他のところの通常の温度は大体一〇・五℃だから、かなりの冷温のセラーである）。

一九〇二年の陥没で五〇万本もの壜が被害にあったが、ボジョレの名門、モムサン社のパトリック・ノワイエがこの会社の社長になり停滞した業績に活気を吹き込む活躍をしているが、やってのけた大事業のひとつは、二〇〇五年にこの地下蔵を大改修

することだった。冷温でしかも長期に熟成されるところが、ロジェのシャンパンの味を優れたものにしている鍵なのである。

ことにヴィンテージ物は、壜熟成の際に王冠栓を使わず、良質のコルクを使っている。シャンパンの長命度ということを確かめるために、一九八九年に英国の『デカンター』誌が有名なワインライターのセレナ・サクトリフなどを派遣し、同社秘蔵のシャンパンの利酒をしたことがある。この時に一九一一、一九一四、一九二一年というような年代物が抜栓されたが、その素晴らしさに口のうるさいこれらの強者が唖然としたそうだ（もっとも、この六〇年を超す古酒は、泡も立たず、絶妙な白ワインになっていたそうだ）。

ポール・ロジェのもう一つの特色は自社畑の多いことで、現在七五〇haの畑を所有し（ほとんどがエペルネ周辺）、自社必要量の四五％を賄っている。〃伝統は明日の生命〃をモットーとする同社のシャンパン造りは伝統固辞の至極手堅いものである。同家は地方醸造技術委員会の創始者メンバーの一人でありながら、いかに科学の進歩があっても熟成香《ブーケ》の神秘はいまだ解明されていないという信念の下に伝統的な酒造りに当たっている。

ノン・ヴィンテージ物も造っているが、特に三種のぶどうと三種の年代物を使ったBrut Sans Annee は、ホワイト・シールの名で愛好者が多い。売り物はやはりヴィンテージ物で、エペルネ地域の一八ほどのクリュでとれたピノ・ノワールを六〇%、シャルドネを四〇%使っている。ヴィンテージ物でも特に上物は Réserve Spéciale Vintage として別扱いしている。これはシャルドネとピノ・ノワールの比率が半々になっている。

同社のシャンパンのうち根強いファンがいるのが Blanc de Chardonnay で、これはコート・デ・ブラン地区の一〇〇%のグラン・クリュだけを使ったもの。しかしなんといっても極めつきは、Cuvée Sir Winston Charchil という英国向けの特吟物である。

ディック・フランシスのミステリー『黄金』（ハヤカワ文庫）の中で、金相場で財をなした大富豪が、ポール・ロジェの一九七九年物を五〇ケースほどワイン商に注文したことを知って、子供たちが驚くくだりがある。それもそのはず、この Cuvée Sir Winston Charchil は極めて特別の品で、二万五〇〇〇ポンド（約三五七万円）もするからだ。

ロジェのシャンパンの特色は、なんといってもその熟成感にある。泡立ちこそあまり強くないが、長い熟成による精妙で際立ったブーケ、果実味や酸味と他の諸要素との実によくとれたバランス、すっきりしてかつしっかりした口当たり、そして長く漂うさわやかな後味をもっている。言うなれば、高貴な英国紳士のように節度を外さず、いつも信頼するに足る友人のようなもので、飲んで裏切られることがない。

ポメリー　POMMERY

シャンパンにおける東の横綱がモエ社とすれば、西の横綱はランスのポメリーになる。売上実績でこそ現在四位だが、その名声、家柄、所有畑規模といい、やはり大御所的存在である。

ランス市の南隅からランス市に入ると、取っ付きにあり、英国ゴシック風のシャトー・レクィエールの建物が広い庭に堂々とした異彩を放っている。地下窟の広さはたいしたもので、ただ広いだけでなくて、幅三〇m、高さ一〇mに及ぶ壮麗なレリーフが三面も彫ってある。ポメリーのシャンパンは、「石と夢から造られている」と言っ

たマダム・ポメリーの夢の一つである。

自社所有畑は三〇〇haで、シャンパンハウスとしてはトップである。ほとんどが九九%クリュ。それでも年間五〇万ケースも出す自社必要量の三五%にしかならない。六つの村から買い取るぶどうも、そのうち五カ村が格付け一〇〇%。従業員二五〇人のうち、一五〇人がぶどう栽培のために働いているということは、ぶどうを大切にする姿勢がよくわかる。

このハウスは一八三六年にナルシス・グレノが創立し、一八五六年にルイ・アレクサンドル・ポメリーが参加して、ポメリー・エ・グレノ社になった。二年後、ルイが死亡して、当時三九歳のマダム・ポメリーが経営を引き継ぐことになったが、この人がまさしく女傑だった。英国貿易の重要性をいち早く認識し、一八六一年ロンドンに代理店を作った。

当時の英国におけるシャンパンの辛口嗜好に気がつき、その将来性を見抜いて一八七四年Pommery Natureを売り出した。今日のブリュットの先駆者になったわけで、これが当たって大受けに受けた。普仏戦争が終わると、ランス市にあるブット・サンニコラの六〇haの畑を買ったが、これにはシャンパン事業の拡大に必要なガロ・ロー

マ時代の広大な地下窟がついていたのである。

それだけでなく、彼女の娘のルイーズが一八七九年にプランス・ギ・ポリニャックと結婚するというおめでたが舞い込んだ。ポリニャック家はフランスで最も古い高貴な一族なので、このハウスにはその血統の高貴さでも誇れるものが加わったのである。

ポメリー社は一九六八年に持ち株を公開した。そのため一九七九年にランソン社のクサヴィエ・ガルディニエが株の多数を買い占めポメリー社の経営権を掌握するようになったが、一九八四年に至って両家はBSNに持ち株を譲渡した。ただ、ポリニャック家の長い伝統は尊重され、現在でもマダム・ポメリーの曽々孫に当たるアラン・ド・ポリニャックが経営陣に残っている。

ポメリーのスタンダード物 Brut Royal（NV）は、ピノ・ノワール、ピノ・ムニエ、シャルドネが各三分の一だから、黒白が二対一の比率になる。少し甘味のあるものが欲しい人のために Drapeau Sec も造っている。ヴィンテージ物の Brut Millésime になると、ぶどうはピノ・ノワールとシャルドネが五〇％ずつで、全て一〇〇％グラン・クリュ、六地区のもの。市場一般に出回っているヴィンテージ物の中では傑出した一つである。

ポメリー社がモエ社のドン・ペリニヨンに対抗してか、一九八五年から造り出したプレステージ・シャンパンがLouise Pommery。マダム・ポメリーの娘、プランス・ド・ポリニャックと結婚した「ルイーズ」の名にちなんだもの。ぶどう一〇〇%のグラン・クリュ。アイ、アヴィーズ、クラマンの三つの村の自社畑からとれたぶどうだけを使う。

もちろん特別の豊作年のぶどうだけを選び、熟成期間も五年から七年。ポメリー社が、その力量の限りと技術の粋を尽くしたルイーズが悪かろうはずがない。今後のドン・ペリニヨンとの競争ぶりが見物である。

ポメリーのシャンパンは、クラシックでシャンパンの典型であり、色調、泡立ち、芳香、味わい、後口と、どれをとっても非のうちどころがなく、言うなれば優等生的存在。黒ぶどうの比率が多いからボディはしっかりしているし、風味も豊かで頼り甲斐がある。繊細さや気品の高さに欠けるが、これは二兎を追い求めるようなもの。楽しめて、裏切られることがない。

ルネ・ジョフロワ　RENÉ GEOFFROY　RM

エペルネの町から北を見ると、マルヌ川の対岸に二つの丘が並んでいる。右手のほうの大きく小高いのがアイの丘で、左手のほうの低くなだらかなのがオーヴィレール。このオーヴィレールの丘の中腹から頂上寄りにかけて小さな集落が見えるが、そこがドン・ペリニヨンさんのお寺。どちらの丘も総体としては南面だが、左のほうはすり鉢状の丘をぶどう畑が北東から、東、南へと斜面をぐるりと取り巻いている。

そのうち、オーヴィレールの村はちょうど東南向きの部分で、真南の部分はキュミエール村になる。とはいうものの、この二つの村の境に別に仕切りがあるわけでないから、地元の人でないと、どこまでがオーヴィレールでどこまでがキュミエールか見分けがつかない。どちらの村も格付けは九〇%。どっちの村の畑のほうが良いかということになると、二つの村の親爺さんたちの意見は決して一致しないが、九〇%が不当な冷遇であるという点になると声はぴったり合う。

この村のレコルタン・マニピュランが、ルネ・ジョフロワ。一六〇〇年代まで遡れ

る旧家で、規模こそ小さいが、数世紀にわたってシャンパンを造り続けてきている。川沿いの細長い街道に、農家のような建物があり、外見はぱっとしないたたずまいだが、醸造設備はなかなか立派である。当主のルネ・ジョフロワは、容貌は知的な趣きで、話を始めると相当な論客である。

息子のジャン・バティストは、学校育ちの英知のある顔つき。どうみても農家の息子ではない。古い時代の経験と新時代の技術が、ここでぴったり息を合わせている。耕作中の畑は、一二ha。シャルドネ一・五ha、ピノ・ムニエ三ha、残りはすべてピノ・ノワール。ピノ・ムニエは斜面の裾の部分で栽培し、白亜系底地の深いところはシャルドネを植えている。

ここの考え方の面白いのは、シャンパンにおいても、〝クリマ〟（畑の中の特定の区域）の概念を確立すべきだし、クリマ名をラベルに表示すべきだという信念を持っていることである。大手の業者としてはとんでもないということになるのだろうが、レコルタン・マニピュランだからこその発想である。

一つひとつのクリマのぶどうは、それぞれはっきり違うし、できるワインも違うから、アッサンブラージュの時はこの組み合せを慎重にやるが、単独のクリマだけのシ

ャンパンも出したいというのが親子の夢である。マルヌの川岸に立ってキュミエールの村の畑全体を眺めてみると、真南に向いたなだらかな斜面が左右に長く広がっている。近づいてみると斜面はかなり急で、同じ南向きの斜面でも、その中にいくつかの起伏があって、その両面では日当たりがかなり違う。

また丘の上はフリント岩だし、明らかに白亜質の強い土質のクリマと、粘土混じり、礫混じり、鉄分を含んだ赤土混じりのクリマというように、部分部分で土質もずいぶん違っている。シャンパンでも、こうした違うクリマ物が出るようになったら面白いに違いない。

この家のスタンダード物のCuvée de Réserve Brutは二年分の収穫を混ぜてあり、Cuvée Sélectionnée Brut（ヴィンテージ物）のほうはピノ・ノワール三分の二とシャルドネ三分の一を使っていて、スタンダードに比べると香りが秀でているし、ボディも充実している。ヴィンテージの特吟物Prestigeはシャルドネ三分の二、ピノ・ノワール三分の一と、ぶどう比率が逆になる。

軽快に仕立ててあるが、樫樽で発酵させるから固有の果実香（アロマ）と寿命の長さを持っている。このハウスのシャンパンは、マロラクティック発酵を起こさせない

からフレッシュでありながら寿命が長い。香りは甘くアロマティックで、初口は少し荒い感じだがすぐ口にゆったりおさまる。酒躯には非常に膨らみがあり、フルボディで、口が温まるような豊潤な後味がある。ここのワインは泡立ちが強くない。それはこのハウスが発泡性は犠牲にしてもワインをリッチに仕上げたいと考えているからである。

ここのシャンパンは、シャンパンというよりワインに近い感じで、それもブルゴーニュの白ワインにたとえれば、鋭いモンラッシェ系よりも豊潤なムルソー系。かなりワインやシャンパンを飲み込んだ人が、その真価を認めるだろうし、その意味では通人向き。キュミエールの土質は、ピノ・ノワールに向いているから、赤ワインはブージィより優れているというのがここの主人の主張である。

深い色調とピノ香があり、グー・ド・テロワール（土壌から生まれるその土地特有の個性）を持っていることは確かである。

リュイナール RUINART

シャンパンにとって大切なお坊さんといえば、ドン・ペリニヨンということになっているが、実はドン・ペリニヨンの手助けをしたのが有名なヴェネディクト派の高僧、ドン・ティエリー・リュイナール。その時代きっての博学家かつ文筆家であり、パリに居住していたが、毎年のようにオーヴィレール寺院を訪れ、収穫期が終わるまで居座るのが常だった。

リュイナール師はドン・ペリニヨンの次にこの寺院に埋葬されている。この高僧の薫陶を受けた甥がリュイナール社の始祖なのだから、同社のシャンパンはドン（ヴェネディクト会などの司祭の尊称）を名乗っている。同社は一七二九年設立というシャンパーニュ地方でも指折りの旧家だが、誇りはそれだけでない。ランス市の地下を走っているローマ時代の古い洞窟は、ランス市の名物で、各社はこれを活用している。この洞窟を利用してシャンパンの貯蔵熟成をすることを考えついて始めたのはリュイナール家なのである。

同社の地下蔵（地下三〇m、長さ約八㎞）は、第一次大戦時に大いに活用され、そのために手ひどく痛めつけられ、第二次大戦時にはドイツ軍の略奪の的になったが、現在では国が指定した歴史的モニュメント（日本で言えば重要文化財）になっている。それだけでなく、大戦後の一九四九年から一四年間、この会社のシャンパンの品質に惚れ込んで販売提携をしていたのは、かのムートン・ロートシルトのバロン・フィリップだった（一九七三年にリュイナールがモエ・グループの傘下に入ったためこの契約は解消された）。

このハウスを興したのはニコラ・リュイナール。もともとは服地商だったが伯父リュイナール師の影響もあってか、一七二九年からシャンパン業に身を転じた。後継者のクロードが商才のある人で、ルイ一五世がランス市の取引を便利にする法令を出したのを機に、本社をエペルネからランスに移し、ローマ時代の地下窟の利用も始めた。クロードの長男イレネーは、ナポレオン一家に取り入ってリュイナールのシャンパンを有名にした。タレイランやジョゼフィーヌ妃も愛飲した。その後の後継者エドモンドも活発な人で、単に事業を広げただけでなく、外国にも広めた。アメリカに渡って、ホワイトハウスを訪問し、当時の大統領ジャクソンに自社シャンパンを贈ったり

している。

リュイナール社が社業を伸ばしたのは第二次大戦後で、ことにベルトランド・ミュールが社長だった時代。ベルトランドはランスの名士かつ事業家で、リュイナール社を経営するかたわら、イヴ・モンタンとブリジット・バルドーが共演する映画のプロデューサーをしたり、カンヌの新埠頭の建設にかかわったりしている。ムートン・ロートシルトを結び付けたのも、彼がバロン・フィリップと親交があったからである。ベルトランドはリュイナール家の最後の後継者の甥に当たる血筋で、先祖はシャルル一〇世時代ランスの市長だったし、父はルイ・ロデレールを三五年間経営していたという家柄だから、シャンパン業界のドン的存在である。リュイナールの名声に目をつけたモエ・エ・シャンドン社が一九六三年にその株の八〇%を買い占め、リュイナールは完全にモエ・グループの傘下に入ったが、シャンパンの製造は従来と変わらず独立して行っている。

現在も売上は伸び、年間一三〇万本に達しているし、ストックは五五〇万本、約三年分を抱えている。同社の自慢は由緒を誇るシルリー村周辺に二〇〇年以上もシャルドネ中心の畑（一五ha、格付け一〇〇%）を持ち続けていることである。

リュイナールは「シャルドネ・ハウス」という愛称を付けられているくらいで、一九七五年から始めたDom Ruinart Blanc de Blancsは出色。コート・デ・ブランの他にシルリーの自社畑のぶどうも使っている。

ブリュットは"R" de Ruinart（NV）を出しているが、これはシャルドネが二五〜三〇%、ピノ・ノワールが三〇〜四〇%、ピノ・ムニエが三〇〜四〇%。このヴィンテージ物はシャルドネが三〇%、ピノ・ノワールが七〇%くらいの比率だが（ピノ・ムニエは使わない）、八二年のようにシャルドネの比率が四〇%の年もある。

リュイナールのシャンパンの品質には定評がある。素敵な深みを持つ香りと実に柔らかな口当たり、それと豊かな果実味。そしてさわやかな後味を持っている。とかく保存によって質の落ちやすいシャンパンの中でも、特に持ちが良く、いつ飲んでも良いコンディションを保っている。酒についての口がうるさいサトクリフ女史がこのシャンパンは自分の家で欠かしたことがないと告白している。

サロン　*SALON*

「大きいことはいいことだ」というが、特にシャンパンに関する限り、かなりの程度の資本を持った大規模の企業にならないと、良いシャンパンはできないというのが常識となっていた。そのためにグランド・マルクという呼び方が生まれてきたわけだ。サロンも一応グランド・マルクの中に含められているが、なにしろ異色で型破りの例外。とにかくミニ・メーカーなのだ。

まず、このハウスは決して古くない。一九一四年の創設だが、第一次大戦の勃発の年だから、シャンパン業としてスタートするのにこれぐらい難しかった年はなかっただろう。実は、ウージェーヌ・アイメ・サロンという人がいて根っからのシャンパン好きだったから、自分の飲むシャンパンを自分で造ってみたくなり、趣味としてシャンパン造りを始めた。

情熱を注いで酒造りに励んでいるうち、その虜になり、趣味が高じて事業になってしまった。サロンのやってみたかったのは、単一畑の単一品種のぶどうを使って、シ

ャンパンの一つの純粋型の極致というものを造ることだった。つまり、究極のシャンパン造りに挑戦したわけだ。ターゲットに選んだのは、コート・デ・ブラン地区の最高の畑ル・メニル村のシャルドネ。

酒造りに注ぎ込む資本は、別の本業で稼いだし、小規模だったから、そう不自由はしなかった。好きこそものの上手なれで、出来上がったものが傑作にならないはずはなかった。まもなくシャンパンファンの間で引く手あまたになり、とても自分の小さな畑では間に合わなくなった。そのため、ぶどうを買わなければならなくなったが、この村中でも最上の畑の、しかも名うてのぶどう作りの農家を口説き落として買うことにした。

しかし、上出来の年だけに限りヴィンテージ物しか売りに出さなかった。一九二〇年から三〇年といえば、パリの三つ星レストラン、マキシムの全盛時代だったが、この時期にサロンがマキシムのハウスシャンパンにまでなった。

一九六三年に、サロンはベセラ・ド・ベルフォンに買収され、同社の社長ジャン・ジャック・ブアールと、技術長のジャン・ルイ・ドールがここの管理に当たっている。ヴィンテージ物しかサロンとして出さないから、ノン・ヴィンテージのワインはベセ

ラ社が造っている。サロン社の年産は四万本だが、それでも自社畑は一haしかないから、必要量の二割にしかならない。

そのためル・メニル村の協同組合（メンバーわずか二〇人）と提携してぶどうを確保しているが、畑は斜面で、しかも丘の頂上の森のごく近いところに限っている。

サロンの酒造りもユニークなもの。まず、ここのワインはマロラクティック発酵をさせない。そのため壜熟成に長い時間をかける。第一次発酵をすませた後、木樽（ドミ・ミュイサイズ）で熟成させる。その後、壜に詰めるまで、つまり収穫期の一〇月から翌年の春までこの状態で寝かせている。なお、澱落しの際に一切ドザージュを行っていない。

サロンのシャンパンは、シャルドネだけを使ったブラン・ド・ブランの極めつきで、しかも、ヴィンテージ物しかない。そのため各年のキャラクターの特徴を飲み比べるのが面白い。色は薄く、総体に非常にフレッシュで、芳香には気品の良さがあり、味わいはまさしく端麗である。

その意味でいえば、スケールの大きさとか、ゆったりとしたボディは感じない。年をとってくると、ヘーゼルナッツ、アプリコット、スモモなどの風味だとか、ドイツ

の古いリースリングやシェリーにみられる味わいが出てくるそうだ。こうしたブラン・ド・ブランの逸品が素晴らしいかどうかは、飲む人が決めることになるのだろう。

セルジュ・マチュー　*SERGE MATHIEU*　RM

シャンパンという呼称は、法で厳格に定められている。その法定地域以外で造られた発泡ワインはすべてヴァン・ムスー（泡の酒）で、「シャンパン」とは呼べない。それがまた多くの悲喜劇を生んできた。われわれがふつうシャンパンの生産地区として思い浮かべるのはランスとエペルネを中心とした地域で、マルヌ県。ところが、かなり南、オーブ県にも、シャンパンの飛び地とも言える生産地区、「バール・シュール・オーブ」と「バール・シュール・セーヌ」がある。

地図でみるとランスとはかなり離れていて、古都トロワの南東になる。このすぐ先がブルゴーニュのシャブリになる。この地区を法定の「シャンパーニュ地区」に含めるかどうかで一九一一年に政治的一騒動があった。結局、法改正と法廷闘争の結果、一九二七年になってオーブは悲願のシャンパン呼称資格を与えられることになった。

と言っても、その多くは格付け八〇%に据え置かれている。この地区へ行ってみると広大な平野に広がる畑の大きさに驚かされる。そのワインのほとんどが大手メーカーの安い原料補給の地位に甘んじていた。だが、何軒か優れたシャンパンを出すところが全くないわけでなかった。

しかし最近の新動向の波はこの地区に押し寄せてきていて、レコルタン・マニピュランが増え出している。代表選手的存在として頭角を現わしだしたのが、ここである。現在ミシェル・ジャコブが当主だが、夫人のイザベルのお父さんがセルジュ・マチューだった。シャブリと同じキンメリッジの白亜紀の土質畑で、シャルドネが多く栽培されているが、ピノ・ノワールもうまく育つ。それで造ったブラン・ド・ノワールの「ブリュット・トラディシオン」はなかなかの傑作である（『ワイナート』21号参照）。

スーティラン（AとP）　*SOUTIRAN (A&P)*　RM

コート・デ・ブランのアンボネイは、この地区の中では中心的な町だが、それだけにしっかりしたぶどう栽培・醸造家が多い。その中でスーティラン家は相続でアラン

（A. Soutiran）とパトリック（Patrick Soutiran）に分かれた。アランのほうは一九七〇年に自分のドメーヌを立ち上げ、一九八六年に協同組合から離脱。一九九〇年に自家用醸造室を設け、九七年から最初の樽を導入というように着実に事業を発展してきた。九〇年に娘とネゴシャンのA・スーティランを設立。その後娘の夫のルノが参加した。

もともとは相続した特級畑二haだけだったが、現在はピノ・ノワール七・五ha、シャルドネ四・五haの畑を持っている。名栽培家として一目置かれている存在だったから、シャンパン造りも次第に腕を上げてきたし、最近は高級品に挑戦している。『クラッスマン』もアランを取り上げ、「アレクサンドル以外はどれも力に溢れ、なかなかの出来栄え。特に優雅で味に奥行きがあるペルル・ノワールと、上質なブリュット・ロゼが魅力的」と評している。『ワインスペクテーター』誌はペルル・ノワール・ブリュットに九一点という高評価をしたし、フランスの代表的ワイン誌『ルヴュ・ド・ヴァン・ド・フランス』は、シャンパーニュ特集で五〇の生産者の一つに選んでいる。『ワイン・アドヴォケイト』も二〇〇〇年のグラン・クリュに九三点をつけている。

パトリックは一九四九年生まれで、スーティラン家としては五代目になる。一九七

一年に自分のものとして相続したのは一haだったが、その後家族の持ち分を任されたり、他家の畑を買ったりして、現在持ち畑は三ha。そのうちアンボネイのグラン・クリュ畑はピノ・ノワールが一・五ha、シャルドネが〇・七ha、別にトラパイユ村のプルミエ・クリュのシャルドネ畑を〇・七ha持っている。このうちシャルドネの樹齢は三五年くらいだが、ピノ・ノワールは三〇年くらいから一〇〇年にもなる古木がある。

パトリックはシャンパーニュのアヴィーズの農業学校を出てから現在まで父の仕事を手伝っている。ブラン・ド・ブランとブラン・ド・ノワールを造っているが特醸物の「グラン・ド・ノワール」はヴィンテージ物。フランスのワインの総合的評価本『アシェット』にしばしば掲載されていて、二〇〇六年版で「ブラ・ド・ブラン」には一つ星を勝ちとっている。

テタンジェ　*TAITTINGER*

フランス料理のコックさんに、「君、なんといったかなあ？　有名な国際フランス料理コンクールであのMOF（フランス最優秀料理人賞）の登竜門になっているやつ

よ」と尋ねれば、ニヤッと笑って、「旦那、そりゃあ、テタンジェですよ」と答えてくれるに違いない。

今をときめくジョエル・ロブションをはじめとして、世界のトップシェフがこの、テタンジェ国際料理賞コンクールの受賞者としてキラ星のごとく並んでいる。フランス料理の発展に貢献の大きかった同社初代社長ピエール・テタンジェの功績を顕彰するために始まったもので、もう五〇年以上になっている。

フランス料理のドン的存在たった故オリヴェとそのレストラン、「グラン・ヴェフール」の名を知らないパリジャンはいないだろう。コンコルド広場の角にあるパリの最高級ホテル・クリヨンと、そのレストラン料理にあこがれない食通もいないだろう。パリを一度でも訪れたことのある人なら、ホテル・コンコルド・ラファイエットの名前は知っているだろうし、香水通の人ならアニック・グータルは知っているだろう。どれもがテタンジェのグループなのだ。

一九九〇年一一月、世界三四カ国の代表が集まり、戦後四五年の分断と対立に幕を閉じた全欧安保協力会議（パリ・サミット）が開かれた際、ヴェルサイユで盛大なガラ・ディナーが開かれたが、その食卓を飾ったのがテタンジェの Comtes de

Champagne Blanc de Blancs だった。いや、そんなことより、タフなジェームズ・ボンド君がかの『カジノ・ロワイヤル』でお気に入りのシャンパンとして注文したのはテタンジェだった。

同社の歴史は古く、ジャック・フルノーがフォレスト・フルノー社を創業したのは一七三四年に遡る。現在でもテタンジェ社の会社の応接室を飾っているのは一七九〇年当時のシャンパーニュのぶどう畑の地図である。また、現在同社のぶどう畑の中心になっているところは、その昔ドン・ペリニヨンと同時期にウダール神父がシャンパンを造っていたところである。

ウダール神父はピエリー村でワイン造りに励み、その酒質の名声はオーヴィレールのドン・ペリニヨンと並んでいた。現在のシャンパンが誕生したのもドン・ペリニヨン一人のおかげではなく、ウダール神父を含む修道士集団だったという説もある。

第一次大戦時、ジョフレ将軍がエペルネのすぐ南にあるピエリー村のシャトー・ド・ラ・マルケットリーに駐留したことがあったが、その幕僚の中の一人の若い騎兵将校がこの邸宅にすっかり惚れ込んでしまい、戦争が終わるとその将校、ピエール・テタンジェはこのシャトーを買い取った（デュマの『三銃士』のダルタニアンが、「ウダ

ール神父の方法で造った発泡ぶどう酒をもって来い」と叫んだのは、このシャトーのぶどう園である)。

住みついてみると、ことの成り行き上当然なのだが、熱狂的なシャンパンファンになり、飲むだけではすまなくなってワルノー社を買い取って、一九三一年からテタンジェの名前でシャンパン業を始めるようになった。それだけでなく、一三世紀時代に建てられたというコント・ド・シャンパーニュという邸宅も買い取った。

この邸宅はシャンパーニュ伯爵チボー四世が建てたという由緒あるもの。伝説によれば今日シャンパン造りの基礎になっているシャルドネぶどうはこのチボーが十字軍遠征の際、キプロス島から持ち帰ったものだそうである。

テタンジェ社の地下窟（現在のランスの社屋の地下）は見物で、もともとはローマ時代のものを聖ニケーズ修道院が使っていて、フランス革命時に壊されたのを復元したものである。地下窟の一部はランスの大聖堂の地下につながっていて大革命時に僧侶たちがここに隠れたそうである。この古い寺院跡や石像が残っている洞窟と現在シャンパンの貯蔵熟成に使っている広い地下蔵が続いている。

テタンジェ家はその後息子のクロードが事業を拡大し、ことに第二次大戦後になっ

て大飛躍を遂げた。シャンパンのイロワ社や、ロワール・ワインを扱うブヴェ・ラデュベイ社を買収、またカリフォルニアまで手をのばし、ドメーヌ・カルネロスという高級スパークリングワインを造っている。

テタンジェ家はパリのホテルや百貨店を経営していた〝ソシエテ・デュ・ルーヴル〟を買収、これを起点にして多角経営をはかった。百貨店部門は手放したが、クリヨン、コンコルド・ラファイエット、アンバサドールなどのホテル、レストランのグラン・ヴェフール、クリスタル・グラスで有名なバカラ社、銀行のバンク・ド・ルーヴルなどをその傘下に収めている。

この十数年来フランスの企業統合の流れの中で名門家族がその経営権を失った例は少なくないが、これほど多岐にわたるコンツェルンの中でテタンジェほど家族が結束して企業の実権を握っているところは珍しい。株を公開しているがその過半数を持ち続けていた。しかし二〇〇五年、アメリカの投資会社スターウッド・キャピタルに買収されてしまった。いろいろな経由の末、二〇〇六年六月、フランスの銀行クレディ・アグリコールがその株を買い戻した。

クレディ・アグリコールはいわば日本の農協の銀行部門のようなもので、この買い

戻しは言うまでもなくテタンジェ家のピエール・エマニュエルの活躍によるものである。またこの家系はビジネスと政治を両立させ社会奉仕を伝統としている点で、アメリカのロックフェラー家やケネディ家にたとえられている。ちなみに二代目のクロードはフランス初期の柔道家の一人であり、夫人はエイドシック・モノポールの社長の妹。

テタンジェは現在二五〇haの畑を持ち、その必要量のほぼ半分を賄っている。年間売上四〇〇万本、ストックは一五〇〇万本という量である。醸造設備こそ近代的であるが、酒造りは伝統的なもの。Brut Réserve（NV）は六〇%がピノ・ノワール、四〇%がシャルドネ。ヴィンテージ物もぶどう比率はほぼ同じだが、シャルドネの風味が出るようにしている。

同社は二種の特吟物を造っている。一つは一九七八年から始めたテタンジェ・コレクションと呼ばれるヴィンテージ物で、ヴァザルリー、アルマン、リキテンスタインなど現在売れっ子のモダン・アーチストに壜をデザインさせている（ボトルにプラスチックでデザインを写す特殊技法は日本のもの）。もう一つは、コート・デ・ブラン地区の最上畑（一〇〇%グラン・クリュ）のシャルドネだけを使った Comtes de

Champagne Blanc de Blancs。これはウダール神父時代の古い壜のデザイン。
テタンジェのシャンパンは、いわば既製服でなくテーラーメイド的なシャンパン。品質は一流で悪かろうはずがない。優美さと清純の象徴のような気品を持っている。シャルドネの持ち味がよく出たすっきりしたタイプである。特吟の Comtes de Champagne はあまたあるブラン・ド・ブランの中でも逸品の一つ。

タルラン *TARLANT* RM

マルヌ川渓谷、ヴァレ・ド・ラ・マルヌ地区はぶどうもピノ・ムニエが中心で、生産地区として従来低く評価されてきた。しかし、最近は地元のぶどう栽培家が一念発起してレコルタン・マニピュランになるところが増えてきている。その中で特に頭角を現わしてきたのがタルランで、多くのワイン専門家やジャーナリストの注目を集めている。

ここはエペルネから約一〇km西でウィリー Oeuilly の村にある。新スターの出現と言っても、実はタルラン家は、日本で言えば徳川綱吉が悪評高い「生類憐みの令」を

出した年の一六八七年の創業以来続いているのだから、たいしたものである。当然地元で尊敬される名家で当主シャン・マリーはまだ六〇代だが、シャンパーニュ専門委員会の重要人物であり、地元の社会のリーダーである。ぶどう栽培に造詣が深く、自然環境の保護、エコシステムを守るために懸命に活動していることでも知られている。

ウィリー周辺は、渓谷と言っても、畑は単に砂岩質というわけでなく石灰質土壌、スパルナシアン（粘土と石灰の混合）も含んでいる。ここに一三haの畑を持っているが、四区画に分かれている。ぶどうの植え付けはピノ・ノワール五〇％、シャルドネ三〇％で、ピノ・ムニエは二〇％とそう多くはない。栽培は自然を尊重する丹念なもので収量は極力制限している。摘み取りは手摘みである。伝統的垂直式プレスで圧搾、発酵はステンレスタンクを使うが「キュヴェ・ルイ」は新樽醸造。壜内発酵・熟成は約四年間と長い。平均年生産量は一〇万本で中堅規模。

『クラッスマン』は以下のように高く評価している。

「長年酒造りをしてきたこの家族経営のドメーヌで生産しているのは、口当たりが優しく、味の明確なアペリティフ用シャンパンで、力強さやテロワールを表現した複雑な味わいなどないが、ドザージュをしていないブリュットなどには不思議な魅力があ

る。手頃な価格ながら造りのしっかりしたシャンパンが揃っていて、中でも新樽発酵のルイが品質でも価格でも群を抜く。近年のノン・ヴィンテージ・ブリュットはどれも一様に引き締まった味で丁寧に造り込まれており、どんな機会でも安心して開けられる。ルイは長く保存できるが熟成自体は二〇〇四年でピークに達している。たくましく活力にあふれたロゼ一九九六も評価できる。

このシャンパンは「マルヌ物」の従来の低評を全く覆すもので「ブラン・ド・ブラン」も悪くないが、キュヴェ・ルイは大手の名醸物に決してひけを取らない逸品である。

ヴーヴ・A・ドゥヴォ *VEUVE A DEVAUX* CM

シャンパンの首都ともいえるランスからはるかに離れた南、「バール・シュール・セーヌ」地区はオーブ県になる。ランスの人に言わせれば「オーブのワインなんか二流だ」とけなすが、オーブがシャンパンの中心地区になれなかったのは、歴史的事情による。むしろぶどう自体で言えば、北限のランス周辺よりはるかに南でぶどうの生

育条件としては決して悪くない。大手のハウスがそのブレンドでオーブのものをかなり頼りにしている。

この地区の協同組合が「ユニオン・オーボワーズ」。コート・デ・バール地区の畑の八〇〇の所有者が結集し、所有する畑は全体で一五〇〇haになるから、この地区最大の組織になる。生産するワインの一部は大手ハウスやネゴシャンに売られるが、シャンパーニュ地方でも指折りといえる優れたピノ・ノワール畑も持っているから、それから造ったシャンパンに固有の名前をつけて組合から出している。

そうした中で旗印的存在の商標が、「ドゥヴォ・キュヴェD」。これはピノ・ノワール三分の二で、シャルドネが三分の一（シャルドネはコート・デ・ブランのものを使っている）。これの上級品が「グランド・レゼルヴ」でこれはピノ・ノワール七〇%、シャルドネ三〇%の比率、オーク熟成のものを一割から二割使っている。この組合の御自慢のものが「ブラン・ド・ノワール」。その名の通りピノ・ノワール一〇〇%で、オーク樽熟成のものを二〇%使っている。

バール地区の生産者がこの十数年来努力をしていることは事実で、その成果が製品に反映されてきている。バールのものなんかと馬鹿にしないで一度試してみればその

実力がわかる。ことにピノ・ノワールの出来がいいのだから「ブラン・ド・ノワール」には期待を裏切られることはないだろう。

ヴーヴ・クリコ・ポンサルダン　*VEUVE CLICQUOT PONSARDIN*　GM

ラベルもオレンジ色で異色なら、名前も変わっていて未亡人《ヴーヴ》というのである。しかし、このシャンパンを勧められて断るワインファンはいないだろう。未亡人くらい男心をゆり動かす存在はない。

ランスの銀行家であり織物商だったフィリップ・クリコが、一七七二年にさる女性と結婚したが、その嫁さんの資産の中にブージィとヴェルズネイのぶどう畑があった関係からシャンパン造りを始めた。当初は友人知人に売る程度だったが、息子のフランソワは父の本業よりワイン造りのほうが面白くなり、シャンパン業に熱を上げ出した。

一七九九年に、フランソワはランスの富裕な家の娘ニコル・バルブ・ポンサルダン（後に父はランス市長になる）と結婚した。フランソワは一八〇二年、父から継いだ

銀行、織物業をきっぱりとあきらめ、シャンパン造りに専念するようになった。ところがその翌年、フランソワは死に、最愛の息子を失ったフィリップはシャンパン業をあきらめるつもりだった。しかし未亡人のクリコ・ポンサルダンの夫の遺志を継ぐ決心は固く、二七歳の身で（三歳の娘がいた）シャンパン業に乗り出したのである。

時代はとても悪く、市民の暴動、戦時特別税、外国軍隊の侵入と占領、革命政府のアッシニア紙幣の暴落、まさしく波瀾万丈であった。しかし、彼女は良きアシスタント、ウエッツラー・ボーン（ドイツ出身）の助力を得て、この難局を乗り切った。

成功の鍵は、ロシア宮廷をお得意にしたことだった。ナポレオンの東欧諸国占領中、戦後に備えてひそかに注文をとり、その失脚をみると、間髪を入れずロシアに出荷したくらいで、当時のロシアの桂冠詩人プーシキンが、ロシアの上流階級の間ではクリコしか飲まないと書き残したほどだった。

そうした商売上の抜け目のなさだけでなく、今日シャンパンでは当たり前になっているルミュアージュに使う台（ピュピートル）を開発したのも彼女なのである。それまでは無理に壜を激しく揺さぶったり、引っくり返したりして澱を落としていたものだった。

また彼女は、娘婿のシュヴィニーユ伯爵がお金を使うだけで稼ぐことを知らない人物であることを見抜くと、会社の経営から外し、昔からの番頭格のケッセラーよりもドイツ生まれの若いエドワール・ヴェルレを共同経営者に起用するだけの卓見を持っていた。またロシアの没落をみるとさっさとこれに見切りをつけ、ただちに他の市場の開発をはかるほど優れた経営手腕も持っていた。

ヴーヴは引退して、娘婿が建てたシャトー・ブールソーで優雅な晩年を送った。彼女が事業を始めた時には年間売上実績がわずか五万本だったクリコ社は、彼女が死亡した一八六六年には実に三〇〇万本を売り上げる会社に成長していたのである。このハウスは、その後ベルトラン・ド・マン伯爵とヴォギュー伯爵家を経て、一九八七年からルイ・ヴィトン（すでにモエ・ヘネシーと合流）の傘下に入った。

クリコ社は平均して九七％以上のクリュの畑を二八〇ha所有しているが、これは必要量の約三割。ヴィンテージ物は初搾りしか使わず、スタンダードのブリュットにはこれにプルミエ・タイユを加えている。貯蔵用の地下蔵は二五㎞の長さで、第一次大戦中はフランス軍の現地司令部、第二次大戦中は野戦病院になった。現在では観光用のミニ列車までが走っている。

クリコの仕込みで面白いのは、ワインでなくて発酵果汁の段階でフィルターをかける点で、澱落しは全部人手。ストックは約三億二〇〇〇万本という巨大な量にのぼっている。年間平均出荷は九〇〇万本というのだから、そのスケールの大きさと、ストック比率の堅実さを物語っている。

クリコのシャンパンは、伝統的なスタイルを守り、黒ぶどうの持つ良さがその味に現れるように努め、泡がよく立つというより、生地のワインの良さを誇りにしている。ブリュット（NV）のぶどう使用比率は、ピノ・ノワール五六％、ピノ・ムニエ一六％、シャルドネ二八％。ドミ・セックもぶどうの使用比率は同じ。

ヴィンテージ物はピノ・ノワール六五％、シャルドネ三五％。特吟物の La Grande Dame は、ピノ・ノワール六二％、シャルドネ三八％で、ぶどうは全部自社畑のもの。

クリコのシャンパンは、ソフトで口当たりが良い。香りには新鮮な果実味が奇麗に現れ、風味に豊かさと深みがあって滋味にあふれ、後味も優美で長い。言うなれば申し分のないシャンパンなのだが、それに加えて全体からにじみ出るような魅力を持っている。まさに熟女の濃艶さである。

本書は、二〇一二年五月に河出書房新社から刊行された『シャンパンのすべて　新装版』を改訂、改題し、文庫化したものです。

nbb
日経ビジネス人文庫

シャンパン大全《たいぜん》
その華麗《かれい》なワインと造《つく》り手《て》たち

2019年2月1日 第1刷発行

著者
山本 博
やまもと・ひろし

発行者
金子 豊

発行所
日本経済新聞出版社
東京都千代田区大手町1-3-7 〒100-8066
電話(03)3270-0251(代) https://www.nikkeibook.com/

ブックデザイン
鈴木成一デザイン室

本文DTP
マーリンクレイン

印刷・製本
中央精版印刷

Printed in Japan ISBN978-4-532-19887-9

nbb 好評既刊

サントリー対キリン
永井　隆

海外進出をはじめ変革を進めるサントリー、国内ビール復活のため攻勢に出るキリン――企業風土から成長戦略まで、2強を徹底分析！

働くことがイヤな人のための本
中島義道

生きがいを見いだせない大人や働かない若者たち。仕事とは、生きがいとは、なんだろう？　哲学的人生論のベストセラー。

うるさい日本の私
中島義道

駅、乗り物、商店街――街は、いたるところ騒音だらけ。「戦う哲学者」が静かな街を求めて、「音漬け社会」を告発したベストセラーの文庫化。

京大医学部で教える合理的思考
中山健夫

まずは根拠に当たる、数字は分母から考える――。京大医学部教授がEBM（根拠に基づく医療）研究の最前線から、合理的な思考術を指南。

中野孝次　中国古典の読み方
中野孝次

人間の知恵の結晶・中国古典。著者が老年に最も愛好した中国古典の味わい深い魅力を中野流人生論として縦横に語る。

nbb 好評既刊

仕事がもっとうまくいく！
書き添える言葉300

むらかみかずこ

依頼、お詫び、抗議などの用途別に仕事をスムーズに運ぶひと言メッセージの文例とフレーズを紹介。マネするだけで簡単に書けます！

仕事がもっとうまくいく！
ものの言い方300

むらかみかずこ

ビジネスで困ったときに役立つフレーズを、シーン別に紹介。言いにくいことを伝えるための、とっておきの言い方、教えます！

仕事がもっとうまくいく！
たった3行のシンプル手紙術

むらかみかずこ

送付状やお礼から、書きにくいお断り、お詫びの手紙まで。ビジネスで活用できる、たった3行の言葉で相手の心を動かすテクが満載の一冊。

村上式シンプル英語勉強法

村上憲郎

スクール、高い教材、机も不要。本当に使える英語を集中的に身に付けよう。多忙なビジネスパーソン向けの最強の英語習得マニュアル。

カンブリア宮殿
村上龍×経済人
社長の金言

村上 龍
テレビ東京報道局＝編

人気番組『カンブリア宮殿』から68人の社長の「金言」を一冊に。作家・村上龍が、名経営者の成功の秘訣や人間的魅力に迫る。

nbb 好評既刊

カンブリア宮殿 村上龍×経済人 社長の金言2

村上 龍
テレビ東京報道局＝編

ベストセラー、『カンブリア宮殿 社長の金言』第2弾。今回は経営者に加え、各界で活躍する著名人の成功哲学をも厳選して紹介。

カンブリア宮殿 村上龍×経済人1 挑戦だけがチャンスをつくる

村上 龍
テレビ東京報道局＝編

日本経済を変えた多彩な〝社長〟をゲストに、村上龍が本音を引き出すトーキングライブ・テレビ東京『カンブリア宮殿』が文庫で登場！

カンブリア宮殿 村上龍×経済人2 できる社長の思考とルール

村上 龍
テレビ東京報道局＝編

人気番組のベストセラー文庫化第2弾。出井伸之（ソニー）、加藤壹康（キリン）、新浪剛史（ローソン）――。名経営者23人の成功ルールとは？

カンブリア宮殿 村上龍×経済人3 そして「消費者」だけが残った

村上 龍
テレビ東京報道局＝編

柳井正、カルロス・ゴーン、三木谷浩史――経営改革を進める経済人たち。消費不況の中、圧倒的成功を誇る23人に村上龍が迫る。

あきらめない

村木厚子

09年の郵便不正事件で逮捕、長期勾留された厚労省局長。極限状態の中、無罪を勝ち取るまで決して屈しなかった著者がその心の内を語る。

nbb 好評既刊

コギャルだった私が、カリスマ新幹線販売員になれた理由

茂木久美子

なぜ彼女は通常の5倍という驚異的な売上を達成できたのか？　各メディアで話題、伝説の山形新幹線車内販売員が説く「接客のこころ」。

30の「王」からよむ世界史

本村凌二＝監修
造事務所＝編著

復讐の連鎖をやめさせたハンムラビ王から悲運の君主ニコライ2世まで、世界史を読み解く上で外せない30人の生き様や功績を紹介。

撤退の本質

森田松太郎
杉之尾宜生

撤退は、どんな状況で決断されるのか。実例におけるリーダーの判断力や実行力の違いをあげながら、戦略的な決断とは何かを説く。

東大柳川ゼミで経済と人生を学ぶ

柳川範之

転職を考える時に有効な戦略とは？　買い物で迷ったらどう考えるべき？　東大名物教授がやさしく教える、人生を豊かにする経済学的思考。

孫子・戦略・クラウゼヴィッツ

守屋　淳

東洋戦略論のバイブル『孫子』と、西欧戦略論の雄『戦争論』。今なお愛読されるこの両書を対比し、現代に生かすための方程式を探る。